21世纪高等学校系列教材｜计算机科学与技术

数据结构与算法
（C语言版）

霍　利　董靓瑜　主编
郑　巍　李　静　副主编

清华大学出版社
北京

内 容 简 介

本书详细介绍了数据处理过程中经常使用的经典结构，即线性表、树、图的逻辑结构、存储结构和基本运算。针对最常见的典型运算——排序和查找设计了多种实现算法，采用 C 语言作为数据结构和算法的描述工具。全书共分为 8 章，包括绪论、线性表、栈和队列、多维数组和广义表、树、图、排序和查找。附录部分给出了经典结构的典型应用程序。

本书具有内容完整、思路清晰、示例丰富、讲解通俗易懂等特点，尤其在算法设计和难点内容的阐述方面有独到之处。

本书适合作为高等院校计算机、信息类学科本科生的教材，同时可供对数据结构和算法有所了解的开发人员、广大科技工作者和研究人员参考。

图书在版编目(CIP)数据

数据结构与算法：C 语言版/霍利，董靓瑜主编. —北京：清华大学出版社，2022.2(2022.8重印)
21 世纪高等学校系列教材·计算机科学与技术
ISBN 978-7-302-59821-3

Ⅰ．①数…　Ⅱ．①霍…②董…　Ⅲ．①数据结构－高等学校－教材②算法分析－高等学校－教材
③C 语言－程序设计－高等学校－教材　Ⅳ．①TP311.12②TP312.8

中国版本图书馆 CIP 数据核字(2022)第 007254 号

责任编辑：刘向威　张爱华
封面设计：傅瑞学
责任校对：李建庄
责任印制：刘海龙

出版发行：清华大学出版社
　　　网　　　址：http://www.tup.com.cn，http://www.wqbook.com
　　　地　　　址：北京清华大学学研大厦 A 座　　　邮　　编：100084
　　　社 总 机：010-83470000　　　邮　　购：010-62786544
　　　投稿与读者服务：010-62776969，c-service@tup.tsinghua.edu.cn
　　　质量反馈：010-62772015，zhiliang@tup.tsinghua.edu.cn
　　　课件下载：http://www.tup.com.cn，010-83470236
印 刷 者：北京富博印刷有限公司
装 订 者：北京市密云县京文制本装订厂
经　　销：全国新华书店
开　　本：185mm×260mm　　印　张：18.25　　　　字　　数：447 千字
版　　次：2022 年 4 月第 1 版　　　　　　　　　　印　　次：2022 年 8 月第 2 次印刷
印　　数：1501～3500
定　　价：59.00 元

产品编号：094321-01

前　言

　　"数据结构与算法"是计算机科学与技术、软件工程及其相关专业的重要的专业基础课。计算机技术已经深入到各个专业领域并不断地迎接新需求和新发展的挑战。为了培养实践能力强、创新能力强的复合型新工科人才，"数据结构与算法"已经成为很多工科专业的热门选修课程。"数据结构与算法"所研究的理论知识和技术方法、体现的思维方式，无论对学习计算机学科的其他相关课程，还是对软件设计和开发工作，都具有不可替代的作用。

　　本书主要讨论数据处理过程中经常使用的三种经典结构（线性表、树、图）的逻辑结构及特点；数据在计算机中常用的存储结构；定义在逻辑结构上、实现在存储结构上的各种典型算法。针对最常见的典型运算（排序和查找）设计了多种实现算法。本书是编者针对"数据结构与算法"课程的特点，并结合自己在实践教学中的经验编写的。具有如下特点：

- 理论与应用并重，抽象与实例结合。讲解详细、深入浅出，尤其在算法设计和难点内容的阐述方面有独到之处。通过通俗易懂的示例介绍，化解了数据结构与算法的抽象性，因而本书适应多方面、多层次读者的需求。
- 利用思维导图和学习目标，梳理和规划了各章学习内容，有利于引导初学者更好地入门。借助章末小结和本章重点，把所有的内容进行系统化和归纳总结，可以帮助读者掌握所学内容及课程的整个脉络。
- 力求与C语言无缝对接。鉴于目前"C语言程序设计"是理工科的必修课程，普及范围极广，全书采用C语言作为描述工具。书中所有的算法描述都是用规范的C函数并经过上机调试，运行通过，可以直接使用。
- 提供类型丰富和数量可观的课后习题，在帮助学生及时理解和消化所学知识的同时，也为课程结束的考核环节提供了较好的试题范例。
- 给出了经典结构的应用案例，对提高学生的理论联系实际能力、程序设计能力、综合应用知识能力有很大的帮助，同时对完成课程设计教学过程准备了参考资料。

　　全书共分为8章，第1章内容包括数据结构的概念及数据结构研究内容涉及的基本概念；第2章和第3章详细介绍三种基本的线性结构，即线性表、栈和队列；第4~6章详细介绍四种非线性结构，分别是多维数组、广义表、树和图；第7章和第8章讨论数据处理过程中使用频率最高的两种典型运算——排序和查找。附录集中给出经典结构的典型应用程序。

　　书中标 * 的节作为选讲内容，可留给学生自己阅读。

　　本书的编者均为大连交通大学的教师，长期从事数据结构的教学和研究工作。本书是编者们多年教学经验的结晶。本书的编写分工如下：第1~3章由郑巍编写；第4章和第5章由董靓瑜编写；第6章由李静编写；第7章和第8章由霍利编写。霍利、董靓瑜负责全书的整体规划，并承担统稿工作。

本书在编写过程中参考了大量的资料,在此向相关作者一并表示感谢。

虽然全体参编人员都尽心尽力、力求完美,但由于水平有限,书中难免存在疏漏之处,敬请广大读者批评指正,不胜感谢。

编　者

2022 年 2 月

目 录

第 **1** 章

绪论

【学习目标】

- 了解数据结构的学习意义和基本术语。
- 理解数据结构的定义、数据结构研究的三方面内容及其关系、运算和算法的定义。
- 掌握逻辑结构分类、常用存储结构、算法的特性和定量评价标准。

【思维导图】

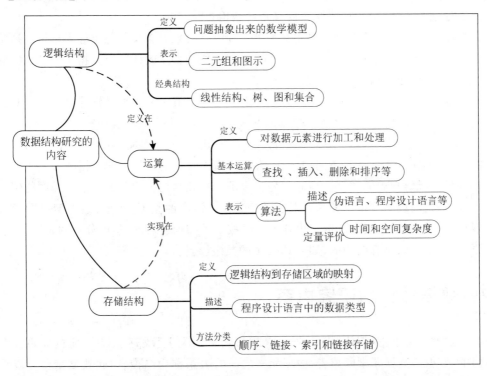

　　计算机科学是一门研究数据表示和数据处理的科学。在大数据和人工智能时代,计算机处理的数据对象类型日益复杂,除了简单的数值数据外,还包括图形、图像、音频、视频、地图等复杂的多媒体数据。除此之外,海量的数据以及智能化的需求也使应用系统越来越复杂。因此,对于需要处理复杂结构数据的实际应用,要开发出一套性能良好、处理高效的软件系统,仅仅掌握程序设计语言和软件开发工具远远不够。更重要的是,要根据数据的结构特点及组织方法设计数据的数学模型,进而在计算机的存储器中表示这种模型,在此基础上选择数据处理的不同算法,通过分析和比较,选择最适合实际应用的解决方案,这正是"数据

结构与算法"这门课程所要解决的问题。如果想体验编程之美,那就从学习数据结构与算法开始吧!

1.1 基本术语

数据(data)是人们约定的物理符号,可用来表示客观事物及其活动,是信息的载体。在计算机领域中,数据指所有能被计算机识别、存储、处理、传输的符号的集合,是计算机程序加工处理的对象。数据是一个广义的概念,除了常用的整数、实数等数值型数据外,还包括文字、声音、图像及地图等非数值型数据。

数据元素(data element)是数据结构中处理数据的基本单位,又可以称为**元素**、**节点**、**顶点**或**记录**。数据是由数据元素构成的,在程序中数据元素通常作为一个整体进行处理。如何确定数据元素,完全取决于所要处理的对象。例如,设计一个全国高校学生信息管理系统时,需要汇总每个学校的学生信息,这时每所学校是一个数据元素,所有的学校组成待处理的数据。当设计一个学校的学生信息管理系统时,每个学生是一个数据元素,所有的学生信息组成待处理的数据。显然,数据和数据元素是相对而言的。

数据项(data item)是构成数据元素不可分割的具有独立含义的最小标识单位。通常数据元素由若干个数据项组成,如学生的信息可由学号、姓名、成绩三个数据项组成。特殊情况下,数据元素中也可以只有一个数据项。

数据类型(data type)是一个值的集合和定义在这个值集上一组操作的总称。如 C 语言中的整型(int),其值集为 $[-32\,768,32\,767]$ 的整数,定义在值集上的操作有:加($+$)、减($-$)、乘($*$)、除($/$)、取余($\%$)和自增($++$)、自减($--$)运算等。现实世界中数据的形式是多种多样的,不同形式的数据具有不同的属性,在计算机语言中对应不同的数据类型。

计算机高级语言中的数据类型通常分为原子类型和结构类型两类。原子类型的值不可再分,一般都是高级语言提供的基本数据类型,如 C 语言的整型、实型、字符型、枚举型、指针类型和空类型。结构类型的值是由若干分量按某种结构组成的,是可分解的,它的分量可以是原子的,也可以是有结构的,如 C 语言中的数组、结构体等。

1.2 数据结构的研究内容

世界是由客观事物(实体)构成的,而客观事物之间大多数都存在着一定的联系。在数据结构中,数据是数据元素的集合,数据元素之间的关系称为结构,因此数据结构可以看成是数据及数据之间的关系,但这只是从数学的角度认识数据结构。面对具体的应用问题,最终目的是用计算机来完成数据的处理,实现用户的需求。因此,只研究数据及数据之间的关系是不够的,还要研究数据如何保存到计算机中并高效实现数据的处理。

因此,数据结构研究的内容通常包括以下三方面。

(1) 数据的逻辑结构。数据以及数据元素之间的逻辑关系。

(2) 数据的存储结构。数据及数据之间的关系在计算机存储器中的表示(映射),也称为数据的物理结构。

（3）数据的运算。对数据元素进行的处理。

综上，**数据结构**（data structure）是一门研究"按照某种逻辑关系组织起来的一批数据及其之上的运算，如何存储在计算机的存储器中并在此基础上实现对数据元素的运算"的学科。

数据结构研究的三方面内容之间既有区别又有密切的联系：数据的逻辑结构是从具体问题抽象出来的数学模型；数据的存储结构是逻辑结构到存储区域的映射；数据的运算是定义在数据的逻辑结构上，实现在存储结构上。

数据结构的研究内容是构造复杂软件系统的基础。在解决实际问题时，首先要根据具体问题的特点，抽象出数据的逻辑结构，并根据数据处理的需要，定义一个基本运算的集合。若要用计算机完成这些运算，必须将数据及数据之间的关系存放到计算机的存储器中，即实现数据的存储结构，然后才能编写程序，实现定义的运算。有了逻辑结构及定义在逻辑结构上的运算，就解决了要"做什么"的问题；而完成存储结构及实现在存储结构上的运算，才真正解决了用计算机该"怎么做"的问题。"做什么"和"怎么做"是用计算机解决实际问题实现方案中的两个重要层次。

1.2.1　数据的逻辑结构

数据的**逻辑结构**（logical structure）是数据元素之间的逻辑关系。它是根据实际问题本身所含数据之间的内在联系而抽象出来的数学模型，与计算机无关，所以被称为数据的逻辑结构。

由于数据的逻辑结构是数学模型，可以用离散数学中关系代数的二元组表示：

$$\text{Data\_Structure}=(D,S)$$

$D=\{d_1,d_2,\cdots,d_i,\cdots,d_n\}$，$d_i(1\leqslant i\leqslant n)$代表数据元素。

$S=\{r_1,r_2,\cdots,r_k,\cdots,r_m\}$或空集，$r_k(1\leqslant k\leqslant m)$代表数据元素之间的关系。

D是数据元素的有限集，S是D上关系的有限集。若S为空集，则表示D中数据元素之间不存在关系，这样的数据称为集合。当研究某一种数据结构时，通常取S中的一个关系r_k进行讨论，r_k可以表示为数据元素的序偶$<d_i,d_j>$的集合。如果集合中有序偶$<d_i,d_j>$，则表示数据元素d_i和d_j之间有r_k这种关系。

【**例1.1**】　某校围棋社团学生信息如表1.1所示，每个学生为一个数据元素，共8个数据元素，每个数据元素包含5个数据项。

表 1.1　某校围棋社团学生信息

学　号	姓　　名	性　别	出生日期	职　务
201001001	黄家正	男	1992-08-05	团长
201002012	赵　芳	女	1993-08-15	组长
201003006	王　明	女	1993-04-01	组长
201008014	王　红	女	1992-06-28	组员
201102028	张小才	男	1994-03-17	组员
201103008	马立伟	男	1993-10-12	组员
201106007	孙　刚	男	1992-07-05	组员
201108019	刘　永	男	1992-12-09	组员

若用 d_i 表示表 1.1 中第 $i(1\leqslant i\leqslant 8)$ 个学生，r_1 表示 8 名学生按学号从小到大的顺序排列的关系，则其逻辑结构用二元组表示为：

$L=(D,S),r_1\in S$

$D=\{d_1,d_2,d_3,d_4,d_5,d_6,d_7,d_8\}$

$r_1=\{<d_1,d_2>,<d_2,d_3>,<d_3,d_4>,<d_4,d_5>,<d_5,d_6>,<d_6,d_7>,<d_7,d_8>\}$

此二元组表示的是数据结构中研究最简单的逻辑结构，由于元素之间存在线性关系，因此通常称为线性结构。

数据的逻辑结构还可以用更直观的图形方式来表示。若用小圆圈代表数据元素，小圆圈间的带箭头连线表示数据元素间的关系，则例 1.1 中数据的逻辑结构如图 1.1 所示。

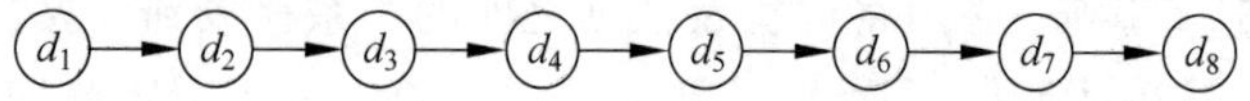

图 1.1　例 1.1 中数据的逻辑结构

设二元组表示的数据逻辑结构 Data_Structure$=(D,S)$，数据元素 $d_i\in D,d_j\in D$，数据元素间关系 $r_j\in S$，则有如下的常用术语。

（1）前趋节点、后继节点、相邻节点。

若$<d_i,d_j>\in r_k$，则称 d_i 是 d_j 相对 r_k 的**前趋**节点，d_j 是 d_i 相对 r_k 的**后继**节点，d_i 和 d_j 称为**相邻**节点。

（2）开始节点、终端节点、内部节点。

若 d_i 相对 r_k 无前趋节点，则称 d_i 是相对 r_k 的**开始**节点；若 d_i 相对 r_k 无后继节点，则称 d_i 是相对 r_k 的**终端**节点；若 d_i 相对 r_k 既有前趋节点又有后继节点，则称 d_i 是相对 r_k 的**内部**节点。

数据的逻辑结构是数据结构三个研究内容的前提部分。也就是说，没有数据的逻辑结构就不可能有数据的存储结构，也不可能有数据的运算。因此，在不加严格区分的情况下，常常将数据的逻辑结构简称为数据结构。根据数据元素间关系的特性，通常有下列 4 种基本结构。

（1）**线性结构**。

线性结构的逻辑特征：有开始节点和唯一的终端节点，其余的内部节点有唯一的前趋节点和唯一的后继节点。线性结构中的数据元素间存在着一对一的相互关系。例 1.1 中具有线性结构的逻辑特征，其中 d_1 是开始节点，d_8 是终端节点，其余的都是内部节点。本书的第 2 章和第 3 章介绍的都是线性结构。

（2）**树形结构**。

树形结构的逻辑特征：有唯一的开始节点，可有若干终端节点，其余的内部节点有唯一的前趋节点，可以有若干后继节点。树形结构中的数据元素间存在着一对多的层次关系。本书的第 5 章将介绍树形结构。

（3）**图形结构**。

图形结构的逻辑特征：有若干开始节点和终端节点，其余的内部节点可以有若干前趋节点和若干后继节点。图形结构中的数据元素间存在着多对多的网状关系。本书的第 6 章将介绍图形结构。

（4）**集合**。

数据元素除了属于同一个集合外，元素间没有其他的关系。第 7 章排序和第 8 章查找将数据组织成了集合。

【例1.2】 在表1.1中,学生之间还存在着组织层次关系,其中d_1为团长,直接管理d_2和d_3。d_2和d_3是组长,d_2直接管理d_4、d_5,d_3直接管理d_6、d_7、d_8。假设表示这种逻辑结构的关系为r_2,则r_2可以定义为学生之间的组织层次关系,其逻辑结构可用二元组表示为:

$$T=(D,S), \quad r_2 \in S$$
$$D=\{d_1,d_2,d_3,d_4,d_5,d_6,d_7,d_8\}$$
$$r_2=\{<d_1,d_2>,<d_1,d_3>,<d_2,d_4>,<d_2,d_5>,$$
$$<d_3,d_6>,<d_3,d_7>,<d_3,d_8>\}$$

对应的逻辑结构图形表示如图1.2所示。此数据结构为树形结构,与自然界的树相比,它是一棵倒立的树。其中,d_1是开始节点,没有前趋节点;d_4、d_5、d_6、d_7、d_8是终端节点,没有后继节点;其余的内部节点都只有一个前趋节点,但有若干后继节点。数据元素间是一对多的关系,符合树形结构的逻辑特征。

【例1.3】 在表1.1中,学生之间可以设置微信朋友圈权限,假设将r_3定义为学生之间朋友圈的可见关系,若数据元素d_i可以看见d_j的朋友圈表示为$<d_i,d_j>$,则这种逻辑结构可用二元组表示为:

$$G=(D,S),r_3 \in S$$
$$D=\{d_1,d_2,d_3,d_4,d_5,d_6,d_7,d_8\}$$
$$r_3=\{<d_1,d_2>,<d_1,d_3>,<d_1,d_5>,<d_5,d_1>,<d_2,d_4>,<d_4,d_2>,$$
$$<d_3,d_5>,<d_5,d_4>,<d_4,d_6>,<d_6,d_7>,<d_7,d_6>\}$$

对应的逻辑结构图形表示如图1.3所示。其中,d_8看不见任何人的朋友圈,并且其朋友圈也不允许其他人看见,在图中为孤立顶点。图中顶点之间的两条相反的有向边,表示这两个学生可以互相看见对方的朋友圈。从图1.3可看出,数据元素间存在着多对多的关系,也就是说一个数据元素可以有任意多个前趋节点和任意多个后继节点,符合图形结构的逻辑特征。

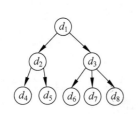

图1.2 树形结构的图示1

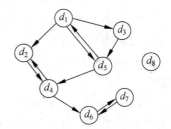

图1.3 图形结构的图示2

虽然上述各例中数据元素相同,但是数据元素间的关系不同,因此它们是不同的数据结构。

1.2.2 数据的存储结构

数据的**存储结构**(storage structure)也称为物理结构,是指数据的逻辑结构到计算机存储器的映射(即存储)。在映射时,一方面要将数据集中的数据元素存放到存储器中;另一方面还要体现元素间的逻辑关系。体现逻辑关系的方式通常有显示和隐含两种。

计算机存储器通常以字节(B)为单位进行编址,地址是从零开始的、连续的正整数。每字节包含 8 个二进制位,有唯一的整数地址标识,是存取操作的基本单位。用户使用存储器时通常以**存储单元**为单位,每个存储单元由若干连续的字节构成,一个单元可以存储一个数据元素,单元的大小取决于数据元素的类型,这样的存储单元一般也称为元素、节点或者顶点。每个存储单元都有唯一的地址标识(即若干连续字节的首地址)。用户可以通过每个存储单元的地址实现对存储单元中数据元素的访问。数据中的各个数据元素可以存储在连续的存储单元中,也可以存储在不连续的存储单元中。

完成数据的逻辑结构到存储器的映射有很多方法,常用的数据存储的方法有如下 4 种。

1. 顺序存储

顺序存储方法的**基本思想**:把逻辑上相邻的数据元素存储在物理位置上相邻的存储单元中。数据元素间的逻辑关系由存储单元的邻接关系来体现,即逻辑关系上相邻,物理位置上也相邻,数据元素的逻辑次序与物理次序一致。这是一种隐含体现关系的存储方法,关系隐含在存储位置上。每个后继节点都存储在当前节点所在单元的下一个单元中。由于数据元素在存储器中是连续存放的,因此这种存储方式称为顺序存储结构(sequential storage structure),通常用计算机高级语言中的数组类型描述。这种方法主要应用于线性结构,但非线性的数据结构也可以通过某种线性化方法实现顺序存储,如第 4 章介绍的多维数组、第 5 章介绍的二叉树等结构的顺序存储。

2. 链接存储

链接存储方法的**基本思想**:通过附加指针域来表示数据元素之间的关系。这种存储方法不要求逻辑上相邻的数据元素存储位置上也相邻,数据元素间的逻辑关系通过附加的指针(地址)表示,这是一种显示体现关系的存储方法。数据元素在存储器中可以连续或者不连续存储,通常用计算机高级语言中的指针类型描述,称为链接存储结构(linked storage structure)。这种存储方法具有很大的灵活性,适用于大多数的数据结构。与顺序存储方法相比,由于链接存储要附加指针域,因此它的空间开销要大一些。但由于不要求存储空间的连续性,因此很适合动态存储管理。

顺序和链接是两种最常用的存储方法,本书中第 2～7 章研究各种经典结构时采用的都是这两种存储结构。

【例 1.4】 用上述两种方法存储有序序列 $A=(99,123,134)$,假设每个数据元素占 2 字节,即一个存储单元为 2 字节,其存储结构如图 1.4 所示。

3. 索引存储

索引存储方法的**基本思想**:通过附加索引表来表示数据元素之间的关系。索引表中的每一项称为索引项,用来标识一个或一组数据元素的存储位置。索引项的一般形式为(关键字,地址),其中的关键字是能唯一标识一个数据元素的数据项。若每个数据元素都对应一个索引项,则该索引表称为**稠密索引**(dense index)。若一组数据元素对应一个索引项,则该索引表称为**稀疏索引**(sparse index)。索引项中的地址指出数据元素的存储位置。索引存储方法主要是用于实现快速查找而设计的一种存储方式。

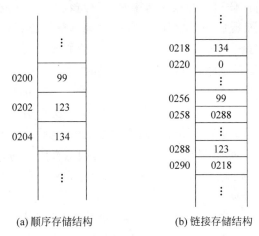

(a) 顺序存储结构   (b) 链接存储结构

图1.4 顺序和链接存储结构示例

4．散列存储

散列存储方法的**基本思想**：根据数据元素的关键字直接计算出该数据元素的存储地址，通常称为关键字-地址转换法。在此方法中需要设计一个散列函数，以关键字为自变量，散列函数值即为地址。用这种存储方法设计的存储结构最适合按关键字进行查找，但数据元素之间的关系已经无法在存储结构上体现。

上述4种存储方法可以单独使用，也可以组合起来对数据进行存储。同一种逻辑结构采用不同的存储方法，可以得到不同的存储结构。针对具体的应用，某种数据结构选择何种存储结构主要考虑运算的方便及效率。

如何描述存储结构？数据的存储结构是数据的逻辑结构用计算机语言的实现，它是依赖于计算机语言的，因此可以借用高级语言中提供的数据类型来描述它。本书采用C语言的数据类型来描述数据的存储结构，主要使用结构体、数组和指针等。

1.2.3 数据的运算

数据的**运算**(也称为操作)是指对数据元素进行加工和处理。运算的种类很多，具体视应用的要求而设置。但对每种数据结构设置一些基本运算，使得其他运算都能通过调用这些基本操作实现对数据的各种访问，是数据结构中研究的一个重要内容。

数据的**基本运算**一般包括查找、插入、删除、排序等。这些基本运算的定义基于数据的逻辑结构，每种经典的逻辑结构都有一个运算的集合，至于基本运算的实现，只有确定了存储结构后才能完成。因此，数据的运算是定义在数据的逻辑结构上而实现在数据的存储结构上。针对具体应用，首先要将待处理的数据进行合理组织，就产生了数据的逻辑结构；然后在数据的逻辑结构上定义一个运算的集合，这时就解决了对具体的应用要处理什么工作的问题。对于如何用计算机完成这些处理工作，必须设计数据的存储结构，然后才能实现在逻辑结构上定义的运算。因此，"做什么"和"怎么做"是用数据结构的思想和方法解决具体应用时的两个重要层面，其具体过程涵盖了数据结构研究的三方面内容。

数据的运算通过算法来描述，有关算法的基本概念将在1.3节中介绍。

值得指出的是，在讨论任何一种数据结构时，都应该将数据的逻辑结构、数据的存储结构和数据的运算这三方面看成一个整体，不要孤立地理解一方面，而要注意它们之间的联系。三方面中的任何一方面不同，都可以被定义成不同的数据结构。逻辑结构不同，肯定是不同的数据结构。即使是同一种逻辑结构，采用不同的存储方法，得到的数据结构也是不同的。例如，线性表是一种经典的数据结构，若采用顺序方式存储，则称该结构为顺序表；若采用链接方式存储，则称该结构为链表；同理，在数据的逻辑结构和存储结构相同的情况下，若定义的运算集合不同，也可以导致不同的数据结构。例如，线性表是一种数据结构，若对线性表上的插入、删除运算限制在表的一端进行，则定义了一种新的数据结构，称为栈；若对线性表上的插入运算限制在表的一端进行，删除运算限制在表的另一端进行，则又可定义一种新的数据结构，称为队列。

以上介绍的数据结构研究的三方面内容将是贯穿整个课程的三条主线，在后续内容中，无论讨论哪一种经典结构（线性表、树、图），都将围绕这三条主线来展开。

1.3　算法

由于数据的运算是通过算法来描述的，有关算法的一些基本概念将在本节中介绍。

1.3.1　算法的定义及特性

算法（algorithm）是解决特定问题的方法和步骤，是由若干条指令组成的有限序列。通常，一个算法必须具有以下 5 个特性。

（1）**有穷性**。一个算法总是在执行有穷步骤后结束，有限时间内完成。算法与程序比较相似，但二者是有区别的。程序可以不满足有穷性的要求。例如，操作系统程序在系统开机的状态下就一直处于运行中，不会在有限步骤内结束。此外，程序中的指令必须是计算机可执行的，而算法中的指令没有此种限制。一个算法若用计算机可识别的语言来写，它就是一个程序。

（2）**确定性**。算法中每条指令都具有确切的含义，不致于产生二义性或多义性，即在同一条件下，一个算法只能有一条执行路径。

（3）**可行性**。算法中的每一步都可行，通过手工或计算机经过有限次操作可以实现，并在有限时间内完成。

（4）**输入**。一个算法有 0 个或多个输入，这些输入是算法所处理问题的已知条件，来自实际应用的特定对象。当解决某个问题不需要已知条件时，可以没有输入。

（5）**输出**。一个算法有 1 个或多个输出，这些输出是解决问题需要得到的结果，与输入有着某种特定的关系。算法至少要有 1 个输出代表处理的结果。

一个算法的实质是针对解决特定问题的需要，在数据逻辑结构和存储结构的基础上实现的一种运算。设计算法时用户可以自行选择数据存储结构，所以对同一问题可以有不同的算法。此外，对同一问题即使选择相同的逻辑结构和存储结构，由于设计者的设计思想和技巧不同，编写出的算法也可能是不同的。学习本门课程后，针对具体问题中待处理数据的特性，要能够选择合适的逻辑结构和存储结构，然后按照先进的程序设计方法设计出高效的算法,进而编写程序利用计算机实现数据的处理。

1.3.2 算法的描述

算法一般可以采用自然语言、流程图、伪语言、计算机高级程序设计语言等描述。用自然语言描述算法的优点是简单且便于人们对算法的阅读,缺点是不够严谨。使用流程图、N-S图等算法描述工具,其特点是描述过程直观、简洁、明了。但是,以上两种方法描述的算法不能够直接在计算机上执行,若要将它转换为可执行程序还有一个编程的问题。当然,算法可以直接使用某种计算机高级程序设计语言来描述,便于计算机实现算法,但又受到算法设计者和阅读者掌握计算机高级语言的种类和能力的限制。为了解决理解与执行这两者之间的矛盾,人们常常使用一种称为伪语言的方法来进行算法描述。伪语言介于计算机高级程序设计语言和自然语言之间,它忽略高级程序设计语言中一些严格的语法规则和描述细节,因此它比程序设计语言更容易描述和被人理解,但比自然语言更接近程序设计语言。它虽然不能直接执行,但很容易被转换为计算机高级程序设计语言程序。本书讨论的算法,均采用标准C语言作为算法描述的工具,即每一个算法就是一个C函数。这样可以使算法的描述和讨论简明清晰,容易理解且便于上机验证。

下面对数据结构中用到的C语言的有关内容做简要介绍,为以后各章分析和编写算法做准备。

1. 基本语句

基本语句主要包括表达式语句、函数调用语句、流程控制语句三种。

1) 表达式语句

表达式语句的一般式:

表达式;

【说明】

① 在C语言中,任何一个表达式(包括赋值运算表达式)后加一个";"都是一个表达式语句。一般情况下,将赋值运算表达式后加一个";"称为赋值语句。

② 当使用一个函数值来参加运算时,函数就可以出现在一个表达式中,也称以表达式的形式调用函数,函数的另一种调用方式是函数调用语句,后面将介绍。

例如:

```
a = 10;   b = a/2 + 20;
a++;   b--;
x = sqrt(y);
```

2) 函数调用语句

函数调用语句的一般式:

函数名(参数 1,参数 2,…,参数 n);

【说明】 当需要使用函数完成功能时,就可以用函数调用语句。函数调用语句给出函数名及实参表后加一个";"即可,实际上它也是一个表达式语句。

例如：

```
scanf("%d%d%d",&a,&b,&c);
printf("%d%d%d",a,b,c);
ch = getchar(); putchar(ch);
```

3) 流程控制语句

(1) 条件语句。

条件语句的一般式：

```
if(表达式)语句
if(表达式)语句1  else  语句2
```

【说明】

① 使用条件语句时,要注意不要出现二义性。当条件语句嵌套使用时,else 总是与它最近的 if 匹配。

② 在各种流程控制语句的一般式中,常常出现"语句"部分,格式要求这部分只能是一个语句,如果在实际应用中必须出现多个语句,要使用复合语句,即用花括号"{}"将多个语句括起来成为一个复合语句。

例如：

```
if(a > 0) x = a + 2;
if(a > 0)
    x = a + 2;
else
    x = a - 2;
```

区分下面两个语句。

```
if(a > 0) if(b > 0) c = a + b;
        else  c = a - b;
if(a > 0) { if(b > 0) c = a + b; }
else  c = a - b;
```

(2) 多分支选择语句。

多分支选择语句的一般式：

```
switch(表达式)
    {  case  常量表达式 1:语句组 1
       case  常量表达式 2:语句组 2
                ⋮
       case  常量表达式 n:语句组 n
       default:语句组 n + 1
    }
```

【说明】 多分支选择语句的语句组中,通常包含一个 break 语句,以保证从多个分支中选择一个执行。

例如：

```
switch(grade)
```

```
{    case "A":printf("85~100\n");break;          /* 与不加 break 的区分 */
     case "B":printf("70~84\n");break;
     case "C":printf("60~69\n");break;
     case "D":printf("<60\n");break;
     default: printf("error\n");
}
```

（3）循环语句。

循环语句的一般式：

```
while(表达式)循环体语句
do 循环体语句    while(表达式);
for(表达式 1; 表达式 2; 表达式 3)循环体语句
```

【说明】 注意 3 种循环语句之间的区别和联系，如 while 语句和 for 语句之间完全可以互换。但每个语句又有自己的特点，使用时应能选择最合适的语句来实现循环结构的控制。

```
s = 0;i = 1;
while(i<100) {s = s + i;i++;}          /* 分析本行语句的功能 */
do   {s = s * i;i-- ;} while (i>0);    /* 与上面语句比较分析功能 */
for (s = 0,i = 1;i<100;i++) s = s + 1; /* 分析与上面语句的联系 */
```

2. 函数

函数的一般式：

```
类型标识符    函数名([形式参数表])
{   说明部分
    语句
}
```

【说明】

① 类型标识符标明的函数类型是函数返回值的类型，当函数无返回值时，函数的类型可为空，用 void 表示。

② 当函数首部中的形式参数表缺省时，为无参函数，否则为有参函数。

③ 形式参数表中可以定义若干形参，每个形参都要定义形参的类型和形参名，各个形参的定义之间要用","号作为分隔符。形参的个数和类型取决于实际应用，一般情况下是由函数要完成相应功能时需要的已知条件决定的。例如，已知三角形的三边求面积的函数中，形参就是三角形的三个边长，所以形参表中应该有三个形参 a、b、c，类型取决于三边长的数值。

例如：

```
float area(int a, int b, int c)
{   float p,s;
    p = (a + b + c)/2.0;
    s = sqrt(p * (p - a) * (p - b) * (p - c));
    return s;
}
```

3. 数据类型

数据类型主要包括标准类型、构造类型和指针类型 3 种。

1) 标准类型

标准类型包括整型(int)、字符型(char)和实型(float)。

【说明】 标准类型是语言处理系统定义的,只要使用系统提供的标准类型标识符来定义变量的数据类型即可。

例如:

```
int a,b;
char ch1,ch2;
float x,y;
```

2) 构造类型

构造类型包括数组和结构体两种。

(1) 数组类型定义。

- 一维数组定义的一般式如下:

```
类型说明符 数组名[常量表达式];
```

- 二维数组定义的一般式如下:

```
类型说明符 数组名[常量表达式1][常量表达式2];
```

【说明】 定义数组类型时,要给出数组元素的个数和排列次序(由常量表达式定义)、每个数组元素的类型(由类型标识符定义)和数组名。

例如:

```
int a[10];     /* 定义一维数组,数组名为 a,每个元素类型为整型,共有 10 个数组元素,排列为
                 a[0],a[1],a[2],…,a[9] */
char b[2][3];  /* 定义二维数组,数组名为 b,每个元素类型为字符型,2 行 3 列共有 6 个数组
                 元素,排列为:
                 b[0][0]  b[0][1]  b[0][2]
                 b[1][0]  b[1][1]  b[1][2] */
```

(2) 结构体类型定义。

结构体类型定义的一般式如下:

```
struct 结构体名
{   类型名1  域名1;
    类型名2  域名2;
    类型名3  域名3;
    …
    类型名n  域名n;
};
```

【说明】 结构体类型是用户自定义类型,使用时首先要按照规定的形式定义类型标识符,然后才能定义相应类型的变量。

例如:

```
struct student          //定义了一个结构体类型,类型标识符为 struct student,其中包
{   int num;            //含 5 个域,分别用 num 代表学号、name 代表姓名、sex 代表性别、
    char name[16];      //age 代表年龄、score 代表成绩
    char sex;
    int age;
    float score;
};
struct student s1,s2; /*用上面定义的结构体类型定义了两个结构体变量 s1、s2 存放任意两个
                        学生的信息 */
struct student s[30]; /*定义了一个包含 30 个元素的结构体数组 s,s 用来存放 30 个学生的信息 */
```

3）指针类型

定义指针类型的变量时,要给出指针变量所指的类型,称为基类型。指针类型定义的一般式如下：

```
基类型   *指针变量名;
```

【说明】

① 指针就是地址,任何一个变量都要占用内存空间,空间的首地址(即第 1 字节的地址)就是变量的地址,可以将此地址存放在一个指针变量中。

② 有了指针变量后,就多了一种引用变量的方法,不但可以用变量名来引用,还可以用指向变量的指针来引用。

③ 在某些情况下,用指向变量的指针来引用变量更有效,尤其是在形参表中。

例如：

```
int a, * p1 = &a;              /*指针变量 p1,指向一个整型变量 a */
int b[10], * p2 = b;           /*指针变量 p2,指向一个整型数组 b */
struct student st, * p3 = &st; /*指针变量 p3,指向一个 student 类型结构体变量 st */
struct student s[30], * p4 = s; /*指针变量 p4,指向一个 student 类型结构体数组 s */
```

4）类型标识符

类型标识符定义的一般式如下：

```
typedef   类型标识符 1   类型标识符 2;
```

【说明】 可以给某一种类型标识符起一个新的名字来代替已有的类型名。作用之一是简化某些类型标识符(如结构体类型),另外也可以将类型名通用化,例如可以将数据结构中讨论的数据元素的类型约定为 DataType,当处理的问题确定后,再用 DataType 定义为某一种特定的类型。

例如：

```
typedef   int   DataType; /*给整型 int 起一个新名字 DataType,以后用 DataType 就如同用 int 一样 */
typedef   char   DataType;    /*约定的类型 DataType 在实际问题中是字符型 char */
typedef   struct   student
{   int   num;
    char   name[16];
    char   sex;
    int   age;
    float   score;
}stud;                    /*给结构体类型 struct student 起一个新的简单的名字 stud */
stud   s1,s2,s[30];           /*用类型名 stud 来定义结构体变量 s1、s2 和结构体数组 s */
```

以上介绍的是在本书中用到的 C 语言的主要内容，其他没有介绍的相关知识可查阅 C 语言程序设计的有关书籍。

1.3.3　算法的评价

对同一个问题，可以设计出多种不同的算法。如何从中选出最适合问题的解决方案，需要进行算法优劣的比较，即对算法进行评价。算法评价的目的：一是要从解决同一问题的不同算法中选择出较为合适的；二是为现有算法如何进行改进和创新提供方向。通常从定性和定量两方面进行算法评价。

1. 算法的定性评价

（1）**正确性**（correctness）是指算法应当满足具体问题的需求，即对合理的输入，算法都会得出正确的结果，这是设计和评价一个算法的首要条件，否则其他的评价标准也就无从谈起。对算法是否"正确"的理解通常有 4 个层次：①程序中不含语法错误；②程序对于几组输入数据能够得到满足要求的输出结果；③程序对于精心选择的甚至有些刁难的几组输入数据能够得到满足要求的输出结果；④程序对于一切合法的输入数据都能得出满足要求的输出结果。正确性的验证一般采用测试的方法来实现。对于这 4 个层次，层次①要求最低，层次④几乎不可实现，一般达到层次③即可。

（2）**可读性**（readablity）是指算法被理解的难易程度。现在的软件系统一般需要多人合作共同完成，因此算法应该便于人的阅读与交流，晦涩难读的程序易于隐藏较多错误，而且难以调试、扩充和推广。一个可读性好的算法，应该符合结构化和模块化等程序设计的思想，对每个功能模块、重要数据类型或语句加以注释，建立相应的文档。

（3）**健壮性**（robustness）是指算法对输入的非法数据恰当地做出反映或进行相应处理的能力。一个好的算法应该能够识别出错误的输入数据，并且做出相应的处理，而不是产生莫名其妙的输出结果。处理出错的方法不应是中断程序的执行或使系统瘫痪，而应返回表示错误的信息，以便根据错误的性质进行相应处理。

（4）**简单性**（simplicity）是指一个算法所采用的逻辑结构、存储结构以及处理过程的简单程度。算法的简单性便于用户编写、分析和调试程序，但最简单的算法常常不是最有效的，可能需要占用较长的运行时间和较多的内存空间。若设计系统程序或处理大量的数据，则算法的有效性（运行时间短和占内存空间少）比简单性更重要。

算法的定性评价标准从算法的设计者和使用者角度来衡量算法的优劣，在系统软件中，更重视算法的时间效率和空间效率。

2. 算法的定量评价

算法的定量评价是指对算法执行时间和占有空间的评估。如何度量一个算法在时间和空间上的性能？以时间性能的度量为例，通常有两种方法。

（1）事后统计的方法。对于不同的算法编制出可运行的程序，通过设计好的测试数据，利用计算机的计时器对不同算法的运行时间进行比较，从而确定算法效率的高低。这种方法有明显的缺陷：一是必须依据算法编写可运行的程序，这通常需要花费大量的时间和精力；二是统计获得的时间依赖于计算机的软硬件环境，有时会掩盖算法本身的优劣；三是不可能把所有要讨论的算法都放到同一台计算机上运行来比较时间效率。因此，衡量算法的运行时间，一般并不真正地去运行算法对应的程序，一般在设计算法时就要对算法的执行时间有一个客观的分析和判断。

（2）事前分析的方法。在编写算法对应的程序前，抛开与计算机软硬件环境有关的因素，依据统计分析的方法进行性能的估算。

算法时间和空间的性能评估通常采用事前分析的方法。

1）时间复杂度

时间复杂度（time complexity）是一个算法运行时所耗费的系统时间，也就是算法的时间效率。解决同一个问题的不同算法，执行时间短的效率高。当处理的问题数据量较大时，时间效率就变得比较重要。尽管现在计算机的运行速度越来越快，但还是赶不上数据量加大带来的速度要求。

（1）渐近时间复杂度。

一个算法可对应计算机高级程序设计语言程序，其运行时间取决于下列因素：算法采用的策略、问题的规模、书写程序的语言、编译程序产生的代码质量、机器执行指令的速度等。后三项因素与计算机软硬件环境有关，事前分析方法中不需要考虑。算法采用的策略决定了不同的算法，对于一个特定算法的时间效率仅取决于问题的规模。所谓问题的规模是指算法求解问题时所处理的数据量，一般用整数 n 表示。例如，矩阵相加问题的规模是矩阵的阶数，排序问题的规模是指待排序元素的个数。同一算法，规模越大，耗时越多。此外，一个算法的时间复杂度一般可以表示成问题规模的函数，并且随问题规模的增长而增长。

给定一个算法（C 函数）后，如何计算它的时间复杂度？

【例 1.5】 求一维数组元素中的最大值。

```
    int sum(int a[],int n)
    {int i,s;
(1)      s = a[0];                    /* 1次 */
(2)      for(i = 1;i < n; i++)        /* n次 */
(3)          if (s < a[i]) s = a[i];  /* n-1次 */
(4)      return s;                    /* 1次 */
    }
```

一个算法中的语句由原操作（固有数据类型的简单运算）和控制结构（顺序、选择和循环结构）组成，其运行所耗费的时间就是该算法中所有原操作语句的执行时间之和。每条语句的执行时间是这条语句重复执行的次数（**频度**，frequency count）与该语句执行一次所需时间的乘积。当不考虑程序运行的软硬件环境时，可以假设执行原操作语句所需的时间均是一个单位时间。这样，算法所耗费的时间就是该算法中所有原操作语句的频度之和。若问题的规模为 n，则算法的时间复杂度通常是 n 的函数 $T(n)$。例 1.5 中右边列出的是各语句的频度，其中由于语句(2)for 循环中的表达式语句均由原操作语句构成，因此可看成一个整体，语句(3)同理。该算法的语句频度之和为：$T_1(n)=1+n+n-1+1=2n+1$。

【例 1.6】 两个 n 阶方阵相加。

```
    void Matrixadd(int a[ ][ ],int b[ ][ ],int c[ ][ ],int n)
    {   int i,j;
(1)     for (i = 0;i < n;i++)          /* n+1次 */
(2)         for (j = 0;j < n;j++)      /* n×(n+1)次 */
```

```
(3)              c[i][j] = a[i][j] + b[i][j];  /＊n^2 次＊/
         }
```

将上述算法中各个语句的频度相加，可得到该算法的语句频度之和为：

$$T_2(n) = n + 1 + n \times (n+1) + n^2 = 2n^2 + 2n + 1$$

【例 1.7】 求两个 n 阶方阵的乘积。

```
     void Matrixmlt(int a[ ][ ],int b[ ][ ],int c[ ][ ],int n)
     {  int i,j,k;
(1)      for (i = 0;i < n;i++)                      /＊n+1 次＊/
(2)        for (j = 0;j < n;j++)                    /＊n×(n+1)次＊/
(3)        {  c[i][j] = 0;                          /＊n^2 次＊/
(4)           for (k = 0;k < n;k++)                 /＊n^2×(n+1)次＊/
(5)               c[i][j] = c[i][j] + a[i][k]＊b[k][j]; /＊n^3 次＊/
           }
     }
```

将上述算法中各个语句的频度相加，可得到该算法的语句频度之和为：

$$T_3(n) = n + 1 + n \times (n+1) + n^2 + n^2 \times (n+1) + n^3 = 2n^3 + 3n^2 + 2n + 1$$

从上面的例题可以看出，一个算法的时间复杂度是问题规模 n 的函数，有时还是问题规模 n 的一个较复杂的函数，那么对两个不同的算法，由 $T(n)$ 比较算法的时间效率就比较困难。

【例 1.8】 求解同一问题的两个算法 A_1 和 A_2，二者的时间复杂度分别是 $T_{A_1}(n) = 60n^2$，$T_{A_2}(n) = 3n^3$，问哪一个算法的时间性能好？

解析：

① 当问题规模 $n < 20$ 时，有 $T_{A_1}(n) > T_{A_2}(n)$，A_2 的时间复杂度好；

② 当问题规模 $n > 20$ 时，则有 $T_{A_1}(n) < T_{A_2}(n)$，A_1 的时间复杂度好。而且，随着问题规模 n 的不断增大，两个算法的时间开销之比 $T_{A_2}(n)/T_{A_1}(n) = 3n^3/60n^2 = n/20$ 也随着增大。也就是说，当问题规模较大时，算法 A_1 比算法 A_2 的时间效率要好得多。

一般情况，在讨论算法的时间效率时，主要考虑当问题规模 n 趋于无穷大时，时间复杂度 $T(n)$ 的数量级，也称为算法的**渐近时间复杂度**，一般记为 $T(n) = O(f(n))$。$f(n)$ 是问题规模 n 的某个函数。记号 O（Order 的简写，数量级）读作"大 O"，其数学定义是：

设 $T(n)$ 和 $f(n)$ 均为正整数 n 的函数，若存在两个正整数 M 和 n_0，使得当 $n \geq n_0$ 时 $\lim_{n \to \infty} T(n)/f(n) = M$ 成立。渐近时间复杂度的定义表示随着问题规模 n 的增大，算法执行时间的增长率与 $f(n)$ 的增长率相同。因此，渐近时间复杂度是算法在时间维度上增长趋势的分析。

对例 1.5 中算法的时间复杂度 $T_1(n) = 2n + 1$，当问题规模 n 趋于无穷大时，$\lim_{n \to \infty} T_1(n)/n = \lim_{n \to \infty} (2n+1)/n = 2$。这表明，当 n 充分大时，$T_1(n)$ 和 n 之比是一个不等于零的常数，即 $T_1(n)$ 和 n 的数量级相同，记作 $T_1(n) = O(n)$，称 $O(n)$ 是例 1.5 中算法 $T_1(n)$ 的渐近时间复杂度。

同理，例 1.6 中算法的时间复杂度 $T_2(n)$ 的渐近时间复杂度是 $O(n^2)$，例 1.7 中算法的时间复杂度 $T_3(n)$ 的渐近时间复杂度是 $O(n^3)$。

从上面的分析可以看出，渐近时间复杂度是从宏观的角度评价不同的算法在时间方面的效率，对时间复杂度分别是 $T_{A_1}(n) = 60n^2$ 和 $T_{A_2}(n) = 3n^3$ 的算法 A_1 和 A_2，它们的渐

近时间复杂度是 $O(n^2)$ 和 $O(n^3)$，从而算法 A_1 的时间效率比算法 A_2 的时间效率好。因此，在分析算法效率时，一般将渐近时间复杂度简称为**时间复杂度**。

在分析某一个算法的时间复杂度时，需要求出算法的语句频度之和 $T(n)$，然而对于某些复杂的算法想求出 $T(n)$ 却是很困难。但是，从上面的几个例题可以看出，求出时间复杂度的数量级函数 $f(n)$ 相对比较简单，一般是算法中执行次数最多的语句的频度，不包括常数项和系数。例如，上面的例 1.5 是算法中语句(3)的频度；例 1.6 是算法中语句(3)的频度；例 1.7 是算法中语句(5)的频度。在多数情况下，当一个算法中有若干个循环语句时，算法的时间复杂度是由嵌套循环层数最多的部分中最内层循环体中语句的频度决定的。需要注意的是，如果算法中包括对其他函数的调用，计算算法的时间复杂度时还要分析被调用函数的时间复杂度。

在计算算法时间复杂度时，经常会得到时间复杂度函数 $T(n)$ 是 n 的一元 k 次多项式，假设 $T(n)=a_kn^k+a_{k-1}x^{k-1}+\cdots+a_1x+a_0$，则 $\lim\limits_{n\to\infty}T(n)/n^k=a_k$，由于 a_k 是常数，因此这类函数时间复杂度是 n 的最高次幂 $O(n^k)$。

(2) 最好、最坏和平均时间复杂度。

很多算法的时间复杂度不仅仅取决于问题的规模，还与问题的初始状态有关。由于算法所处理的数据集的初始状态不同，使得对算法评价时还有**最好时间复杂度**、**最坏时间复杂度**和**平均时间复杂度**之分。

【例 1.9】 在一维数组中查找指定的元素。

```
        int search(int a[ ], int x, int n)
        {   int i;
(1)           for(i = 0; i < n; i++; )
(2)               if (a[i] == x) return i + 1;
(3)           return 0;
        }
```

显然，此算法中语句(2)的频度不仅与问题的规模 n 有关，还与 x 的取值及数组 $a[\ ]$ 中元素值的排列有关。最好情况下，语句(2)的执行次数为 1，即比较一次就查找到了要找的数据，即最好时间复杂度为 $O(1)$；最坏情况下，语句(2)的执行次数为 n，即比较 n 次才查找到要找的数据，即最坏时间复杂度为 $O(n)$；在查找各个元素概率相等的情况下，平均的比较次数为：$(1+2+3+4+\cdots+(n-1)+n)/n=(n+1)/2$，平均时间复杂度为 $O(n)$。

算法中常见的时间复杂度，按数量级从小到大的顺序依次为：常数级 $O(1)$、对数级 $O(\mathrm{lb}n)$、线性级 $O(n)$、线性对数级 $O(n\mathrm{lb}n)$、平方级 $O(n^2)$、立方级 $O(n^3)$、……、k 次方级 $O(n^k)$、指数级 $O(2^n)$、阶乘级 $O(n!)$，其中指数级 $O(2^n)$ 和阶乘级 $O(n!)$ 常称为不可实现的算法时间复杂度，其算法的执行时间会随着 n 的增大而极速增加，以至于在相当长的时间内无法结束程序的运行，从而导致算法无法应用。

(3) 算法时间复杂度的求和与求积定理。

假设执行程序段 M_1 和 M_2 的时间复杂度分别为 $T_1(n)=O(f(n))$ 和 $T_2(n)=O(g(n))$。

求和定理：顺序执行程序段 M_1 和 M_2 后的总执行时间复杂度为

$T_1(n) + T_2(n) = O(\max(f(n), g(n)))$

求积定理：

$$T_1(n) \times T_2(n) = O(f(n) \times g(n))$$

实际应用中,多个并列循环的执行时间分析可利用求和定理,多层嵌套循环的执行时间分析可利用求积定理。

2) 空间复杂度

空间复杂度(space complexity)是一个算法运行时所耗费的存储空间,也就是算法的空间效率。解决同一个问题的不同算法,占存储空间少的则效率高。一般情况下,算法占用的存储空间包括三部分:算法本身占的存储空间、算法所处理的数据占的存储空间和算法运行过程中需要的辅助空间。对解决同一个问题的不同算法,前两个部分所占存储空间差别不会很大,所以在讨论算法的空间复杂度时,只考虑算法运行过程中需要的辅助空间,它也是问题规模 n 的函数。空间复杂度的计算与时间复杂度类似,也是考虑当问题规模 n 趋于无穷大时,空间复杂度的数量级,即算法的渐近空间复杂度。渐近空间复杂度也简称为空间复杂度。对于本书中所讨论的算法,常见的空间复杂度有:常数级 $O(1)$、对数级 $O(\mathrm{lb}n)$、线性级 $O(n)$。

设计算法时,希望选择一个运行时间短、占内存空间少、其他性能也好的算法。然而,实际上很难做到十全十美。一般来说,要节约算法的执行时间往往要以牺牲存储空间为代价;而为了节省存储空间就要付出更多的系统时间。因此,只能根据具体情况来选择合适的算法。当一个算法使用次数较少时,则力求算法简单明了;对于一个使用频率非常高的算法,应尽可能提高时间效率,选择快速的算法;若要解决的问题处理的数据量极大,系统的存储空间又相对较小,就要着重考虑如何节省存储空间,宁可付出时间代价也要换取存储空间,以使问题得到解决。

1.4 学习数据结构的意义和目的

数据结构是计算机科学与技术和软件工程专业的专业基础课,是十分重要的核心课程。所有的计算机系统软件和应用软件都要用到各种类型的数据结构。因此,要想更好地运用计算机来解决实际问题,仅掌握几种计算机程序设计语言是难以应对众多复杂的课题。要想有效地使用计算机,充分发挥计算机的性能,还必须学习和掌握好数据结构的有关知识。打好"数据结构"这门课程的扎实基础,对于学习计算机专业的其他课程,如操作系统、编译原理、数据库管理系统、软件工程、人工智能等十分有益。

1968 年,美国的 Donald E. Knuth 教授开创了数据结构的最初体系,在其著作《计算机程序设计技巧》第一卷《基本算法》中较系统地阐述了数据的逻辑结构和存储结构以及操作的概念。随着计算机科学的发展,数据结构的基础研究日趋成熟,已经成为一门完整的学科。

在计算机发展的初期,人们使用计算机的目的主要是处理数值计算问题。当使用计算机来解决一个具体问题时,一般需要经过下列几个步骤:首先要从该具体问题抽象出一个适当的数学模型,然后设计或选择一个解此数学模型的算法,最后编出程序进行调试、测试,直至得到最终的解答。

由于当时所涉及的运算对象是简单的整型、实型或布尔类型数据,因此程序设计者的主要精力集中于程序设计的技巧上,而不太重视数据结构。随着计算机应用领域的扩大和软硬件的发展,非数值计算问题的效率显得越来越重要。据统计,当今用计算机处理非数值计算性问题占用了 90％以上的机器时间。这类问题涉及的数据结构更为复杂,数据元素之间的相互关系一般无法用数学方程式加以描述。因此,解决这类问题的关键不再是数学分析和计算方法,而是要设计出合适的数据结构。

　　计算机科学家沃斯(N. Wirth)教授曾经提出一个著名的公式:程序＝算法＋数据结构,这里的数据结构指的是数据的逻辑结构和数据的存储结构,而算法则是对数据运算的描述。由此可见,程序设计的实质是对要处理的实际问题选择一种合适的数据结构,加之设计一个好的算法,而好的算法往往取决于合理的逻辑结构和存储结构。

　　数据的逻辑结构、存储结构和运算是本课程研究的三方面内容。学好数据结构,可以针对实际应用中广泛使用的经典结构(线性表、树、图和集合)的典型运算,设计行之有效的算法,并能比较不同算法的优劣,最终可以从这一套算法中选择效率最好的一个用于解决实际问题,这正是学习数据结构的目的。

小结

　　围绕数据结构研究的三方面内容,本章主要介绍了本课程中用到的基本术语、各种结构的表示法、分类以及常用方法,主要包括:数据结构的定义、数据结构研究的三方面内容及其关系;数据逻辑结构的定义及其表示;数据逻辑结构和存储结构的分类;运算的定义和表示;算法的定义、描述及评价,最后介绍了学习数据结构的意义和目的。

本章重点:
(1) 数据结构的定义、研究的三方面内容及其关系。
(2) 数据结构中讨论的 4 种常用结构及其逻辑特征。
(3) 常用的 4 种存储方法及实现的基本思想。
(4) 算法的定量评价标准:时间复杂度和空间复杂度。

习题

一、名词解释
1. 数据结构
2. 数据的逻辑结构
3. 数据的存储结构
4. 顺序存储

二、选择题
1. 数据结构在计算机内存中的表示是指(　　)。
　　A. 数据的存储结构　　　　　　B. 数据结构
　　C. 数据的逻辑结构　　　　　　D. 数据元素之间的关系
2. 数据的逻辑结构是指(　　)。
　　A. 数据所占的存储空间量

    B. 各数据元素之间的逻辑关系

    C. 数据在计算机中顺序或链接的存储方式

    D. 存储在内存或外存中的数据

3. 下列叙述中,正确的是(　　　)。

    A. 数据的逻辑结构是指数据的各数据项之间的逻辑关系

    B. 数据的物理结构是指数据在计算机内的实际存储形式

    C. 在顺序存储结构中,数据元素之间的关系是显示体现的

    D. 链接存储结构是通过节点的存储位置相邻来体现数据元素之间的关系

4. 数据结构中,在逻辑上可以把数据结构分成(　　　)。

    A. 动态结构和静态结构　　　　　　　　B. 紧凑结构和非紧凑结构

    C. 线性结构和非线性结构　　　　　　　D. 内部结构和外部结构

三、填空题

1. 数据结构主要研究_____、_____和_____三方面的内容。

2. 链接存储的特点是附加_____来表示数据元素之间的逻辑关系。

3. 数据结构中讨论的 4 种常用结构包括_____、_____、_____和_____。

4. 数据结构中常用的存储方法有_____、_____、_____和_____。

5. 算法的特性包括_____、_____、_____、输入和输出。

6. 算法性能分析的两个主要定量评价指标是_____和_____。

7. 线性结构中元素之间存在_____关系,树形结构中元素之间存在_____关系,图形结构中元素之间存在_____关系。

8. 数据结构形式地定义为(D,R),其中 D 是_____的有限集合,R 是 D 上的_____有限集合。

9. 算法中的语句频度之和为 $T(n)=355n^2+84n\text{lb}n+2n$,则算法的时间复杂度是_____。

10. 下面程序段的时间复杂度为_____。$(n>1)$

```
sum = 1;
for (i = 0; sum < n; i++)
    sum += 1;
```

11. 下面程序段的时间复杂度为_____。$(n>1)$

```
x = 1;   y = 0;
while (x + y <= n)
{   if(x > y)   y++;
    else   x++;     }
```

四、简答题

1. 数据结构研究的三方面内容之间有什么区别和联系?

2. 简述数据结构中讨论的 4 种常用结构的逻辑特征。

3. 简述各种常用存储方法的基本思想。

4. 如何定性评价一个算法的优劣?

5. 简述定量评价一个算法效率的标准。

第2章

线性表

【学习目标】

- 理解线性表的概念及运算的定义、顺序表和链表的存取特性、循环链表的特点。
- 掌握顺序表的存储结构图示及 C 语言描述、线性表基本运算在顺序表上的算法实现及效率评价。
- 掌握链表的存储结构图示及 C 语言描述、线性表基本运算在链表上的算法实现及效率评价。
- 能够综合运用线性表解决简单应用问题。

【思维导图】

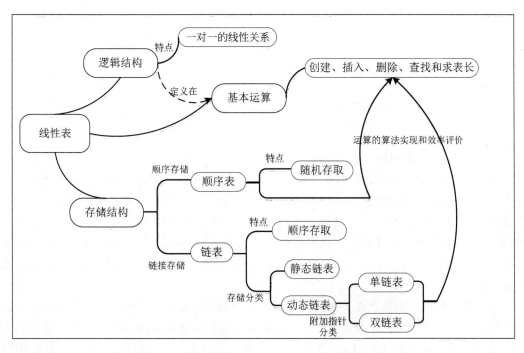

　　线性表是最简单、最基本、最常用的一种数据结构,它不仅有着广泛的应用,而且也是其他数据结构的基础。后续章节讨论的栈、队列等数据结构都是线性表的特例。

2.1　线性表的定义及运算

2.1.1　线性表的定义及逻辑特征

线性表（linear list）是 $n(n \geqslant 0)$ 个具有相同属性的数据元素的有限序列。数据元素的个数 n 为线性表的长度。当 $n=0$ 时称为空表，即表中不含任何元素。通常将非空（$n>0$）的线性表记为：$L=(a_1,a_2,\cdots,a_{i-1},a_i,a_{i+1},\cdots,a_n)$。

L 为线性表的表名。元素 a_1 为第一个元素，又称为表头元素，a_n 为最后一个元素，又称为表尾元素，a_i 为第 i 个元素，其中 i 为数据元素在线性表中的序号。数据元素 $a_i(1 \leqslant i \leqslant n)$ 只是一个抽象的符号表示，至于其具体的数据类型可以根据所研究的问题给出定义。

线性表是线性结构，具有线性结构的逻辑特征：有且仅有一个开始节点和一个终端节点，其余的内部节点都有且仅有一个前趋节点和一个后继节点。对于一个非空的线性表，有且仅有一个表头元素 a_1，即开始节点，它无前趋节点但有后继节点；对于 a_i，当 $i=2,\cdots,$ $n-1$ 时，有且仅有一个前趋节点 a_{i-1}，有且仅有一个后继节点 a_{i+1}；有且仅有一个表尾元素 a_n，即终端节点，它无后继节点但有前趋节点。

线性表的逻辑结构用二元组表示为：

```
linear_list = (D,S),r∈S
D = {a₁,a₂,…,aᵢ₋₁,aᵢ,aᵢ₊₁,…,aₙ}
r = {< a₁,a₂ >,< a₂,a₃ >,…,<aᵢ₋₁,aᵢ>,<aᵢ,aᵢ₊₁>,…,<aₙ₋₁,aₙ> }
```

线性表逻辑结构的图形表示如图 2.1 所示。

图 2.1　线性表逻辑结构的图形表示

在实际问题中，线性表的例子很多。一个字符串是一个线性表，表中数据元素的类型为字符型；$(23,45,78,56,34,18)$ 是一个线性表，其中数据元素类型为整型；在稍微复杂的线性表中，一个数据元素可以由若干个数据项组成，如表 1.1 中某校围棋社团学生信息表是一个线性表，表中每一行都是一个数据元素，它由学号、姓名、性别、出生日期、职务 5 个数据项组成，元素的类型为结构体类型。从上面列举的几个例子中可以看出，线性表中的数据元素可以是各种类型的，但对于同一个线性表来说，数据元素一般具有相同的数据属性，即数据类型相同。

线性表中数据元素的类型由实际问题中所处理的数据决定，但为了研究问题的通用性，本书约定了一种通用类型标识符 DataType 来表示数据元素的类型，后面数据元素的类型都是用通用类型标识符 DataType 来定义的。待具体问题确定后，可以通过 C 语言中的 typedef 关键字在使用前把它定义为任何一种具体类型。例如，把 DataType 定义为整型数据的语句为：

```
typedef   int   DataType;
```

2.1.2 线性表上运算的定义

基于线性表的定义及逻辑结构的特征,可以定义线性表上的基本运算,即在线性表上要"做什么",而对每一个运算的具体实现,即"怎么做",只有在确定了线性表的存储结构之后才能完成。

线性表是一个相当灵活的数据结构。对线性表中的元素不仅可以进行查找,也可以进行插入、删除等操作。线性表的长度可以根据需要进行增长或缩短。当向线性表中插入一个数据元素时,线性表的表长就增加 1,当从线性表中删除一个数据元素时,线性表的表长就减少 1。根据线性表在解决实际问题时的应用情况,通常可定义如下 6 个基本运算。

(1) 线性表初始化 initList(L):构造一个空的线性表。

(2) 求线性表的长度 lengthList(L):返回线性表 L 中所含元素的个数。

(3) 取第 i 个元素 getElem(L,i):当 $1 \leqslant i \leqslant n$ 时,返回线性表 L 中第 i 个元素的值。

(4) 按值查找 locateElem(L,x):在表 L 中查找值为 x 的数据元素,若找到,则返回 L 中 x 第一次出现时元素的序号或对应节点信息,称为查找成功;否则,返回一特殊值(0)表示查找失败。

(5) 插入 insertElem(L,i,x):在线性表 L 的第 i 个位置插入一个值为 x 的新元素,插入后使原序号为 $i,i+1,\cdots,n$ 的数据元素的序号变为 $i+1,i+2,\cdots,n+1$,新表长为原表长加 1,插入位置可以为 $1 \leqslant i \leqslant n+1$。

(6) 删除操作 deleteElem(L,i):在线性表 L 中删除序号为 i 的数据元素,删除后使原序号为 $i+1,i+2,\cdots,n$ 的数据元素的序号变为 $i,i+1,\cdots,n-1$,新表长为原表长减 1,删除位置可以为 $1 \leqslant i \leqslant n$。

其中,运算(2)~(4)不改变线性表的状态,运算(5)、运算(6)会修改线性表的状态。需要说明的是,在线性表上定义的基本运算并不是各种不同应用的线性表上的全部运算。不同应用中的线性表所要解决的问题有所不同,需要完成的运算也不同,不可能也没有必要给出一组适合所有需要的线性表的运算,一般只给出线性表上的基本运算。实际问题中涉及的更为复杂的运算,一般都可以通过基本运算组合来实现。

2.1.3 线性表的存储结构

线性表的逻辑结构和定义在逻辑结构上的运算,只是数据结构中研究问题的一个方面,也是计算机解决实际问题的步骤之一。接着应该讨论如何用计算机来实现定义在逻辑结构上的运算,也就是设计具体算法实现运算。然而,如果运算处理的数据及关系没有映射到计算机的存储空间中,即数据的存储结构没有设计好,就不可能编写出实现相应运算的算法。

在第 1 章中给出了 4 种常用的存储方法:顺序存储、链接存储、索引存储和散列存储,这 4 种方法都可以用来存储线性表。其中,索引存储和散列存储两种方法主要是为了查找运算方便而采用的存储方法。本章介绍用顺序存储和链接存储这两种最常用的存储方法来实现线性表的存储。线性表用顺序方式存储称为顺序表;线性表用链接方式存储称为链表。

2.2　顺序表

2.2.1　顺序表的定义及表示

对于线性表来说，用顺序存储方式来实现存储结构是最简单、最常见的一种。

顺序表（sequential list）是采用顺序存储方式的线性表。线性表中逻辑上相邻的节点存储在物理上相邻的单元中，因此，线性表中的所有元素按逻辑次序依次存放到一组地址连续的存储空间内。

在计算机高级程序设计语言中，数组类型在内存中占用的存储空间是一组连续的存储单元，因此，通常用数组来描述线性表的顺序存储，数组元素的类型就是线性表中数据元素的类型。由于线性表有插入、删除等运算，表长是可变的，因此数组的大小并不等于线性表的长度，而是要根据实际问题将数组的容量设计得足够大，一般用一个符号常量表示，用C语言可描述为：

```
#define MAXSIZE 1024
DataType data[MAXSIZE];
```

这里 MAXSIZE 是一个根据实际问题定义的足够大的整数，MAXSIZE 决定了线性表的最大长度。需要注意的是，对线性表进行多次插入操作后，当线性表的长度达到 MAXSIZE 时，再进行插入操作时数据元素就无法再被存储，这种情况称为"上溢"。发生上溢时一种解决方法是提示用户空间已满，另一种方法是以 MAXSIZE 为基准值重新分配更大的存储空间。DataType 类型的数组 data[] 用来存储线性表中的元素 $a_1, a_2, \cdots, a_{i-1}, a_i, a_{i+1}, \cdots, a_n$，线性表对应的顺序存储结构如图 2.2 所示。数组的下标从 0 开始，线性表中的第一个元素 a_1 存储在下标为 0 的存储单元中，依次顺序存放，第 i 个元素存储在下标为 $i-1$ 的存储单元中。一般情况下，线性表中的实际元素个数应该小于或等于 MAXSIZE，因此需用一个变量来记录当前线性表中最后一个元素在数组中的下标，这个变量用 C 语言可以定义为：

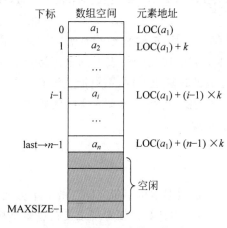

图 2.2　顺序表的存储结构图示

```
int    last;
```

last 起一个指针的作用，始终指向线性表中最后一个元素（即最后一个元素的下标），当线性表为空时，last 的值为 −1。由于数组的下标是从 0 开始的，因此 last+1 是线性表当前的长度。

为了符合结构化程序设计思想，常把与顺序表有关的信息封装在一起，即把存储线性表中各个数据元素的一维数组 data[] 和存储最后一个元素下标的整型变量 last 作为两个分量，定义一个结构体类型来表示顺序表的存储结构。顺序表存储结构的 C 语言描述如下：

```
#define   MAXSIZE 1024
typedef   int  DataType;
typedef   struct
{    DataType data[MAXSIZE];
     int last;
} SeqList;
SeqList SL;
```

这里将顺序表定义为结构体类型 SeqList,并且假设数据元素类型为整型。同时,定义了一个顺序表 SL,此时系统为 SL 在内存中分配了相应的存储空间,这是一种静态存储分配方式。

为了运算操作方便,一般将一个顺序表 L 定义为 SeqList 类型的指针变量:

```
SeqList SL, * L = &SL;
```

即定义一个结构体类型的指针 L,指向结构体类型的变量 SL,使得 $*L$ 和 SL 具有相同的地址空间。

有了 SeqList 类型的指针变量 L,就可以用 L 来引用结构体变量的各个域:

◇ 线性表的长度为: L->last+1 或 (*L).last+1
◇ 表头元素为: L->data[0]或(*L).data[0]
◇ 表尾元素为: L->data[L->last]或(*L).data[(*L).last]
◇ 第 i 个元素为: L->data[i-1]或(*L).data[i-1]

由于线性表中数据元素的类型相同,因此每个数据元素占用的存储空间大小相同。假设每个数据元素所占用存储空间的大小为 $k(k=\text{sizeof}(\text{DataType}))$ 字节,表中第一个元素 a_1 的存储单元首地址为 $LOC(a_1)$,那么第 i 个数据元素的地址可通过下式计算得到:

$$LOC(a_i) = LOC(a_1)+(i-1)\times k \qquad (1\leqslant i\leqslant n)$$

其中,n 为线性表的长度,线性表中每个元素的地址如图 2.2 所示。

可以看出,在顺序表中,每个元素的存储地址是它在线性表中序号的线性函数。只要知道顺序表中第一个元素的地址和每个数据元素所占存储空间的字节数,就可在相同时间内求出任一个数据元素的地址,从而完成存取操作。因此,顺序表是一种随机存取结构,或者说顺序表上可以实现随机存取。

线性表顺序存储结构的特点是为表中相邻的数据元素 a_i 和 a_{i+1} 分配相邻的存储单元,由于内存中的地址空间是线性的,因此,用物理上的存储单元相邻来实现逻辑上的数据元素之间的相邻关系是既简单又自然的。

2.2.2 顺序表上基本运算的实现

有了线性表的顺序存储结构——顺序表,定义在线性表逻辑结构上的基本运算就可以实现。有些运算很容易实现,例如,线性表初始化 initList(SeqList * L),即 L->last=-1;求线性表的长度 lengthList(SeqList * L),即返回 L->last+1;取第 i 个元素 getElem(SeqList * L,int i),即返回 L->data[i-1]。以下主要讨论插入、删除和按值查找运算的实现。

1. 插入

线性表的插入是指在表 L 的第 $i(1 \leqslant i \leqslant n+1)$ 个位置插入一个值为 x 的新元素,插入后使原长度为 n 的表 $(a_1, a_2, \cdots, a_{i-1}, a_i, a_{i+1}, \cdots, a_n)$,成为长度为 $n+1$ 的表 $(a_1, a_2, \cdots, a_{i-1}, x, a_i, a_{i+1}, \cdots, a_n)$,数据元素 a_{i-1} 和 a_i 之间的逻辑关系发生了变化。

在顺序存储结构中,由于逻辑上相邻的数据元素在物理位置上也相邻,因此,除非 $i=n+1$,否则必须移动数据元素才能反映这种逻辑关系的变化。一般情况下,在第 $i(1 \leqslant i \leqslant n)$ 个位置插入元素时,需要从第 n 个元素起至第 i 个元素依次向后移动一个位置到 $n+1, n, \cdots, i+1$ 上,然后再把新元素 x 插入到第 i 个位置上,插入过程如图 2.3 所示。算法的主要操作是进行元素的后移,但此前应先检查表是否已满和插入位置是否合理,插入元素后表长应加 1。

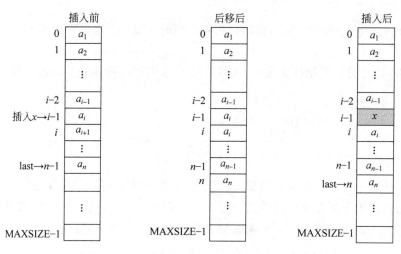

图 2.3　顺序表中插入元素的过程

插入算法的 C 函数如下:

```
int    insertElem (SeqList *L, int i, DataType x)
{      int j;
       if(L->last = = MAXSIZE-1)
       {    printf("overflow");   return 0 ;}        /*检查表空间是否已满*/
       if((i<1)||(i>L->last+2))
       {    printf("error");return 0; }              /*检查插入位置的正确性*/
       for(j=L->last;j>=i-1;j--)
            L->data[j+1]=L->data[j];                 /*节点后移*/
       L->data[i-1]=x;                               /*新元素插入*/
       L->last++;                                    /*表长加1,last仍指向最后元素*/
       return 1;                                     /*返回插入成功*/
}
```

本算法中需要注意三个问题:

(1) 顺序表的存储区域中设计了 MAXSIZE 个存储单元用来存放线性表中的元素,若在做插入运算时产生溢出错误,则说明设计时预留的存储空间小了。

(2) 插入位置 i 的有效范围是 $1 \leqslant i \leqslant n+1$。但当 $n+1 < i \leqslant$ MAXSIZE 时,在顺序表中有预留的存储单元,是否可以作插入操作? 回答是不可以。因为没有保证元素之间的逻辑关系。

(3) 数据元素的移动方向是从表中最后一个元素开始后移,直至将第 i 个元素后移为止。

在顺序表上插入一个数据元素,时间主要耗费在数据元素的后移操作上。在第 i 个位置上插入 x,从 a_n 到 a_i 都要向后移动一个位置,共需要移动 $n-i+1$ 个元素,由此可以看出,移动元素个数不仅依赖于表的长度 n,还与插入位置 i 有关。而 i 的取值范围是 $1 \leqslant i \leqslant n+1$,即有 $n+1$ 个位置可以插入。当 $i=n+1$ 时,插入到最后一个元素的后面,无须进行元素的移动;当 $i=1$ 时,插入在数组的第一个位置,表中所有 n 个元素都需要向后移动一个位置。因此,该算法在最好情况下时间复杂度为 $O(1)$,最坏情况下时间复杂度为 $O(n)$。但是插入位置可能在表中的任何位置,所以需要分析算法的平均时间复杂度。

假设在第 i 个位置上插入一个元素的概率为 p_i,则在长度为 n 的线性表中插入一个元素时所需移动数据元素次数的期望值(平均移动次数)为:

$$E_{\text{is}}(n) = \sum_{i=1}^{n+1} p_i(n-i+1)$$

不失一般性,可以假定在线性表中的任何位置插入或删除元素的概率是相等的,即 $p_i = 1/(n+1)$,那么在等概率情况下,平均移动次数为:

$$E_{\text{is}}(n) = \sum_{i=1}^{n+1} p_i(n-i+1) = \frac{1}{n+1}\sum_{i=1}^{n+1}(n-i+1) = \frac{n}{2}$$

也就是说,在顺序表上做插入运算时,平均需要移动表中一半的数据元素,算法的平均时间复杂度为 $O(n)$。虽然时间复杂度是线性阶的,但当表长 n 较大时,算法的效率还是相当低的。

2. 删除

线性表的删除运算是指从线性表中删除第 $i(1 \leqslant i \leqslant n)$ 个元素,删除后使原表长为 n 的线性表 $(a_1, a_2, \cdots, a_{i-1}, a_i, a_{i+1}, \cdots, a_n)$,变成长度为 $n-1$ 的线性表 $(a_1, a_2, \cdots, a_{i-1}, a_{i+1}, \cdots, a_n)$,数据元素 a_{i-1}、a_i 和 a_{i+1} 之间的逻辑关系发生了变化。

和插入运算类似,为了在存储结构上反映这种逻辑结构上的变化,也必须移动数据元素的位置。当 $i=n$ 时,由于删除的是最后一个元素,因此不需要移动元素。一般情况下,若删除第 $i(1 \leqslant i \leqslant n-1)$ 个元素,需将第 $i+1$ 至第 n 个元素依次向前移动一个位置到 $i, i+1, \cdots,$ $n-1$ 上,删除过程如图 2.4 所示。

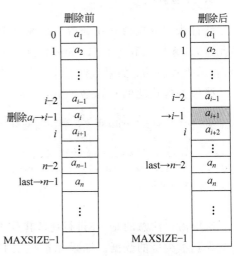

图 2.4 顺序表中删除元素的过程

删除算法的 C 函数如下：

```
int deleteElem(SeqList * L,int i)
{    int j;
     if(i<1 || i>L->last+1)           /* 检查空表及删除位置的合法性 */
     { printf ("第 % d 个元素不存在",i); return 0; }
     for(j=i;j<=L->last;j++)
         L->data[j-1]=L->data[j];/* 向前移动元素 */
     L->last-- ;                      /* 表长减 1 */
     return 1;       }                /* 删除成功 */
```

注意：删除时要检查删除位置的有效性，空表和大于表长的位置是不能删除元素的。此外，移动元素后，原 a_i 的值即被覆盖了。如果需要的话可以先取出 a_i，再做数据元素的移动。

删除算法的时间复杂度分析与插入运算类似，其时间也主要耗费在移动表中元素上。移动元素个数也是由表的长度 n 和删除位置 i 决定的。当 $i=n$ 时，删除最后一个元素，无须移动元素位置；当 $i=1$ 时，删除第一个元素，需要移动表中 $n-1$ 个元素的位置。因此，该算法在最好情况下时间复杂度为 $O(1)$，最坏情况下时间复杂度为 $O(n)$。删除第 i 个元素时，其后面的元素 $a_{i+1} \sim a_n$ 都要向前移动一个位置，共移动了 $n-i$ 个元素。假设在第 i 个位置上删除一个元素的概率为 q_i，则在长度为 n 的线性表中删除一个元素时所需移动数据元素次数的期望值为：

$$E_{de}(n) = \sum_{i=1}^{n} q_i (n-i)$$

在等概率情况下，即 $q_i=1/n$ 时，则公式为：

$$E_{de}(n) = \sum_{i=1}^{n} q_i (n-i) = \frac{1}{n} \sum_{i=1}^{n} (n-i) = \frac{n-1}{2}$$

这说明在顺序表上做删除运算时，大约也需要移动表中一半的元素，显然该算法的平均时间复杂度也为 $O(n)$。

3. 按值查找

线性表中的按值查找是指在线性表中查找与给定值 x 相等的数据元素。可以从第一个元素 a_1 起依次和 x 比较，如果找到一个与 x 相等的数据元素，则返回它在线性表中的序号，表示查找成功；如果查遍整个表都没有找到与 x 相等的元素，则返回 0，表示查找失败。

按值查找算法的 C 函数如下：

```
int LocateElem(SeqList * L,DataType x)
{    int i;
     for(i=0;i<=L->last;i++)
         if(L->data[i] == x)   return i+1;       /* 查找成功,返回序号 */
     return 0;                                   /* 查找失败,返回 0 */
}
```

这里需要注意的是，在进行比较操作 L->data[i]==x 时，只适用于整型、字符型、枚举型等基本类型的数据。如果元素类型 DataType 是结构体等复杂类型时，比较可以在结构体类型的某个域上进行，而且此域的类型也必须为基本类型。

本算法的时间主要耗费在比较操作上,比较的次数与 x 在表中的位置有关,也与表长有关。当 a_1 的值与 x 相等时,比较一次成功,最好情况下时间复杂度为 $O(1)$;当 a_n 的值与 x 相等时,比较 n 次成功,最坏情况下时间复杂度为 $O(n)$;在等概率情况下,平均比较次数为 $(n+1)/2$,平均时间复杂度为 $O(n)$。

在数据结构算法的实现过程中,即使一个非常简单的运算,也可以有不同的处理方法,从而编写出不同的 C 函数。另外,程序设计是有风格的,每个人都可以利用计算机高级程序设计语言提供的基本语法规则来体现自己不同的程序设计风格。

按值查找的另一个算法实现如下:

```c
int locateElem 1(SeqList * L, DataType x)
{    int i = L->last;
         while( i>= 0&& L->data[i]! = x)  i--;
         return i+1;
}
```

2.3 链表

线性表的顺序存储方法是通过物理位置上的相邻实现了逻辑关系上的相邻,其特点是:

(1) 这种方法最简单,最容易被大多数人理解和使用。

(2) 可以随机存取表中任一元素,存储地址可以通过一个简单、直观的公式来计算,访问元素速度快。

(3) 不需要增加额外的空间来表示节点间的逻辑关系,存储空间利用率高。

但是这些特点也导致了这种存储结构的缺点:

(1) 除表尾的位置外,在做插入、删除时需要移动大量数据元素,运算效率较低。

(2) 必须分配一块连续的存储区域,不能利用小块存储区,对存储空间的要求较高。

(3) 一般采用静态存储分配方法。在程序执行前,要预先分配存储空间,当表长变化较大时,难以确定预留的存储空间规模。预留空间多了会造成大量的存储空间浪费,预留空间少了又会使插入操作产生表空间的溢出。

如果要经常对线性表做插入、删除操作,可以采用线性表的链接存储结构。在链接存储结构中,数据元素之间的逻辑关系不是通过存储位置隐含的,而是通过"链"即指针建立起来的。在进行插入、删除操作时只需要修改指针的指向,而不需要移动元素。因此,它克服了线性表顺序存储结构的缺点,但同时也失去了顺序表可随机存取的优点。

链接存储方法也是常用的存储方式之一,它不仅可用来存储线性结构,也可用来存储各种非线性结构。

2.3.1 链表的定义

链表(linked list)是采用链接方式存储的线性表。链接存储需要通过附加指针域来表示节点之间的关系。线性表链接存储的特点是用一组任意的存储单元存储线性表的数据元素,这组存储单元可以是连续的,也可以是不连续的。为建立起数据元素之间的逻辑关系,

对每个数据元素 a_i 来说,除了存储其自身的信息之外,还需要和 a_i 一起存放表示元素间逻辑关系的信息(后继或前趋的指针,即附加的指针域)。这两部分信息组成数据元素 a_i 的存储映像,称为**节点**(node)。

根据链表附加指针域个数的不同,可以将链表分成不同的形式。最常用的链表形式是每个节点附加一个指针域,指向后继节点,称为**单链表**;每个节点附加两个指针域,分别指向前趋节点和后继节点,称为**双链表**;在单链表上进行简单的改进(利用终端节点的空指针域指向表头)可以得到**单循环链表**;在双链表上进行简单的改进(也是利用空指针域)可以得到**双循环链表**。

根据链表存储空间分配方式的不同,还可以将链表分为**动态链表**和**静态链表**。动态链表的存储空间是在对链表操作时动态申请释放的,可以用 C 语言中提供的标准函数 malloc()和 free()来完成。静态链表的存储空间一般是以定义数组的方式静态申请的,也就是在数组上建立链表,链表中的节点存放在数组的各个元素中,占用连续的内存空间,此时下标就可以作为指针。本章主要讨论动态链表,其中最重要的是单链表,对静态链表只做简单介绍。

2.3.2　单链表

1. 单链表的定义

每个节点只附加一个指向后继的指针域,这样的链表称为**单链表**(single linked list)。

data	next

图 2.5　单链表的节点结构

其节点结构如图 2.5 所示。其中,data 域是数据域,用来存储数据元素的信息;next 域是指针域,用来存放后继节点的地址。

单链表中每个节点的地址存放在其前趋节点的 next 域中,而表头节点(开始节点)无前趋,故需设头指针指向表头节点;表尾节点(终端节点)没有后继节点,可设表尾节点的指针域为空,用常量 NULL 表示(即 ASCII 码值为 0),图示时可用"∧"表示。

由于单链表中第一个数据元素的存储地址保存在头指针中,而其他数据元素的地址都保存在前趋节点的指针域中,因此整个链表的存取必须从头指针开始。这样,由头指针可以访问到单链表的第一个元素(表头元素),顺着第一个元素的指针域,可以访问到第二个元素,以此类推,可以访问到最后一个元素(表尾元素)。

单链表可由头指针唯一确定,通常用"头指针"来标识一个单链表,如单链表 L 是指某链表的头指针为 L。当头指针为 NULL 时,是一个空的单链表,表的长度为 0。

例如,线性表 $L=(a,b,c,d,e,f,g)$ 采用单链表存储,在存储区域中的映像如图 2.6 所示,这里假设指针占 2 字节的存储空间。可以看出,线性表的链接存储结构是非顺序映像。因为逻辑上相邻的数据元素,其物理存储位置不要求相邻,数据元素之间逻辑关系的映像是通过节点中的指针实现的。

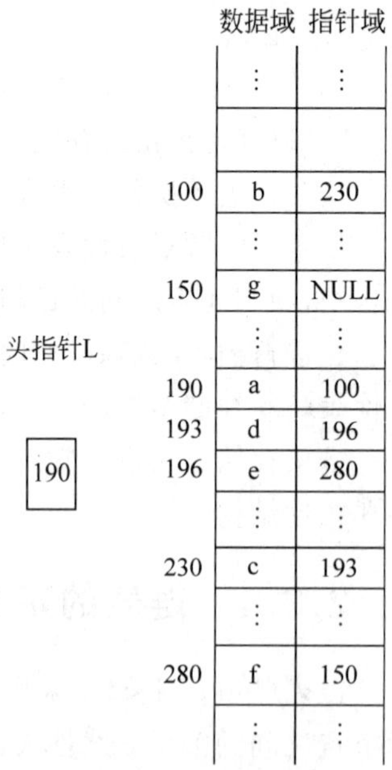

在使用单链表时,更多的是关心数据元素之间的逻辑关系,而不是每个数据元素在存储器中的实际地址,因此链表

	数据域	指针域
	⋮	⋮
100	b	230
	⋮	⋮
150	g	NULL
	⋮	⋮
190	a	100
193	d	196
196	e	280
	⋮	⋮
230	c	193
	⋮	⋮
280	f	150
	⋮	⋮

头指针L

190

图 2.6　单链表的存储映像

通常更直观地画成用箭头相链接的节点的序列，节点间的箭头表示指针域中的指针。于是，图2.6的单链表通常画成如图2.7所示的形式。

$$\text{图 2.7 单链表存储结构图示}$$

单链表的存储结构C语言描述：

```
typedef  char  DataType;
typedef struct Node            /*节点类型定义*/
{   DataType  data;            /*数据域*/
    struct Node * next;        /*指针域*/
}LinkList;
LinkList  * L, * p;            /*定义指针变量*/
```

LinkList * 类型的指针变量 p 可以是链表中某一节点的指针，指针 p 的初始值可以在程序中通过调用标准函数 malloc() 产生，即：

```
p = (LinkList * )malloc(sizeof(LinkList));
```

malloc() 函数的功能是由系统分配一块用户指定字节数大小的存储空间，返回值为所分配空间的起始地址。需要注意的是，返回值的类型是 void * 。在上面语句中，给指针 p 赋值时，需要分配存储空间的大小是 LinkList 类型所占用的字节数，即需分配 sizeof(LinkList) 字节数，返回的 void * 类型的指针值要做强制类型转换，即转换为 LinkList * 类型后赋给指针变量 p。反之，当 p 所指的节点变量不再需要了，又可通过调用标准函数 free(p)，释放指针 p 所指节点占用的存储空间给系统，回收后的空间可供系统再次分配使用。由此可见，单链表与顺序表不同，它是一种动态结构。每个链表所占用的空间不用事先分配，而是根据需要动态申请和释放。

在顺序表中，逻辑相邻的元素在存储位置上也是相邻的，可通过公式简单地计算出每一个数据元素的地址，实现随机存取。然而，在单链表中，每个节点的地址保存在其前趋节点的指针域中，要想得到第 i 个节点的地址，只能从头指针开始，顺序地访问到第 $i-1$ 个节点，才能从指针域中取得第 i 个节点的地址值，所以链表是顺序存取结构。

假设指针变量 p 指向单链表中第 i 个节点，结合图2.8，区分以下几种表示法的含义：

- p：一个 LinkList * 类型的指针变量，它保存的是数据域为 a_i 的节点的首地址；
- $*p$：一个 LinkList 类型的结构体变量，它的值包括两个分量，即 p—>data 和 p—>next；
- p—>data：一个 DataType 类型的变量，表示 p 所指节点中的数据域，它的值是元素 a_i；
- p—>next：一个 LinkList * 类型的指针变量，表示 p 所指节点中的指针域，它的值是数据域为 a_{i+1} 的节点的首地址，此时 p—>next 中保存的地址值与指针 q 保存的地址值相等。一般情况下，如果指针 q 指向数据域为 a_i 的节点的后继节点，则指针 q 可表示为 q=p—>next。同理，p—>next—>data 的值是 a_{i+1}，在图2.8中，指针 r 可表示为 r=p—>next—>next，表示指向数据域为 a_{i+2} 的节点的指针，指针 r 也可表示为 r=q—>next。

在后面介绍的单链表运算的实现算法中，经常用到语句：p=p—>next，其作用是将 p 所指节点中指针域的值赋给指针 p，可形象地表示为指针 p 沿着"链"向后移动了一个节点。

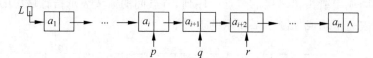

图 2.8　指针变量 p 及其指向节点的关系

2. 单链表上基本运算的实现

有了存储结构以后,就可以研究在单链表上如何实现线性表上定义的基本运算,主要包括建立、查找、插入、删除等。

1) 建立单链表

链表与顺序表不同,它是一种动态生成的存储结构,链表中的每个节点占用的存储空间不是预先分配的,而是运行时用户根据需求向系统申请而生成的。因此,链表建立的过程是一个动态生成节点的过程,动态建立单链表的常用方法有两种:头插法和尾插法。

(1) 头插法。

头插法建立单链表,即每次都在链表的第一个节点(表头)前插入新节点。建立单链表从空表开始,重复读入线性表中的数据元素。每读入一个数据元素后,就向系统申请存储空间建立一个新节点,并将读入的数据元素存放在新节点的数据域中,然后改变相关节点的指针域使新节点插在链表的第一个节点前,直到读入结束标志为止。

图 2.9 所示是线性表(1,2,3,4,5)用头插法建立链表的过程:单链表的初始状态为空,即头指针 $L=$ NULL;然后依次读入线性表中的数据元素同时建立相应的节点结构并插入到单链表的第一个节点前,最后读入结束标志-1完成线性表的建立,整个过程如图 2.9(b)所示。在这个过程中,主要问题是如何将一个节点插入单链表的第一个节点前,并使之成为新的表头节点。图 2.9(a)所示为将数据元素 3 插入单链表中的过程,具体实现时需要顺序完成图中标识的 4 个操作:

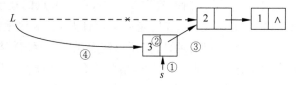

(a) 将数据元素3插入单链表中的过程

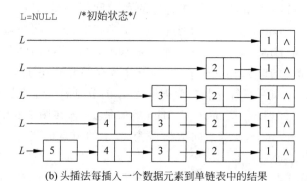

(b) 头插法每插入一个数据元素到单链表中的结果

图 2.9　头插法建立单链表

① 向系统申请新节点存储空间：s＝(LinkList *)malloc(sizeof(LinkList))；

② 填入新节点数据域的值：s－＞data＝x；

③ 给新节点的指针域赋值为头指针：s－＞next＝L；

④ 头指针指向新节点：L＝s。

由于实现算法中每插入一个节点(包括第一个节点)都是上面的 4 个操作,因此在 C 函数中设计一个循环结构即可。从图 2.9(b)的最后一个链表可以看出,用头插法建立的单链表,数据元素的排列顺序与读入数据的顺序正好是相反的。

头插法建立单链表算法的 C 函数如下：

```
LinkList  * createHeadList()          /* 以头插法建立的单链表 L */
{   LinkList * s, * L = NULL;          /* 置空表 */
    DataType  x;                       /* 数据元素的类型 DataType 应为 int */
    scanf(" % d",&x);
    while (x! = - 1)                    /* 以 - 1 为结束标志 */
      {  s = ( LinkList * )malloc(sizeof(LinkList));
         s -> data = x;
         s -> next = L;   L = s;
         scanf (" % d",&x);
      }
    return L;                          /* 返回表头指针 */
}
```

(2) 尾插法。

尾插法建立单链表,即在链表的最后一个节点后面(尾部)插入新节点。头插法建立单链表简单,但读入的数据元素的次序与生成的链表中元素的次序是相反的,若希望次序一致,则可用尾插法建立链表。为了提高算法的时间复杂度,尾插法可设置一个尾指针 r 用来指向链表中的尾节点,而不用每次插入时都从头到尾扫描一遍单链表来找到尾节点。在链表的尾部插入新节点建立链表的过程如图 2.10 所示。首先从空表开始,使头指针和尾指针都为空,即 L＝NULL,r＝NULL;然后依次读入线性表中的数据元素,当没有遇到结束标志－1 时,循环执行以下操作：

① 向系统申请新节点存储空间：s＝(LinkList *)malloc(sizeof(LinkList))；

② 填入新节点数据域的值：s－＞data＝x；

③ 将新节点插入 r 所指节点的后面：r－＞next＝s；

④ 改变尾指针 r,使其指向新节点：r＝s。

在尾部插入数据元素 2 的具体实现过程如图 2.10 中所示。除了插入第一个节点外,插入其余的节点都可以按照上面的 4 个操作来完成。当遇到结束标记时,若尾指针 r 非空,将尾节点的指针域置为空：r－＞next＝NULL。

```
L = NULL,r = NULL     /* 初始状态 */
```

尾插法建立单链表算法的 C 函数如下：

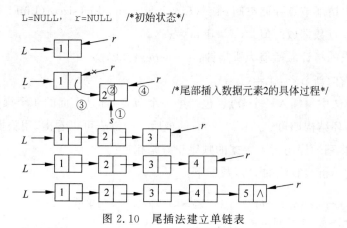

L=NULL，r=NULL　/*初始状态*/

/*尾部插入数据元素2的具体过程*/

图 2.10　尾插法建立单链表

```
LinkList  * createTailList()              /* 以尾插法建立不带头节点的单链表 */
{   LinkList * s, * r, * L;
    DataType x;                           /* 数据元素的类型 DataType 应为 int */
    L = r = NULL;                         /* 置空表 */
    scanf(" % d",&x);
    while (x! = -1)
    {   s = ( LinkList * ) malloc(sizeof(LinkList));
        s -> data = x;
        if  (!L)  L = s;                  /* 第一个节点的处理 */
        else      r -> next = s;          /* 其他节点的处理 */
        r = s;                            /* r 指向新的尾节点 */
        scanf(" % d",&x);
    }
    if (r)  r -> next = NULL;             /* 对于非空表,尾节点的指针域置空 */
    return L;
}
```

针对上述算法,有两点需要说明。

第一,插入第一个节点时的特殊处理。

由于线性表中的第一个节点(即表头节点)没有前趋节点,因此它的地址存放在头指针中,而其余节点的地址是存放在其前趋节点的指针域中。插入表头节点时需要给头指针赋值,这与插入其他节点的方法不同。算法中的第一个 if 语句的作用就是判断插入的节点是否是表头节点。

第二,空表和非空表的不同处理。

若读入的第一个字符就是结束标识符,则链表 L 是空表,尾指针 r 亦为空,节点 *r 不存在,返回 L 即可;否则链表 L 是非空表,则 *r 是表尾节点,应将其指针域置空。算法中的第二个 if 语句的作用就是判断表是否为空表,当表为非空时,将表尾节点指针域置空。

“第一个节点”和“空表”的问题在很多操作中都会遇到。在对非空的链表进行插入和删除节点操作时,对第一个节点和其他节点的处理不同:当在第一个节点前插入一个新节点或者删除第一个节点时,都要修改头指针;而在其他节点前插入一个节点,或者删除其他节点时,只要修改前趋节点的指针域即可。表空时,不能进行删除操作。表空时插入的新节点成为第一个节点，需要修改头指针，因此插入和删除对于空表问题均需单独考虑。由于存在这样的差别，在对单链表进行插入、删除操作时，必须判断是否是"空表"，是否是在"第一个节点"处操作，能否有办法使得对链表的插入、删除操作在表头位置和其他位置完全一致。办法是有的，可以在链表的第一个节点前增加一个"头节点"，头节点的类型与链表中其他节点一致，链表的头指针指向头节点，头节点的指针域指向第一个节点（即表头节点），空表时头节点的指针域为空。头节点的加入使得链表一经建立就非空（至少有头节点），从而解决了"空表"问题，"第一个节点"的问题也随之迎刃而解。此时在第一个节点前插入一个节点，或者删除第一个节点，都与头指针无关，只需修改头节点的指针域即可，与其他位置上的插入、删除操作完全一致，无须特殊处理。头节点的加入完全是为了运算的方便，它的数据域未存放数据。但有时为了操作的方便，可以利用头节点的数据域保存表长或者应用程序的其他信息。带头节点的单链表如图 2.11 所示。本节后面讲述的线性表上的基本运算都是基于带头节点的单链表。

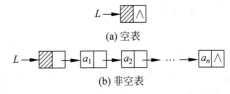

(a) 空表

(b) 非空表

图 2.11　带头节点的单链表

尾插法建立带头节点单链表的 C 函数如下：

```
LinkList  * createTailList ()
{    LinkList * L = (LinkList * )malloc(sizeof (LinkList));/*建立并申请头节点存储空间*/
     LinkList   * s, * r = L;                      /*尾指针指向头节点*/
     DataType x;                                   /*定义插入的数据元素 x*/
     scanf(" % d",&x);
     while (x! =  -1)                              /*以 -1 作为结束符*/
     {    s = (LinkList * )malloc(sizeof(LinkList));
          s -> data = x;
          r -> next = s;                           /*把新节点插入到尾指针后*/
          r = s;                                    /*r 指向新的尾节点*/
          scanf(" % d",&x);
     }
     r -> next = NULL;                             /*尾节点的指针域为空*/
     return L;
}
```

比较上面两个尾插法建立单链表的算法可以看出，用尾插法建立带头节点的单链表明显比建立不带头节点的单链表简单（少了两个 if 语句），由此也体现了头节点的作用。

同样，也可以用头插法建立带头节点的单链表。**头插法建立带头节点单链表**的 C 函数如下：

```
LinkList   * CreateHeadList()                       /*以头插法建立带头节点的单链表*/
{    LinkList * L = (LinkList * )malloc(sizeof(LinkList));/*建立并且申请头节点存储空间*/
     LinkList * s;
     DataType x;                                    /*数据元素的类型 DataType 应为 int*/
     L -> next = NULL;                              /*置空表*/
     scanf(" % d",&x);
     while (x! = -1)                                /* -1 作为结束符*/
     {    s = (LinkList * )malloc(sizeof(LinkList));
```

```
            s -> data = x;
            s -> next = L -> next;   L -> next = s;        /* 插入到表头 */
            scanf(" % d",&x);
        }
        return L;
    }
```

上述单链表建立算法的时间复杂度均为 $O(n)$。

2) 查找运算

查找运算根据给定的查找条件有两种查找方式:一种是按节点的序号查找;另一种是按节点的值查找。

(1) 按节点的序号查找。

在单链表中查找第 i 个节点,需从链表的头指针开始,顺着节点的 next 域依次"走过"前 $i-1$ 个节点,然后从第 $i-1$ 个节点的指针域中取出第 i 个节点的地址返回即可。具体实现过程为:首先设指针 p 指向头节点,头节点可以看作是第 0 个节点,因此初始化计数器 j 为 0;接着从链表的头节点开始顺着链向后扫描($p=p->$next),每扫描到一个节点(p 所指的节点),计数器 j 相应地加 1;然后判断当前节点是否是第 i 个节点,当 $j==i$ 时,指针 p 所指的节点就是要找的第 i 个节点,返回该节点的指针 p,查找成功;否则继续扫描下一个节点。如果扫描过程一直进行到表尾,此时 p 为 NULL 且 $j \neq i$,表示找不到第 i 个节点(例如,在包含 10 个节点的单链表中查找第 12 个节点),查找失败,返回空(NULL)。

按节点的序号查找算法的 C 函数如下:

```
LinkList * getElem(LinkList * L, int  i)   /* 在带头节点的单链表 L 中查找第 i(i≥0)个节点 */
{    LinkList * p = L;
     int  j = 0;                        /* 从头节点开始扫描 */
     while (p && j < i)
         {  p = p -> next;   j++;  }
     return p;
}
```

从算法中可以看出,在单链表的操作中,即使知道节点的序号 i,也不能像顺序表那样直接按序号 i 访问节点,而只能从链表的头指针出发,顺着指针域 next 逐个节点往下扫描,直到第 i 个节点为止。因此,链表上不能实现随机存取,只能顺序存取。

算法的时间复杂度主要取决于循环语句,而循环的次数和被查的节点位置 i 有关。若 $0 \leq i \leq$ 表长 n,则循环的次数为 i。在等概率假设下,平均查找长度为:

$$\sum_{i=0}^{n} i \Big/ (n+1) = \frac{1}{n+1} \sum_{i=1}^{n} i = \frac{n}{2}$$

因此,算法的平均时间复杂度为 $O(n)$。

有了上面的查找算法,可以利用它的思想和方法完成很多类似的操作,例如求单链表的长度、对单链表进行遍历(从头到尾依次访问每一个节点,将节点的值输出)等。下面给出求单链表的长度的算法,单链表遍历的算法读者可自己模仿编写。

【例 2.1】 求带头节点的单链表的表长。

有了按节点的序号查找的思想,求表长时只要扫描到表尾即可。可设一个扫描指针 p

和计数器 j，初始化 p 指向表头节点，j 为 0。只要未到链尾（p! ＝NULL），p 沿着链向后移动一个节点，计数器加 1。注意"空表"时，返回的长度为 0，即线性表的长度不包括头节点。

求单链表的长度算法的 C 函数如下：

```
int lengthList(LinkList  * L)            / * 求带头节点的单链表的表长 * /
{    LinkList    * p = L - > next;        / * p 指向表头节点 * /
     int   j = 0;
     while (p)
     {    j++; p = p - > next; }          / * p 所指的是第 j + 1 个节点 * /
     return   j;
}
```

（2）按节点的值查找（即定位）。

在单链表中查找给定的元素值，需顺着链表的头指针扫描单链表，在扫描过程中，判断当前节点数据域的值是否等于 x，若是，则返回该节点的指针，查找成功；否则继续扫描下一个节点。如果扫描过程一直进行到表尾，此时 p 为 NULL，表示在单链表中不存在值为 x 的节点，查找失败，返回空（NULL）。

按值查找算法的 C 函数如下：

```
LinkList  * locateElem(LinkList  * L, DataType x) / * 带头节点单链表 L 中查找值为 x 的节点 * /
{    LinkList * p = L - > next;
     while (p && p - > data ! = x)
         p = p - > next;
     return p;
}
```

与按节点的序号查找算法类似，按节点的值查找算法的时间复杂度也是 $O(n)$。

3）插入运算

做插入运算时，首先要为插入的数据元素 x 申请分配存储空间，即生成新节点，然后将值 x 存入其数据域，用以下操作来完成：

① s＝(LinkList *)malloc(sizeof(LinkList));

② s－＞data＝x。

指针 s 所指的节点 $*s$ 是将要插入的新节点。

根据给定的初始条件不同，插入操作可以分为指定节点和指定位置两种情况。从给定的插入位置，还可以将插入运算分成前插和后插两种。

（1）在指定节点情况下进行插入运算。

如果已知指针 p（p 非空），在 p 所指的节点 $*p$ 后或前插入新节点 $*s$，称为指定节点的插入运算，其插入操作过程如图 2.12 所示。

从图 2.12(a)可以看出，在节点 $*p$ 后进行插入比较简单，只要改变指针的指向就可以，即

③ s－＞next＝p－＞next;

④ p－＞next＝s。

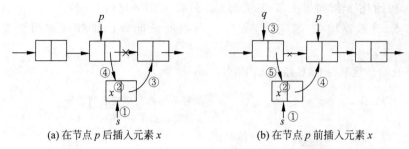

(a) 在节点 p 后插入元素 x　　　　　(b) 在节点 p 前插入元素 x

图 2.12　在节点 p 后或前插入元素 x 时指针变化状况

在指定节点后插运算的 C 函数如下：

```
void   insertElemAfNode(LinkList * p, DataType  x)
                /* 在带头节点的单链表 L 中 p 所指的节点后插入值为 x 的元素 */
{   LinkList  * s;
    s = (LinkList * )malloc(sizeof(LinkList));
    s - > data = x;
    s - > next = p - > next;
    p - > next = s;
}
```

很明显,后插算法的时间复杂度为 $O(1)$。

在节点 $*p$ 前进行插入运算,相对要复杂一些。从图 2.12(b)中可以看出,要插入新节点 $*s$,需要修改 $*p$ 的前趋节点的地址,这样就必须找到节点 $*p$ 的前趋节点 $*q$,然后在节点 $*q$ 后插入节点 $*s$,操作如下：

③ while(q−>next!=p)　q=q−>next；

④ s−>next=p；

⑤ q−>next=s。

在指定节点前插运算的 C 函数如下：

```
void insertElemBeNode(LinkList * L, LinkList * p, DataType  x)
                /* 在带头节点的单链表 L 中 p 所指的节点前插入值为 x 的元素 */
{   LinkList * q, * s;
    s = (LinkList * )malloc(sizeof(LinkList));
    s - > data = x;
    q = L;                          /* 从头节点开始查找节点 p 的前趋节点 q */
    while (q - > next!= p)
      {  q = q - > next;  }
    s - > next = p;
    q - > next = s;
}
```

由于前插算法中有循环查找的操作,因此在等概率情况下,平均时间复杂度为 $O(n)$。能不能进一步提高本算法的性能,使其时间复杂度也达到 $O(1)$？一种方法是仍然将 $*s$ 插入 $*p$ 的后面,然后将 p-> data 与 s-> data 交换即可,这样既保证了前插的实现,也使得时间复杂度为 $O(1)$,改进后算法的 C 函数如下：

```
void insertElemBeNode(LinkList * L, LinkList * p, DataType x)
               /* 交换数据域方法实现在带头节点的单链表 L 中第 i 个元素前插入值为 x 的元素 */
{   LinkList * s;
    s = (LinkList * )malloc(sizeof(LinkList));         /* 申请节点存储空间 */
    s -> next = p -> next; p -> next = s;              /* 新节点插入在 *p 节点的后面 */
    s -> data = p -> data;
    p -> data = x;   }                                 /* 给节点数据域赋值 */
```

对于上述改进的算法,如果数据域的信息量比较多时,交换数据域的时间开销也会随之增加,这就要求权衡二者的时间开销进行算法的选择。一般情况下,在链表上进行操作时,不提倡移动数据,只修改指针即可。

(2) 在指定位置情况下进行插入运算。

若已知节点序号 i,在第 i 个节点后或前插入一个数据元素 x,也就是在元素 a_i 前或后插入元素 x,即为指定位置的插入运算。这里讨论在第 i 个节点前插入一个数据元素 x 的实现过程,在第 i 个节点后插入一个数据元素 x 的实现过程读者可模仿实现。

由于后插运算比前插运算要简单,因此可以将在第 i 个节点前插入一个数据元素转换为在第 $i-1$ 个节点后插入一个数据元素。因此,在单链表中首先查找到存放元素 a_{i-1} 的节点的地址 p,然后在 p 所指的节点 *p 后插入新节点 *s,指针变化状况如图 2.13 所示。

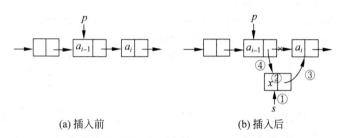

(a) 插入前　　　　　　　(b) 插入后

图 2.13　在第 i 个节点前插入节点时指针变化状况

在第 i 个节点前进行插入运算的 C 函数如下:

```
int insertElem(LinkList * L, int i, DataType x)
               /* 在带头节点的单链表 L 中第 i(i≥1)个节点前插入值为 x 的元素 */
{   LinkList * s , * p = L;
    int  j = 0;
    while (p && j < i - 1)                          /* 查找第 i-1 个节点的地址 */
    {   p = p -> next; j++; }
    if  (p&& p -> next)                             /* 有第 i-1 个点且有第 i 个点 */
    {   s = (LinkList * )malloc(sizeof(LinkList));  /* 申请节点存储空间 */
        s -> data = x;                              /* 给节点数据域赋值 */
        s -> next = p -> next; p -> next = s;       /* 新节点插入第 i-1 个节点后面 */
        return 1;
    }
    else  printf("error"); return 0;
}
```

算法的时间主要耗费在 while 循环上,其执行次数与 i 在表中的位置有关,在等概率情况下，时间复杂度为 $O(n)$。注意插入位置 i 的范围是 $1 \leqslant i \leqslant n+1$，在 $n+1$ 前插入元素相当于在最后一个节点后插入元素。

算法中也可以调用按节点的序号查找运算 getElem() 来找到第 $i-1$ 个节点，此时 if 语句前的 3 行可用 p＝getElem(L,i-1) 来替换。

前插操作一般要先查找前趋节点，然后将前插操作转换为后插操作。如果在给定的问题中需要查找和插入两个环节，则在查找时就可以考虑直接保存前趋节点的地址。

【例 2.2】 在带头节点的单链表中值为 y 的节点前插入值为 x 的节点。

首先要查找链表中值为 y 的节点，然后在 y 节点前插入值为 x 的节点。为了能在找到 y 节点后将前插转换为后插，在查找 y 节点的指针 p 的过程中，直接保存其前趋的指针 q。实现算法的 C 函数如下：

```
int inserty_x(LinkList * L, DataType y, DataType x)
                              /* 在带头节点的单链表 L 中值为 y 的节点前插入值为 x 的节点 */
{   LinkList * p, * q, * s;    /* 节点 * q 为 * p 的前趋节点 */
    q = L; p = L -> next;
    while (p && p -> data!= y)  /* 查找值为 y 的节点及前趋点的地址 */
    {  q = p; p = p -> next; }
    if (!p)                     /* 链表中无值为 y 的节点 */
    {  printf("error"); return 0; }
    s = (LinkList *)malloc(sizeof(LinkList));  /* 申请节点存储空间 */
    s -> data = x;             /* 给节点数据域赋值 */
    s -> next = p; q -> next = s; /* 新节点插入在 * q 节点的后面 */
    return 1;
}
```

在等概率情况下，算法的平均时间复杂度为 $O(n)$。

有了此算法，读者可思考如何实现在一个有序的单链表上插入一个值为 x 的节点。

4）删除运算

删除运算同插入运算一样，可以在给定节点和给定位置两种情况下进行。需要注意的是，被删节点存在时才能进行删除，删除完成后要注意释放节点所占的存储空间。

（1）在给定节点情况下进行删除。

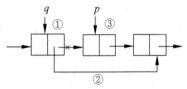

设 p 为指向单链表中某节点的指针，删除节点 * p 的过程如图 2.14 所示。要实现对节点 * p 的删除，首先要找到节点 * p 的前趋节点 * q，然后改变指针的指向即可。算法的平均时间复杂度为 $O(n)$。

图 2.14 删除节点 * p 时指针
变化状况

在给定节点时删除运算的 C 函数如下：

```
void deleteElemNode(LinkList * L, LinkList * p)  /* 在带头节点的单链表 L 上删除节点 * p */
{   LinkList * q;
    q = L;
    while (q -> next!= p) q = q -> next;  /* 从头节点开始查找节点 * p 的前趋节点 * q */
    q -> next = p -> next;                /* q 指向节点 p 的后继节点 */
```

```
        free(p);                        /*释放 p 占用空间*/
    }
```

若要删除节点 * p 的后继节点(假设存在),就简单得多,操作为:

s = p->next; p->next = s->next; free(s);

其平均时间复杂性为 $O(1)$。

(2) 在给定位置情况下进行删除。

删除线性表中的第 i 个元素,使节点间的关系 $<a_{i-1},a_i>$ 和 $<a_i,a_{i+1}>$ 变为 $<a_{i-1},a_{i+1}>$。为了反映节点间逻辑关系的变化,只要使节点 a_{i-1} 的指针指向节点 a_{i+1} 即可。假设 p 为指向节点 a_{i-1} 的指针,删除节点指针变化状况如图 2.15 所示。

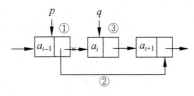

图 2.15　删除第 i 个节点时
指针变化状况

在给定位置时删除第 i 个节点运算的 C 函数如下:

```
int   deleteElem(LinkList * L, int i)    /*在带头节点的单链表 L 上删除第 i(i≥1)个节点*/
{     LinkList * p, * q; int j;
      p = L; j = 0;
      while (p && j < i - 1)              /*查找第 i-1 个节点的地址*/
      {   p = p->next; j++; }
      if(p&& p->next)                     /*有第 i-1 个点且有第 i 个点*/
      {   q = p->next;                    /*q 指向第 i 个节点*/
          p->next = q->next;             /*改变指针,删除第 i 个节点*/
          free(q);                        /*释放 q 占用的空间*/
          return 1;
      }
      else printf("error") ; return 0;
}
```

假设单链表表长为 n,对于删除操作,必须保证第 i 个位置上的节点存在,才能进行删除操作。若删除第 $n+1$ 个节点,此时欲删除节点的前趋节点 * p 是存在的,为单链表的最后一个节点,但是节点 * (p->next)不存在,即欲删除节点不存在,这时不能进行删除操作。如果需要返回删除节点中的数据,可在参数列表中定义一个指针型变量 DataType * e,算法中保存其值 * e=q->data。删除操作的合理位置为 $1 \leqslant i \leqslant n$,在等概率情况下,算法的平均时间复杂度为 $O(n)$。

以上讨论了单链表上的基本运算:建立、查找、插入、删除。下面给出几个例题,包括各种基本运算在解决实际问题中的应用。

【例 2.3】　编写一个算法,删除带头节点的单链表 L 中的重复节点,即实现如图 2.16 所示的操作,图 2.16(a)为初始的单链表,图 2.16(b)为删除重复节点后的单链表。

设指针 p 指向单链表的第一个节点,再设指针 q 从 * p 的后继节点开始一直到表尾,查找与 * p 节点的数据域值相同的节点并删除之。然后指针 p 指向下一个节点,重复上述过程,直到指针 p 指向尾节点时算法结束。

实现算法的 C 函数如下:

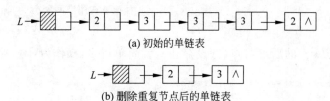

(a) 初始的单链表

(b) 删除重复节点后的单链表

图 2.16　删除重复节点

```
int  deleteDupNode(LinkList * L)
{   LinkList *p, *q, *r;   /*p指向查找重复节点的节点,q指向重复节点的前趋,r指向重复节点 * /
    p = L-> next;                    /* p指向第一个节点 * /
    if (!p) return 0;                /* 空链直接返回 * /
    while (p-> next)
    {   q = p;
        while (q-> next)             /* 从 * p 的后继开始找重复节点 * /
        {   if (q-> next-> data!= p-> data)  /* q-> next 数据域值不是重复节点,q指针后移 * /
                q = q-> next;
            else                     /* 是重复节点,则删除重复节点 * r * /
            {   r = q-> next;
                q-> next = r-> next;
                free(r);
            }
        }
        p = p-> next;               /* p指向下一个节点 * /
    }
}
```

该算法的时间复杂度为 $O(n^2)$。

【例 2.4】　编写一个算法逆置带头节点的单链表 L,要求逆置后的单链表利用 L 中的原节点,不可以重新申请节点空间。实现算法的 C 函数如下:

```
void reverse(Linklist * L)
{   Linklist *p, *q; /*p为剩余节点形成单链表的头指针,q保存欲插入 L 头的节点的地址 * /
    p = L-> next;             /* p指向第一个数据节点 * /
    L-> next = NULL;          /* 将原链表置为空表 L * /
    while (p)
    {   q = p;
        p = p-> next;
        q-> next = L-> next;  /* 将当前节点插入头节点的后面 * /
        L-> next = q;
    }
}
```

假设有一个单链表 L 如图 2.17(a)所示。上述算法中,把原链表断链形成两个单链表。一个是只包含头节点的空链表 L,另一个是除头节点外其他节点形成的单链表 p(指针 p 始终作为剩余节点形成的单链表的头指针),如图 2.17(b)所示。依次取出链表 p 中的每个节点,将其以头插法插入单链表 L 中,就可以完成逆置。图 2.17(c)实现了把链表 p 中的

第一个节点,即元素值为"1"的节点插入链表 L 的头上。插入时,先从链表 p 中取第一个节点作为将要插入的节点 $*q$,然后 p 不断地后移,直到 p 为空时逆置结束,如图 2.17(d) 所示。

该算法只是对链表中所有节点顺序扫描一遍即完成逆置,所以时间复杂度为 $O(n)$。

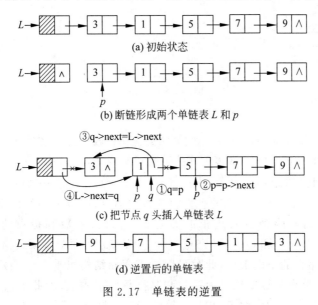

(a) 初始状态

(b) 断链形成两个单链表 L 和 p

(c) 把节点 q 头插入单链表 L

(d) 逆置后的单链表

图 2.17　单链表的逆置

读者可以思考一下,是否还有其他的方法来实现单链表的逆置。

【例 2.5】　假设有两个带头节点的单链表 A、B,按元素值非递减有序,编写算法将 A、B 归并成一个按元素值非递增有序的链表 C,要求链表 C 利用 A、B 中的原节点空间,不可以重新申请节点。

单链表 A、B 是有序表,可以设两个指针 p 和 q,分别指向单链表 A、B 中正在比较的节点。从第一个节点起依次比较指针 p 和 q 所指节点数据域值的大小,将当前值较小者取出,头插入 C 表的头部,得到的 C 表则为非递增有序的。

算法的 C 函数实现如下:

```
LinkList * union(LinkList * A,LinkList * B)
{   LinkList * C, * p, * q, * s;
    p = A -> next;q = B -> next;        /* p,q分别指向单链表A、B的第一个节点 */
    C = A;                              /* C表的头节点利用A表头节点的空间 */
    C -> next = NULL;
    while (p&&q)
    {   if (p -> data <= q -> data)      /* 从链表A、B上取出当前data值较小者暂存到s中 */
        {   s = p;
            p = p -> next;
        }
        else
        {   s = q;
            q = q -> next;
        }
        s -> next = C -> next;          /* 将s插入C表的头部 */
```

```
        C->next = s;
    }
    if (!q)  q = p;                /* 将剩余节点形成的链的链头保存到 q 中 */
    while (q)                      /* 将剩余节点依次取出暂存到 s 中,将 s 插入 C 表的头部 */
    {   s = q;
        q = q->next;
        s->next = C->next;
        C->next = s;
    }
    free(B);
    return C;
}
```

　　该算法的时间复杂度为 $O(m+n)$。此算法的应用比较广泛,如数学中一元多项式的表示和相加的实现。关于 x 的一元 n 次多项式按升幂可写成 $P(x)=a_0+a_1x+\cdots+a_ix^i+\cdots+a_{n-1}x^{n-1}+a_nx^n$,其逻辑结构可表示为一个线性表 $P=(A_0,A_1,\cdots,A_i,\cdots,A_{n-1},A_n)$。对于"求值"等不改变一元 n 次多项式的系数和指数的运算,可以采用类似于顺序表的存储结构即可。但是对于诸如两个多项式相加等运算,有时候系数和指数的变化会很大。若 $S(x)=5+35x^{100}+49x^{200}$ 和 $Q(x)=36+78x^{100}+345x^{250}$ 两个多项式相加,如果采用顺序存储结构将会造成很大的空间浪费,此时采用链接存储结构将是一个很好的选择。在对应的链接存储结构中,节点的数据域可由系数和幂指数两项构成,因此 $S(x)$ 和 $Q(x)$ 这两个多项式可看作是按幂有序的线性表,相加运算的实现正好与此例的思想一致,可对算法稍加改进即可实现。

　　通过前面讨论的单链表上基本运算及其应用实例,可知:

　　(1) 单链表不具有按序号随机存取的特点,只能从头指针开始一个个进行顺序存取。

　　(2) 若要在单链表上插入、删除一个节点,通常要找到其前趋节点。

　　(3) 在单链表上进行插入和删除操作,一般不移动数据元素,只要改变指针即可。

　　单链表是线性表上各种链接存储方式中最简单、最常用的一种形式。其他的链表形式都是在单链表基础上进行改进而得到,也就是说,其他的链表中都包含了单链表。所以熟练掌握单链表的基本操作并利用基本操作来解决实际问题是"数据结构"课程中至关重要的内容,读者应给予足够的重视。另外,理解并消化单链表上的相关知识,对学习本课程中遇到的所有链接存储结构都会有极大的帮助。

2.3.3　循环链表

　　循环链表(circular linked list)是利用链表中某些节点指针域的值为空(NULL)的特点,将空指针域改存一些更有意义的信息而形成的。例如,单链表中最后一个节点的指针域为空(NULL),可以改存为指向头节点的指针,使得链表头尾节点相连形成一个环。图 2.18 所示为单循环链表。类似地,还可以有双循环链表(在 2.3.4 节中介绍)等多重循环链表,在多循环链表中,每个节点链在多个环上。

　　单循环链表上的操作基本与单链表相同。稍微不同的是,将原来运算中的循环结束条件由判断指针是否为空,改为判断是否等于头指针。如空表的条件是 L->next==L,而非 L->next==NULL。指针 p 到达表尾的条件是 p->next==L 而非 p->next==

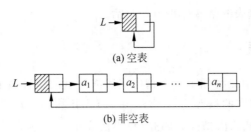

(a) 空表

(b) 非空表

图 2.18　带头节点的单循环链表

NULL。因此，循环链表的建表、查找、插入、删除等操作只需在单链表的相应算法上稍加修改即可。

　　单链表利用尾节点的空指针域改进成单循环链表后，并没有增加存储空间的开销，但对某些运算却能提高算法的时间效率。例如，对于单链表只能从头指针开始遍历整个链表，查找开始节点的时间是 $O(1)$，查找尾节点的时间是 $O(n)$。对于单循环链表则可以从表中任意节点开始遍历整个链表。不仅如此，当再对单循环链表做一点简单变化，即将指向头节点的指针改为指向尾节点，如图 2.19 所示，这时对单链表常在表尾、表头进行的操作就更加方便。尾节点的指针为 r，头节点的指针为 r−＞next，链表为空的条件是 r−＞next＝＝r。

图 2.19　仅设尾指针的单循环链表

　　带尾指针的单循环链表，从尾指针可以很容易得到头指针，因此查找表头节点和表尾节点的时间都是 $O(1)$，操作效率明显提高，在下面的应用中体现尤为突出。

　　现要将两个单链表 L_1、L_2 合并成一个单链表，即将 L_2 的第一个节点链接到 L_1 的尾节点上。若在单链表或带头指针的单循环链表上做这种链接操作，都需要遍历链表 L_1，找到 L_1 的尾节点 a_n，然后将链表 L_2 的第一个节点 b_1 链接到 a_n 的后面，其时间复杂性为 $O(n)$。如果将单链表 L_1、L_2 改进成带尾指针的单循环链表 r_1 和 r_2，则在单循环链表 r_1 和 r_2 上实现此操作，时间效率提高为 $O(1)$。实现过程如图 2.20 所示。

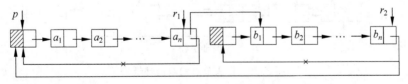

图 2.20　两个用尾指针标识的单循环链表的链接

操作步骤如下：

```
p = r1 -> next;                    / * 保存 L1 的头节点地址 * /
r1 -> next = r2 -> next -> next;   / * 把 L2 链到 L1 的尾部 * /
free(r2 -> next);                  / * 释放 L2 的头节点 * /
r2 -> next = p;                    / * 形成循环链表 * /
```

从上例可以看出，单循环链表与单链表相比，不用增加额外的存储开销，仅对表的链接方式稍做改进,就使得链表的某些处理方便灵活。

2.3.4　双链表

单链表的每个节点中只附加了一个指向其后继节点的指针域 next,若已知指向某节点的指针为 p,则其后继节点的指针为 p—>next,而找其前趋节点只能从该链表的头指针开始,顺着各节点的 next 域依次扫描。因此,在单链表中找后继节点的时间复杂度是 $O(1)$,找前趋节点的时间复杂度是 $O(n)$。如果希望找前趋节点的时间性能也达到 $O(1)$,则只能付出空间的代价,给每个节点再加一个指向前趋节点的指针域 prior,节点结构如图 2.21 所

prior	data	next

图 2.21　双链表节点结构

示,每个节点附加两个指针域,一个指向后继节点,一个指向前趋节点。显然,双链表中包含单链表。由这种节点组成的链表中有两条方向不同的链,因此称为双(向)链表(double linked list)。

双链表存储结构的 C 语言描述如下:

```
typedef int DataType;
typedef struct DNode
{    DataType data;
     struct DNode * prior, * next;
     } DLinkList;
DLinkList * H;
```

双链表通常也是由头指针唯一确定,也可以带头节点,利用头节点和尾节点的空指针域,也能形成双循环链表结构。如图 2.22 所示,给出了带头节点的双循环链表图示。双链表是一种对称结构,既有前向链又有后向链。在双链表中,通过指向某节点的指针 p 既可以得到它的后继节点的指针 p—>next,也可以得到它的前趋节点的指针 p—>prior。这样在有些操作中需要找前趋节点时,就不需要再从头指针开始遍历整个链表。

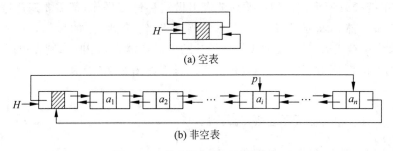

(a) 空表

(b) 非空表

图 2.22　带头节点的双循环链表

设指针 p 指向双循环链表中的某一节点,节点 $*p$ 的地址既存放在其前趋节点的 next 域中,也存放在其后继节点的 prior 域中。p—>prior—>next 表示的是 $*p$ 节点之前趋节点的后继节点的指针,即与 p 相等;类似地,p—>next—>prior 表示的是 $*p$ 节点之后继节点的前趋节点的指针,也与 p 相等,所以有以下等式:p—>prior—>next=p=p—>next—>prior。

这个表达式恰好反映了双链表的对称特性。虽然它们的值相等,但是 p、p—>prior—>next 和 p—>next—>prior 是 3 个不同的变量,其中某一个变量的值发生变化,并不会影响到其他两个变量的值,这一点初学者应注意。

由于双链表的节点具有两个指针域,对于求前趋节点、后继节点的查找操作更加方便,其时间复杂度为 $O(1)$。按节点的序号查找操作 getElem、按节点的值查找操作 locateElem 和求表长等只涉及一个方向的扫描,其实现算法与单链表相同。但是在进行插入、删除操作时,除了要修改后继节点的 next 域外,还需要修改前趋节点的 prior 域。在双链表中插入元素时指针变化情况如图 2.23 所示。设 p 指向双链表中某节点,s 指向待插入的值为 x 的新节点,将 $*s$ 插入 $*p$ 的前面,操作如下:

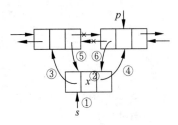

图 2.23 双向链表中插入节点
指针变化状况

① s=(DLinkList *)malloc(sizeof(DLinkList));
② s->data=x;
③ s->prior=p->prior;
④ s->next=p;
⑤ p->prior->next=s;
⑥ p->prior=s。

上述操作的顺序不是唯一的,需要注意的是在修改指针的过程中要保证不断链。

显然,双链表中对某节点进行前插操作比单链表要简单,时间效率也高,因为增加了前趋的指针,实际上是用空间的代价换取了时间的效率。

如何实现在双链表中某节点的后插操作,读者可自己完成,并与前插操作比较,找出规律,理解双链表的对称性。

在双循环链表 H 中第 i 个元素前插入元素 x,算法的 C 函数如下:

```
int insertElem(DLinkList * H,int i,DataType x)
{   DLinkList * s,* p=H->next;
    int j=1;
    while ((p != H)&& (j<i))   /*查找第 i 个节点,直到 p 指向头节点或 p 指向第 i 个元素为止*/
    {   p=p->next; j=j+1;}
    if ((p==H) || (j>i)) {   printf("error");return 0; }   /*i 小于 1 或大于表长+1*/
    s=(DLinkList * )malloc(sizeof(DLinkList))
    s->data=x;
    s->prior=p->prior;
    s->next=p;
    p->prior->next=s;
    p->prior=s;
    return 1;
}
```

在双链表的节点中既有前趋指针又有后继指针,因此在第 i 个位置前插入数据元素时可以直接查找第 i 个位置上的节点 $*p$。同理,删除第 i 个位置的节点时,也可以直接查找第 i 个位置上的节点 $*p$。可以看出,算法的时间复杂度与在单链表中插入元素一样都为 $O(n)$。

在双链表中删除元素时指针变化情况如图 2.24 所示。设 p 指向双向链表中的某节点,删除 $*p$,操作如下:

① p->next->prior=p->prior;

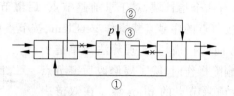

图 2.24　双向链表中删除节点指针变化状况

② p－＞prior－＞next＝p－＞next；

③ free(p)。

在双循环链表 *H* 中删除第 *i* 个元素算法的 C 函数如下：

```
int deleteElem(DLinkList * H,int i ,DataType * e)      /* 在双循环链表中删除第 i 个元素 */
{   DLinkList  * p = H -> next;
    int j = 1;
    while ((p != H)&& (j < i))                          /* 未到表尾,查找第 i 个节点 */
    {    p = p -> next; j++; }
    if((p == H) || (j > i)) {printf("error");return 0; }   /* i 小于 1 或大于表长 */
    * e = p -> data;
     p -> prior -> next = p -> next;
     p -> next -> prior = p -> prior;
     free(p);
     return 1;
}
```

*2.3.5　静态链表

前面讲的各种链表都是由指针实现的,链表中节点的分配和释放都是根据需求由系统函数动态完成的,故称为动态链表。但对于不设"指针"类型的某些高级程序设计语言来说,要想使用链表结构,只能使用"游标"模拟指针。

用游标实现链表,首先要建立一个规模较大的结构体数组,数组的一个元素对应链表中的一个节点,包括数据域 data 和游标域 next,数据域 data 用来存储数据元素的值;游标域 next 代替指针域,表示后继节点在数组中的下标位置。游标一般也称为指针,但与前面所讲的链表中的指针不同,这里的指针表示后继元素在数组中的下标。与动态链表相比,在静态链表中,指针就变换为数组的下标,节点即为数组中的元素。

与动态链表类似,数组中下标为 0 的单元可看成头节点,其指针域指向链表的第一个节点,空指针用 0 表示(此时刚好是带头节点的单循环链表)。由于这种存储结构需要预先分配一个较大的连续空间,因此称这种链表为静态链表,游标(即下标)称为静态指针。图 2.25(a) 给出了线性表(a_1,a_2,a_3,a_4,a_5)的静态链表存储结构图示。

静态链表存储结构的 C 语言描述如下：

```
#define MAXSIZE 1024            /* 足够大的数 */
typedef int DataType;
typedef struct
{   DataType data;
```

```
    int   next;
}SNode;                          /* 节点类型 */
SNode SL[MAXSIZE];
```

	data	next			data	next			data	next
0		4		0		4		0		4
1	a_4	5	AV=1 1		a_4	6		1	x	3
2	a_2	3	2		a_2	3		2	a_2	1
3	a_3	1	3		a_3	5		3	a_3	5
4	a_1	2	4		a_1	2		4	a_1	2
5	a_5	0	5		a_5	0		5	a_5	0
AV=6 6		7	6			7		AV=6 6		7
7		8	7			8		7		8
8		9	8			9		8		9
9		10	9			10		9		10
10		11	10			11		10		11
11		0	11			0		11		0

(a) 静态链表　　　　　　(b) 删除a_4后的静态链表　　　(c) 在(b)中a_3前插入x后的静态链表

图 2.25　静态链表示例

SL 为静态链表变量,下标为 0 的单元为头节点,顺着游标 SL[0]. next 找到第一个元素的位置在下标为 4 的单元,其数据域 SL[4]. data 为 a_1,顺着 SL[4]. next 域找到第二个元素的位置为下标为 2 的单元,以此类推,找到最后一个元素的位置为下标为 5 的单元。由于 SL[5]. next 域值为 0,说明已经到了链尾,这样顺着 next 域形成了一个链。一般情况下,若 SL[i]. data 中存储线性表中第 k 个元素,则 SL[i]. next 即为第 $k+1$ 个元素的存储位置。

与动态链表相比,在静态链表中实现线性表的插入和删除操作也不用移动数据元素,只要改变节点的游标 next 域就可以,改变游标可用语句 i=SL[i]. next 实现(功能与 p=p->next 相同)。图 2.25(b)为删除 a_4 后的静态链表,数组下标为 1 的单元闲置。由此可以看到,在静态链表中删除节点后,会造成已使用的数组元素空间不再连续。为了充分利用数组空间,可以把所有闲置未用的空间链接起来组成一个可用空间链表。这样,在静态链表空间中实际上有两个链表,如图 2.25(a)所示,其中链表 SL 是一个带头节点的静态单链表,存储的是线性表的数据元素;另一个静态单链表 AV 是将当前数组空间中未被使用过的以及删除的节点链接到一起组成的可用空间链表。图 2.25(b)中删除 a_4 后,数组下标为 1 的单元节点可以链接到 AV 的头部或尾部,一般链到头部比较简单。这样,当向链表中插入元素时,就可以从可用空间链表 AV 中取得第一个节点,作为待插入的新节点的存储空间。图 2.25(c)为在图 2.25(b)中 a_3 前插入 x 后的静态链表。

在静态链表上实现查找、插入和删除运算,与动态链表上的实现算法思路相同,只是一些语句表示方法略有区别,这里不再赘述。

2.4　顺序表和链表的比较

本章介绍了线性表的逻辑结构及其两种最典型的存储结构:顺序表和链表。针对顺序表和链表,可以从空间效率和时间效率两方面比较各自的特点。在实际应用中,要根据具体问题的性质和要求,尽量扬长避短,选取综合效率最好的存储结构。

1. 空间效率

空间效率主要指存储密度的大小、存储空间分配的形式以及所占内存空间的连续性。

(1) 顺序表的**存储密度大**,链表的**存储密度小**。

存储密度(storage density)是指一个节点中数据元素所占的存储单元和整个节点所占的存储单元之间的百分比。显然,顺序表的存储密度可达 100%,而链表的存储密度小于 100%,因为在链表中除了存储数据元素的内容外,还存储了指向前趋或后继元素的指针信息,造成额外的空间耗费,致使链表的存储密度较低。例如,一个单链表的节点中存放的是字符数据元素,占 1 字节,附加的指针域占 2 字节,则这个单链表的存储密度仅为 33.33%。一般地,存储密度越大,空间利用率就越高。因此,当线性表的长度变化不大时,易于事先确定其存储空间的大小,为了节省存储空间,可以考虑采用顺序表存储结构。

(2) 顺序表的存储空间采用**静态分配**,链表的存储空间采用**动态分配**。

在定义顺序表时系统会给它预留存储空间,因此在程序执行前必须明确规定它的存储规模,也就是说事先对 MAXSIZE 要有合适的设定,过大会造成浪费,过小又会使溢出机会增多。链表中每个节点的存储单元都是在程序执行过程中临时向系统动态申请(回收)的,即通过调用库函数 malloc(free)完成。只要内存中尚有空闲空间,就不会产生溢出。可见对线性表的长度或存储规模难以估计时,不宜采用顺序表而比较适合采用链表。

(3) 顺序表占据内存的**连续空间**,链表可以是**不连续空间**。

顺序表存储方式要求逻辑上相邻的节点存储到物理上相邻的单元中,由存储位置隐含元素间关系,因此节点在内存中必须是连续存放的,从而占据连续的内存空间。链表存储通过附加指针域表示节点之间的关系,与存储位置无关,所以节点在内存中所占空间可以是不连续的。

2. 时间效率

时间效率可以从线性表上基本运算(查找、插入、删除)的算法效率进行分析比较。

(1) 顺序表可以**随机存取**,链表必须**顺序存取**。

由于顺序表中按序号 i 访问数据元素 a_i,可用公式直接计算其地址,时间复杂度为 $O(1)$。在链表中按序号 i 访问数据元素 a_i 时,必须从头开始顺序查找,时间复杂度为 $O(n)$。所以当经常做的运算是按序号访问数据元素,且不经常做插入和删除操作时,显然顺序表优于链表。

(2) 顺序表的**插入**、**删除效率低**,链表的**插入**、**删除效率高**。

在顺序表中做插入、删除操作时平均移动表中一半的元素,尤其当数据元素的信息量较大且表较长时,移动元素所花费的时间相当可观,因而效率较低。在链表中做插入、删除操作时,只要修改指针域,不需要移动元素。若插入和删除主要发生在链表首尾位置时,还可以采用尾指针表示的单循环链表。当在线性表中频繁进行插入和删除时,可以考虑采用链表存储结构。

除了上面从时空效率的 5 个方面进行比较外,实际应用中可能还要考虑简单、方便、容易理解和容易实现等因素。顺序表就是最简单、最方便、最容易理解和实现的一种常用结构,在任何高级语言中都有数组类型,大量数据处理时最容易采用的就是数组。链表的操作基于指针,对于没有提供指针类型的高级语言,必须采用静态链表。一些基本运算在链表上的实现过程,相对也较复杂一些,对初学者有一定的难度。链表的优势在于对存储空间的连续性不要求,同时插入、删除的效率高。在系统软件的开发中,往往算法的效率比简单、方便更重要。

总之,两种存储结构各有长短,选择哪一种由实际问题中的主要因素决定。通常"较稳定"的线性表选择顺序表存储,频繁做插入、删除的线性表,即动态性较强的线性表,宜选择链表存储。

小结

对最简单的经典结构线性表,本章首先介绍了其逻辑结构及特征,定义了其在逻辑结构上的运算。线性表有两种常用的存储结构——顺序表和链表,顺序表使用静态存储分配,具有随机存取特性。链表包括单链表、循环链表和双链表,使用动态存储分配,具有顺序存取特性。本章给出了线性表采用各种存储结构时的 C 语言描述,重点阐述了线性表上基本运算在各种存储结构上的算法实现及算法效率的定量评价;简单介绍了使用静态存储分配数组形式定义的静态链表;最后对顺序表和链表的特性进行比较。

本章重点:

(1)线性表的定义及逻辑特征。

(2)顺序表的存储结构图示及 C 语言描述,线性表基本运算在顺序表上的算法实现及效率评价。

(3)单链表的存储结构图示及 C 语言描述,线性表基本运算在单链表上的算法实现及效率评价。

(4)双链表的特点及线性表基本运算在双链表上的算法实现。

(5)循环链表的特点及其与对应非循环链表的差别。

(6)综合运用线性表解决一些简单的实际问题。

习题

一、名词解释

1. 线性结构

2. 线性表

3. 顺序表

4. 单链表

二、选择题

1. 线性表 $L = (a_1, a_2, \cdots, a_n)$,下列说法正确的是(　　)。

　　A. 每个元素都有一个直接前驱和一个直接后继

　　B. 线性表中至少有一个元素

    C. 表中元素的排列顺序必须是由小到大或由大到小

    D. 除第一个和最后一个元素外,其余每个元素都有且仅有一个直接前驱和一个直接后继

2. 下面关于线性表的叙述中,错误的是(   )。

    A. 线性表若采用顺序存储,必须占用一片连续的存储单元

    B. 线性表若采用顺序存储,便于进行插入和删除操作

    C. 线性表若采用链接存储,不必占用一片连续的存储单元

    D. 线性表若采用链接存储,便于插入和删除操作

3. 在长度为 n 的顺序表的第 $i(1 \leqslant i \leqslant n+1)$ 个位置上插入一个元素,元素的移动次数为(   )。

    A. $n-i+1$ B. $n-i$ C. i D. $i-1$

4. 删除长度为 n 的顺序表中的第 $i(1 \leqslant i \leqslant n)$ 个位置上的元素,元素的移动次数为(   )。

    A. $n-i+1$ B. $n-i$ C. i D. $i-1$

5. 已知一个带头节点单链表 L,则在表头元素前插入新节点 $*s$ 的语句为(   )。

    A. L=s;s−>next=L;   B. s−>next=L−>next;L−>next=s;

    C. s=L;s−>next=L;   D. s−>next=L;s=L;

6. 已知一个不带头节点单链表的头指针为 L,则在表头元素之前插入一个新节点 $*s$ 的语句为(   )。

    A. L=s;s−>next=L;   B. s−>next=L; L=s;

    C. s=L;s−>next=L;   D. s−>next=L;s=L;

7. 对于链接存储的线性表,按照序号访问和删除节点的时间复杂度分别为(   )。

    A. $O(n),O(n)$ B. $O(n),O(1)$

    C. $O(1),O(n)$ D. $O(1),O(1)$

8. 已知单链表上一节点的指针为 p,则在该节点之后插入新节点 $*s$ 的正确操作语句为(   )。

    A. p−>next=s; s−>next=p−>next;

    B. s−>next=p−>next; p−>next=s;

    C. p−>next=s; p−>next=s−>next;

    D. p−>next=s−>next; p−>next=s;

9. 已知单链表上一节点的指针为 p,则删除该节点后继的正确操作语句是(   )。

    A. s= p−>next; p=p−>next;free(s);

    B. p=p−>next;free(p);

    C. s= p−>next; p−>next=s−>next;free(s);

    D. p=p−>next;free(p−>next);

10. 将长度为 m 的单循环链表链接到长度为 n 的单循环链表之后,算法的时间复杂度最好为(   )。

    A. $O(n)$ B. $O(1)$ C. $O(m)$ D. $O(m+n)$

11. 完成在双循环链表节点 $*p$ 之后插入新节点 $*s$ 的操作是(   )。

    A. p−>next=s;s−>prior=p;p−>next−>prior=s;s−>next=p−>next;

B. p—>next->prior＝s;p—>next＝s;s—>prior＝p;s—>next＝p—>next;

C. s—>prior＝p;s—>next＝p—>next;p—>next＝s;p—>next—>prior＝s;

D. s—>prior＝p;s—>next＝p—>next;p—>next—>prior＝s;p—>next＝s;

12. 设一个链表最常用的操作是在表尾插入节点和在表头删除节点,则选用下列存储结构( )效率最高。

    A. 单链表   B. 双链表

    C. 单循环链表   D. 带尾指针的单循环链表

13. 线性表的链接存储结构是一种( )存储结构。

    A. 随机存取   B. 顺序存取   C. 索引存取   D. 散列存取

14. 链表不具备的特点是( )。

    A. 插入删除不需要移动元素   B. 不必事先估计存储空间

    C. 可随机访问任一节点   D. 所需空间与其长度成正比

三、填空题

1. 在单链表 L 中,指针 p 所指节点有后继节点的条件是_____。

2. 判断带头节点的单链表 L 为空的条件_____。

3. 顺序表和链表中能实现随机存取的是_____,插入、删除操作效率高的是_____。

4. 对于一个具有 n 个节点的单链表,已知一个节点的指针 p,在其后插入一个新节点的时间复杂度为_____;若已知一个节点的值为 x,在其后插入一个新节点的时间复杂度为_____。

四、简答题

1. 比较顺序表和链表两种线性表不同存储结构的特点。

2. 简述头节点的作用。

3. 写出单链表存储结构的 C 语言描述。

五、完善程序题

1. 设计一个算法,其功能为:向一个带头节点的有序单链表(从小到大有序)中插入一个元素 x,使插入后链表仍然有序。请将代码补充完整。

```
typedef int DataType;
typedef struct Node
{    DataType data;
     _____;                         /*定义指向该结构类型的指针变量 next*/
}Linklist;
void insert(Linklist * L,DataType x)
{    Linklist * s, * p=L;
     while(p->next && p->next->data<x)
          _____;                     /*p指针后移一步*/
     _____;                          /*申请一个新节点空间,将其地址赋给变量 s*/
     s->data=x;
     _____;    _____;             /*将*s节点插入到*p节点的后面*/
}
```

2. 设计一个函数,其功能为:在带头节点的单链表中删除值最小的元素。请将代码补充完整。

```
typedef int DataType;
typedef _____ Node                    /*定义结构体类型*/
{    DataType data;
     struct Node * next;
}LinkList;
void deleteMin(LinkList * L)
{    LinkList * p = L->next, * q;    /*首先查找值最小的元素,指针 q 指向最小元素节点*/
     q = p;
     while(p)
{    if( p->data < q->data)
     q = p;
     _____;                        /* p 指针后移一步,比较单链表中的每一个节点*/
}
     if(!q) return;                   /*不存在最小节点(空表)时,直接退出*/
     p = L;                           /*若存在最小节点,则先找到最小节点的前驱,即 * q 的前驱*/
     while(_____)
          p = p->next;
     _____;                        /*从单链表中删除最小元素节点(指针 q 所指节点)*/
     _____;                        /*释放指针 q 所指节点的空间*/
}
```

六、算法设计题

1. 线性表中数据元素的值为整数,若线性表采用带头节点的单链表结构,则依次输出每个数据元素的平方值。

2. 删除带头节点的单链表中数据域值为 x 的节点。

3. 线性表中数据元素的值为整数,若线性表采用带头节点的单链表结构,则创建一个有序的单链表。

4. 已知长度为 n 的线性表 A 中的元素是整数,编写算法求线性表中值大于 item 的元素个数。分两种情况编写函数:

(1) 线性表采用顺序存储;

(2) 线性表采用单链表存储。

5. 已知长度为 n 的线性表 A 中的元素是整数,编写算法删除线性表中所有值为 item 的数据元素。分两种情况编写函数:

(1) 线性表采用顺序存储;

(2) 线性表采用单链表存储。

6. 试编写算法实现对不带头节点的单链表 H 进行就地(不额外增加空间)逆置。

7. 已知递增有序的两个单链表 A 和 B 各存储了一个集合。设计算法实现求两个集合的交集运算 $C = A \bigcap B$。

8. 已知递增有序的两个单链表 A 和 B,编写算法将 A、B 归并成一个递增有序的单链表 C。

9. 查找带头节点单链表的中间节点,要求只能遍历一次。

提示:应用快慢指针,定义两个指针 fast 和 slow,初始时二者都指向头节点,然后让它们同时遍历单链表。遍历时,fast 每次走两步,即 fast=fast->next->next,slow 每次走一步,即 slow=slow->next。当 fast 走到表尾时,slow 所指的节点就是中间节点。

10. 查找带头节点单链表倒数第 k 个节点,只允许遍历一次。

提示:应用快慢指针,快指针 fast 走 k 步后,慢指针 slow 再走。当 fast 走到表尾时,slow 所指的位置就是题目所求。

11. 约瑟夫环问题。故事是这样的:约瑟夫是犹太军队的一个将军,在罗马人占领乔塔帕特后,他所率领的部队只剩下 40 余人和他的一个朋友共 41 人。他们都是宁死不屈的人,于是决定了一个自杀方式。41 个人排成一个圆圈,由第 1 个人开始报数,报数到 3 时该人就必须自杀,然后再由下一个人重新报数,直到所有人都自杀身亡为止。约瑟夫让朋友先假装遵从,他将朋友与自己安排在第 16 个与第 31 个位置,于是逃过了这场死亡游戏,最后两个人投降了罗马。现规则如下:n 个人围成一圈报数,顺时针报数,每次报到 q 的人出圈,每次从出圈的下一个人继续重新报数,直到剩余一人为止。输出出圈人的序号。

第 3 章

栈和队列

【学习目标】

- 理解栈和队列的概念、运算特点。
- 掌握栈和队列的存储以及运算的实现。
- 理解栈和队列在解决实际问题中的应用。
- 综合运用栈或队列解决实际应用问题。

【思维导图】

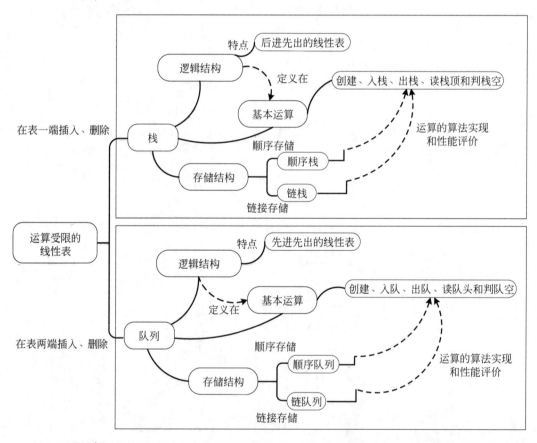

　　栈和队列是程序设计中广泛应用的两种数据结构。从数据元素间的逻辑关系看,栈和队列也是线性表,只是栈和队列的运算限定在表端完成,因此可以说栈和队列是两种特殊的线性表,其特殊性表现在运算受到限制。

3.1 栈

3.1.1 栈的定义及运算

栈(stack)是运算受限的线性表,限制它的插入和删除操作仅在表的一端进行。允许插入、删除的一端称为**栈顶**(top),另一端称为**栈底**(bottom)。当栈中的元素个数 $n=0$ 时称为**空栈**。向栈顶插入新元素称为**进栈**或**入栈**,从栈顶删除元素称为**出栈**或**退栈**。

假设栈 $S=(a_1,a_2,\cdots,a_n)$,如图 3.1 所示。栈中 a_1 为栈底元素,a_n 为栈顶元素。栈中元素进栈的顺序是 $a_1,a_2,\cdots,a_n$,若 n 个元素进栈后,再依次出栈,则出栈时其顺序为 $a_n,\cdots,a_2$,a_1。每次进栈操作总是将新元素放到栈顶,出栈操作是删除栈顶元素,即最后进栈的元素会最先出栈,而最先进栈的元素被放在栈的底部,最后才能出栈。由于元素是按后进先出的原则出入栈,因此栈又称为后进先出(last in first out,LIFO)的线性表,简称 **LIFO 表**。

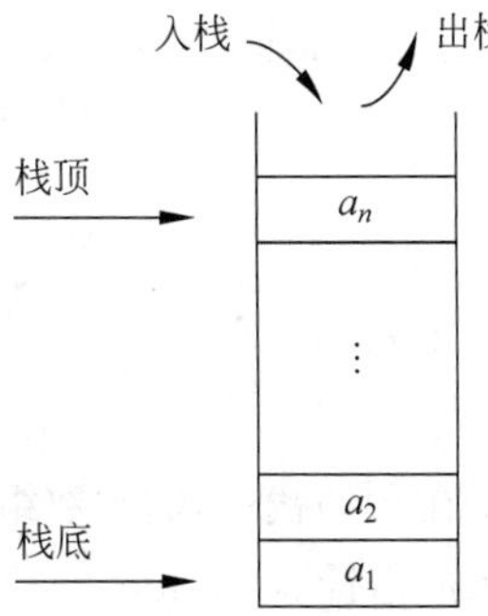

在实际应用中,有很多符合栈的特点的例子。例如,限定只能在一边进行放入或取出的一摞盘子或书、单行车道等。在计

图 3.1 栈的图示

算机系统中,也有很多应用栈的例子。例如,Word、Photoshop 等很多软件中都具有"撤销"功能,用以恢复误操作,"撤销"时恢复内容的顺序与"操作"时输入内容的顺序恰好相反,即最先恢复的是最近的一次操作。因此,可以用栈来保存一定数量的操作,以方便"撤销"功能对操作顺序的要求。同理,浏览器中的"后退"按钮,单击后可以按访问顺序的逆序加载浏览过的页面,也是用栈的方式实现的。运行程序时,计算机操作系统对存储空间分配采取的方式之一就是栈式存储分配,即把程序运行时的数据存储空间组织成一个栈,按栈的方式进行分配和回收空间。每当调用一个函数时,在栈顶分配一块存储区域,每当一个函数被调用执行完毕返回时,释放它的存储区域。除此之外,计算机系统中还有很多应用栈的例子,读者可以自己列举。总之,栈中元素除了具有线性关系外,还具有后进先出的特点。所以,在应用时要根据这两个特点决定是否使用栈。

栈的基本运算有 5 种,定义如下:

(1) 初始化栈 initStack(s)。构造了一个空栈 s。

(2) 判栈空 empty(s)。若栈 s 为空栈,则返回值为"真"(1),否则返回值为"假"(0)。

(3) 入栈 push(s,x)。在栈 s 的顶部插入一个新元素 x,x 成为新的栈顶元素。

(4) 出栈 pop(s)。删除栈 s 的栈顶元素。

(5) 读栈顶元素 top(s)。栈顶元素作为结果返回,不改变栈的状态。

与线性表运算的定义相比,在栈的运算定义中,没有查找运算。因为栈是一种运算受限的线性表,它的插入、删除操作都只能在栈顶完成,即操作位置固定。在实际问题中需要使用的数据也一定是栈顶元素,根本不需要在栈的中间存取元素,因此不需要查找运算,这也是栈与线性表的不同之处。

由于栈的逻辑结构是线性表,因此线性表上的常用存储方式也适用于栈。采用顺序方式存储的栈称为**顺序栈**(sequential stack),采用链接方式存储的栈称为**链栈**(linked stack)。

3.1.2　顺序栈及运算的算法实现

顺序栈类似于顺序表,利用一组地址连续的存储单元依次存放自栈底到栈顶的数据元素,在计算机高级语言中用一个预设的足够长的一维数组来实现;同时,设一个整型变量 top 来指明当前栈顶元素的位置,top 也称为**栈顶指针**。通常将数组和栈顶指针 top 封装在一个结构体中。显然,顺序栈和顺序表的存储结构是一样的,只不过是将 last 换成 top。

顺序栈存储结构 C 语言描述如下:

```
#define MAXSIZE   1024        /*栈可能达到的最大容量*/
typedef   int   DataType;
typedef struct
{    DataType  data[MAXSIZE];
     int   top;
}SeqStack ;
SeqStack   * s;              /*定义 s 是一个指向顺序栈的指针*/
```

在顺序栈中,通常数组下标为 0 的一端设为栈底,即 s—>data[0]是栈底元素,这样栈空时栈顶指针 s—>top=−1;当有元素入栈时,栈顶指针加 1,即 s—>top++,s—>top 指示新的栈顶位置,然后再把元素赋值到这个新栈顶位置,栈顶元素为 s—>data[s—>top];若 s—>top==MAXSIZE−1,表示栈满,则当再有新的元素需要入栈时,必将产生存储空间的溢出,这种情况称为"上溢"。在顺序栈中每当有元素出栈时,栈顶指针减 1,即 s—>top−−,s—>top 为新的栈顶位置,当 s—>top==−1 时表示栈已经空了,这时再做出栈操作,也将产生溢出,这种情况称为"下溢"。栈空时说明栈中已经没有数据元素,不能再做出栈操作,因此出栈前一般先判定栈是否为空。入栈和出栈操作相当于在线性表的表尾进行插入和删除操作,其时间复杂度为 $O(1)$。

栈的操作及栈顶指针变化情况如图 3.2 所示。图 3.2(a)是空栈,图 3.2(b)是元素 A 入栈后的状态,图 3.2(c)是 B、C、D、E 这 4 个元素依次入栈之后的状态,如果再有元素入栈,就将产生上溢。图 3.2(d)是 E、D 相继出栈,此时栈中还有 3 个元素,虽然最近出栈的元素 D、E 仍然在原先的单元存储着,但已经不再属于栈中的元素,top 指针已经指向了新的栈顶,栈中元素为 A、B、C,通过这个图示要深刻理解栈顶指针的作用。图 3.2(e)是 C、B、A 依次出栈后的状态,此时栈已空,如果再做出栈操作,就将产生下溢。在这里,栈是竖着画的,并且下标依次从下向上递增,这样可以形象地表示出栈顶和栈底的上下关系。

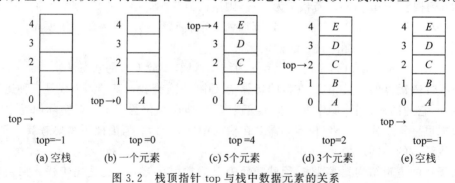

图 3.2　栈顶指针 top 与栈中数据元素的关系

下面给出在顺序栈上实现 5 种基本运算的 C 函数。

（1）初始化栈。

```
SeqStack * initSeqStack()
{   SeqStack * s;
    s = (SeqStack * )malloc(sizeof(SeqStack));        / * 申请栈的空间 * /
    s - > top = - 1;                                    / * 初始化栈顶指针 * /
    return s; }
```

（2）判栈空。

```
int empty(SeqStack * s)
{   if (s - > top == - 1) return 1;
    else return 0;
}
```

（3）入栈。

```
int push(SeqStack * s, DataType x)
{   if (s - > top == MAXSIZE - 1)
    {     printf("overflow"); return 0; }             / * 栈满不能入栈 * /
    s - > top++;
    s - > data[s - > top] = x;
    return 1;
}
```

（4）出栈。

```
void pop(SeqStack * s)                                / * 设栈不空 * /
{ s - > top -- ;}
```

（5）读栈顶元素。

```
DataType top(SeqStack * s)                            / * 设栈不空 * /
{   return(s - > data[s - > top]);
}
```

注意：对出栈和读栈顶元素的操作，要求用户在调用此操作前，先判断栈是否为空，即先调用判栈空（empty(s)）算法。

当程序中同时使用两个栈时，可以将两个栈的栈底分别设在数组向量空间的两端，让两个栈各自向中间延伸。这样，当一个栈中的元素较多，超过向量空间的一半时，只要另一个栈的元素不多，那么前者就可以占用后者的部分存储空间。只有当整个向量空间被两个栈占满（即两个栈顶相遇）时，才会发生上溢。因此，两个栈共享一个长度为 m 的向量空间和两个栈分别占用两个长度为 $\lfloor m/2 \rfloor$ 和 $\lceil m/2 \rceil$ 的向量空间比较，前者发生上溢的概率比后者要小得多。

3.1.3　链栈及运算的算法实现

通常链栈就是单链表,因此其节点结构与单链表的结构相同,栈顶指针就是单链表的头指针。

链栈存储结构的 C 语言描述如下:

```
typedef int DataType;
typedef struct Node
{    DataType data;
     struct Node * next;
} LinkStack;
LinkStack * top;            /*top 为栈顶指针*/
```

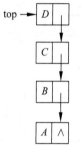

图 3.3　链栈存储结构
的图示

栈的插入、删除操作都是在栈顶进行的,因此把单链表的表头一端作为栈顶最方便。表头指针即为**栈顶指针**,由栈顶指针指向的表头节点就是**栈顶元素**。由于只在链栈的头部进行插入和删除操作,因此没有必要像单链表那样为了运算方便附加一个头节点。链栈存储结构的图示如图 3.3 所示,top 是栈顶指针,它唯一地确定了一个链栈,当 top==NULL 时,栈为空。

下面给出在链栈上实现栈的 5 种基本运算的 C 函数。

（1）初始化栈。

```
LinkStack * initLinkStack()
{    return NULL;
}
```

（2）判栈空。

```
int emptyLinkStack(LinkStack * top)
{    if (!top) return 1;
     else   return   0; }
```

（3）入栈。

```
LinkStack * pushLinkStack(LinkStack * top, DataType x)
{    LinkStack * s;
     s = (LinkStack * )malloc(sizeof(LinkStack));
     s -> data = x;
     s -> next = top;
     top = s; return top;
}
```

（4）出栈。

```
LinkStack * popLinkStack(LinkStack * top)            /*设栈不空*/
{    LinkStack * p;
     p = top;
```

```
        top = top->next;
        free(p);
        return top;
    }
```

（5）读栈顶元素。

```
DataType topLinkStack(LinkStack * top)              /* 设栈不空 */
{    return top->data;
    }
```

从上面的基本运算的实现过程可以看出,链栈的入栈和出栈就相当于在单链表的表头进行插入和删除操作,其时间复杂度为 $O(1)$。在链栈中,由于节点空间是动态申请和释放的,因此链栈没有溢出问题。

3.1.4　栈的应用

由于栈的"后进先出"特点,在很多实际问题中都利用栈作为一个辅助的数据结构进行求解。

【例 3.1】 将一个十进制正整数 N 转换为 r 进制的数。

以十进制正整数 N 转换为八进制的数为例,其转换方法是利用逐次除基数取余法。例如,十进制数 $N=1835$,基数 $r=8$,转换过程如下:

N	$N/8$（整除）	$N\%8$（取余）	
1835	229	3	低
229	28	5	
28	3	4	高
3	0	3	

所以,$(1835)_{10}=(3453)_8$。

在把十进制正整数转换为八进制数的过程中,是按照从低位到高位的顺序产生八进制的每位上的数字,而通常是从高位到低位输出每位上的数字,恰好与计算过程相反。这恰好与栈的"后进先出"的特点相符,因此可以利用栈来解决这个问题。在转换过程中,把得到的八进制数的每位进栈保存,转换完毕后按出栈顺序打印输出,则正好是所求的八进制数。十进制数转换为其他 r 进制数的原理与十进制数转换为八进制数相同,都利用的是"除基取余法",但当 $r>9$ 时,需要使用字母 $A,B,C,D,\cdots$,读者思考如何修改下面的算法。

转换算法中的主要步骤如下。

（1）当 $N\neq0$ 时,将 $N\%r$ 存入栈 s 中,然后用 N/r 代替 N,直到 $N=0$ 退出循环。

（2）只要栈 s 不空,就读出栈顶元素输出并把栈顶元素出栈。

进制转换算法的 C 函数如下:

```
void convert( int N, int r)
{    SeqStack * s;                        /* 定义一个顺序栈 */
```

```
        int x;
        s = initSeqStack();            /* 初始化栈为空 */
        while ( N )
        {    push(s ,N % r);           /* 余数入栈 */
             N = N / r ;               /* 商作为被除数,继续循环 */
        }
        while(!empty(s))
        {    x = top(s) ; pop(s);
             printf(" % d ",x);        /* 读出栈顶元素并打印 */
        }
    }
```

栈的引入简化了程序设计问题,使问题的求解层次更加清楚。上面的问题当然也可以用数组来实现,但是用数组实现不仅要关注问题本身,还要考虑数组下标的增减等细节问题。下面的算法中,就是把一个 int 型数组 S 加上一个 int 型变量 top 作为一个栈来使用,从而实现上述进制转换问题。

```
#define M 20
void conversion(int N, int r)
{    int s[M], x, top = -1;
     while(N)
     {    top++; s[top] = N % r; N = N / r; }
     while (top >= 0)
     {    x = s[top]; top-- ;
          printf(" % d",x);
     }
}
```

【例 3.2】　算术表达式中括号匹配的检查。

算术表达式中括号匹配的检查是栈的典型应用实例。假设表达式中只允许出现两种括号：方括号和圆括号,这两种括号可以嵌套,但必须成对出现。例如,[[()()]]或[()[]]等是正确的格式,而[]([)或([(][))等是不正确的格式。

上面的括号序列[[()()]]在依次输入前 3 个左括号时因为全是左括号都不可能得到匹配,但当遇到第 1 个")"时需要与第 3 个输入的"("匹配,而第 2 个")"要与它前面刚刚输入的"("匹配,第 1 个"]"要与第 2 个输入的"["匹配,而第 2 个"]"要与第 1 个输入的"["匹配。可以看出,右括号与左括号匹配时,后输入的左括号最先得到匹配,这正好与栈的性质相吻合。因此,可以用栈来实现括号匹配的检查。

括号不匹配的情况可能有如下 3 种：①刚到来的右括号不是所"期待"的,如需要匹配的是"(",而到来的却是"]"；②到来的右括号已经没有与之匹配的左括号,这种情况说明右括号多了,而左括号却少了；③直到结束,也没有到来所"期待"的右括号,这种情况说明左括号有多余的,缺少右括号。

用栈来实现括号匹配检查的原则是对表达式从左到右扫描。①当遇到左括号时,左括号入栈。②当遇到右括号时,首先检查栈是否为空,若栈为空,则表明该右括号多余；否则比较栈顶左括号是否与当前右括号匹配。若匹配,则将栈顶左括号出栈,继续操作;否则,表明不匹配,停止操作。③当表达式全部扫描完毕,若栈为空,则说明括号匹配,否则表明左括号有多余。

　　当然,括号匹配检查也可以延伸到任何成对出现的定界符,如引号、书名号等。对于出现在这些成对定界符之间的符号,在算法实现时只要跳过即可。判断一串带左右括号的字符序列是否匹配,其算法实现的 C 函数如下:

```c
int match()
{    SeqStack * s;
     char c,e;
     s = initSeqStack();
     scanf(" % c",&c);
     while (c!= '♯')                      /*以♯作为输入结束标志*/
     {    if((c == '(') || (c == '['))    /*左括号入栈*/
              push(s,c);
          else if((c == ')') || (c == ']'))
          {    if(!empty(s))
               {    e = top(s);
                    if((c == ')') &&(e == '(')||(c == ']') &&(e == '['))
                          pop(s) ;       /*左括号匹配栈顶元素出栈*/
                    else               /*出栈的左括号与要求匹配的右括号匹配不上*/
                    {    printf(" % c括号不匹配\n",c);
                         return 0;     }
               }
               else                    /*有右括号输入,栈为空,无匹配的左括号*/
               {    printf("右括号多了,不匹配\n") ;
                    return 0;
               }
          }
          scanf(" % c",&c);
     }/* while */
     if(!empty(s))                      /*输入结束后,栈中还有左括号,不匹配*/
     {    printf("左括号多了,括号不匹配\n") ;
          return 0;
     }
     else                              /*输入结束后,栈为空,匹配*/
     {    printf("括号匹配\n") ;
          return 1;
     }
}
```

　　栈的应用例子还有很多,如行编辑程序、迷宫求解和表达式求值等。栈中元素的操作特点是"后进先出",只要应用程序中的数据具有保存与使用时顺序相反,就可以考虑是否可以利用栈。

3.1.5 栈与递归

1. 递归

栈的一个重要应用是在计算机高级程序设计语言中实现递归。一个函数(过程)在其定义中直接或间接出现了对自身的引用就是一种递归,如阶乘运算。

$$n!=\begin{cases}1 & n=0 & /* \ 递归出口 \ */ \\ n\times(n-1)! & n>0 & /* \ 递归步骤 \ */\end{cases}$$

所谓递归,是指在对问题进行分解时,得到的是与问题性质相同的子问题,二者的解决方法相同,只是所处理的对象有所不同,但所处理对象之间的关系是有规律变化的。简单地说,也就是在某个处理过程中又包含了同样的处理方法,这时就可以考虑采用递归方法来解决。在递归方法中,首先必须有一个明确的结束递归的条件,称为递归出口,否则递归会无止境地进行下去;其次必须保证每次递归都更接近递归出口,直到到达出口,使递归过程结束。

上面的阶乘问题,要求的是 $n!$,可以把问题转换为 $n\times(n-1)!$,而求 $(n-1)!$ 时,又可转换为 $(n-1)\times(n-2)!$,…,每次都是一个数和另一个数的阶乘相乘的问题,并且被处理的对象又是有规律递减的,分别是 $n,n-1,n-2,…$,可见处理问题的性质是相同的,由此可用递归实现。在这个问题中,递归结束条件是 $n=0$,阶乘值为 1;随着递归过程的不断进行,n 的值逐渐递减,直到到达递归出口($n=0$),使递归过程结束。

2. 栈实现递归

在支持递归调用的计算机高级语言(如 C 语言、C++、Java 等)中,可以用递归函数来实现递归。一个函数在其定义的内部直接调用自身,这个函数就称为直接递归函数。根据阶乘问题的定义可以很自然地写出相应的递归函数。

```
long fact(int n)
{    long f;
    if(n == 0) f = 1;
    else   f = n * fact(n-1);
    return  f;
}
```

递归是程序设计中一个强有力的工具,在计算机科学和数学中有着广泛的应用。很多问题采用递归方法解决,可以使问题的描述和求解变得简洁和清晰。

一般来说,当问题本身或者所涉及的数据结构是递归定义的,设计算法时用递归方法比非递归方法更容易。本课程中的很多数据结构,由于结构本身固有的递归特性,使得某些运算可采用递归方法实现,如广义表的运算、二叉树的遍历和图的遍历等都可采用递归方法。此外,有些问题虽然没有明显的递归结构,但用递归求解更简单,如八皇后问题、汉诺塔问题等。

调用求阶乘函数的 main() 函数如下:

```
main()
{    long m; int n = 3;
     m = fact(n);
     printf(" % d!= % d\n",n,m) ;
}
```

程序的执行过程如图 3.4 所示。函数执行过程中,后调用的函数先返回,符合栈的特点。因此,对于函数调用时存储空间的分配和释放,系统以栈的方式来实现对存储空间的管理。

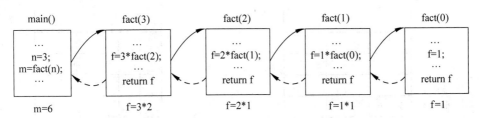

图 3.4 fact(3)的执行过程

函数在一个生命周期(包括调用、执行、结束)中所需要的信息,保存在 1 字节连续的存储区域(这个连续的存储区域也称为活动记录)。在这个存储区域中包含了形式参数、返回地址、局部变量、临时变量等信息。函数调用时,操作系统把程序运行时所需的数据空间组织成一个栈,以栈的形式分配和回收存储区域,由此实现主调函数和被调用函数间的信息传递和控制转移。每当调用一个函数时,就在栈顶为函数分配一个新的字节连续的存储区域,一旦本次调用结束,则将栈顶存储区域出栈,根据获得的返回地址信息返回到主调函数。递归函数的调用也遵循上述规则,只是主调函数和被调用函数是同一个函数而已。图 3.5 所示为递归调用过程中栈及栈中数据的变化状况。

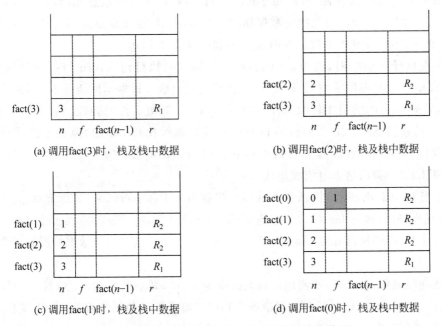

图 3.5 递归调用过程中栈及栈中数据的变化状况

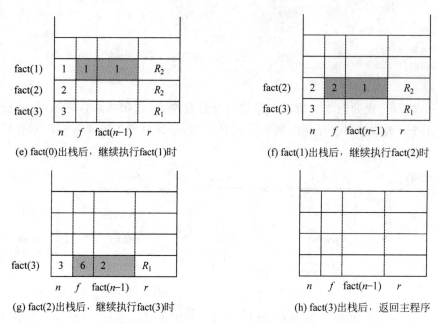

(e) fact(0)出栈后，继续执行fact(1)时　　　　　(f) fact(1)出栈后，继续执行fact(2)时

(g) fact(2)出栈后，继续执行fact(3)时　　　　　(h) fact(3)出栈后，返回主程序

图 3.5　(续)

(1) 当主函数执行到 m＝fact(n)时，要中断当前主函数的执行，开始调用函数 fact(3)，此时在栈顶保存函数调用的现场信息。对于 fact()函数，需要保存的信息有 4 个：n、f、fact($n-1$)的值以及返回到主调函数的地址 r，其中 R_1 为主函数调用 fact()时返回点地址，R_2 为 fact()函数中递归调用 fact($n-1$)时返回点地址。

(2) 调用 fact(3)时，栈及栈中数据如图 3.5(a)所示，返回地址为 R_1，fact($n-1$)即 fact(2)值未知。当 fact(3)执行到 $f＝3*fact(2)$时，由于 fact(2)未知，递归调用函数 fact(2)。这时系统在栈顶分配一块存储空间，由于都是 fact()函数，保存的信息相同，只不过其对应的值不同。调用 fact(2)时，栈及栈中数据如图 3.5(b)所示，返回地址是 R_2。同理，递归调用 fact(1)和 fact(0)，栈及栈中数据如图 3.5(c)和图 3.5(d)所示。

(3) 在执行 fact(0)时，由于 $n＝0$，$f＝1$，当 fact(0)执行到 return f 时，函数调用结束，这时释放 fact(0)所占用的空间，即 fact(0)数据空间出栈。根据返回地址 R_2 返回主调函数 fact(1)，并把 fact(0)的值 1 传给 fact(1)中的 fact($n-1$)处。注意，释放 fact(0)后栈顶正好是 fact(1)的数据空间。图 3.5(e)是 fact(0)出栈后继续执行 fact(1)但还未执行 return 语句时栈及栈中的数据情况，其中 f 值正好是 $n＝1$ 和返回的 fact(0)＝1 值的积。以此类推，fact(1)和 fact(2)调用结束时依次出栈。

(4) 当 fact(2)出栈后，栈顶是 fact(3)，根据 $n＝3$ 和 fact(2)＝2 计算出 $f＝6$，执行 return f 结束调用，这时 fact(3)出栈，返回到 main()函数，把 fact(3)＝6 值传给 m，$m＝6$，从返回地址 R_1 继续执行 main()函数。fact(1)～fact(3)出栈后及栈中数据情况如图 3.5(f)～图 3.5(h)所示。

上述递归调用 fact(n)，栈使用的最大深度为 $n+2$，其空间复杂度为 $O(n)$。每次递归调用执行一次 if 条件语句，其时间复杂度为 $O(1)$，整个算法包括主程序，共进行了 $n+2$ 次调用，其时间复杂度也为 $O(n)$。

3. 递归到非递归的转换

一般情况下,递归函数写起来容易但理解起来往往比较困难。另外,在有些程序设计语言中不允许编写递归函数。因此,如何将递归函数转换为非递归函数,就是经常要探讨的一个问题。通过递归函数的实现过程可以看出,递归函数的完成需要借助一个系统栈来保存中间结果。实际上,用户也可以在算法中设置栈来模拟系统栈的作用,从而将递归函数转换为非递归函数。这种方法在数据结构中有较多实例,如二叉树遍历算法的非递归实现和图的深度优先遍历算法的非递归实现等。理论上,用这种方法可以把所有的递归算法转换为非递归算法。以求阶乘为例,用栈将递归算法转换为非递归算法。

阶乘的非递归算法实现如下:

```
long fact2(int n)                /* 用栈实现非递归的阶乘运算 */
{   SeqStack * s;
    long f = 1;
    int i = n;
    s = initSeqStack();
    while(i > 0)
    {    push(s,i); i -- ; }
    while(!empty(s))
    {    i = top(s); f = f * i;   pop(s);   }
    return   f;
}
```

本算法的时间复杂度和空间复杂度都为 $O(n)$。

某些递归算法也可以通过循环结构转换为非递归算法实现。一般的尾递归函数(即递归调用语句是递归函数中的最后一条语句)都可以用这种方法转换为非递归实现。求阶乘运算的递归函数就是一个尾递归函数,可以采用循环结构转换为非递归算法。

用循环结构实现阶乘的非递归算法如下:

```
long fact1(int n)                /* 用循环结构实现非递归的阶乘运算 */
{   long f = 1;
    int i;
    for (i = 1;i <= n;i++) f = f * i;
    return f;
}
```

本算法的时间复杂度为 $O(n)$,与前两个算法相同;空间复杂度为 $O(1)$,比前两个算法要好,从线性级 $O(n)$ 下降为常量级 $O(1)$。

递归函数写起来比较容易,理解起来困难。如果掌握栈在实现递归过程中的作用,则会对理解递归函数有很大的帮助。

3.2 队列

3.2.1 队列的定义及运算

栈是一种后进先出的线性表,在实际问题中还经常使用一种"先进先出"的线性表:只允许在表的一端进行插入,而在表的另一端进行删除,将这种线性表称为**队列**(queue)。显然,队列也是一种运算受限的线性表。在队列中,把允许插入的一端称为**队尾**(rear),把允许删除的一端称为**队头**(front)。向队列中插入一个元素称为**入队**,从队列中删除元素称为**出队**。没有任何元素的队列称为**空队列**。队列中元素出队的顺序与其进入队列的顺序是一致的,最先入队的元素最先出队,所以队列又称为**先进先出**(first in first out,FIFO)的线性表,简称 **FIFO 表**。

图 3.6 所示是一个有 5 个元素的队列(a_1,a_2,a_3,a_4,a_5),其中 a_1 是队头元素,a_5 是队尾元素。队列中,入队的顺序依次为 a_1,a_2,a_3,a_4,a_5,出队的顺序将依然是 a_1,a_2,a_3,a_4,a_5。也就是说,只有在 a_1 出队后,a_2 才能出队。以此类推,只有在 a_1,a_2,a_3,a_4 出队后,a_5 才能出队。

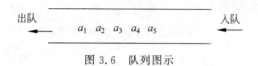

图 3.6 队列图示

在日常生活中队列的例子很多,如排队购物就是一个队列,排头的人先买完离开,新来的人排在队尾,等所有人买完离开后,就是一个空队列。程序设计中也经常使用队列。银行等机构实行的取号排队符合队列的特性,因此一般都采用队列实现。计算机操作系统允许多个进程同时运行,如果运行的结果都要通过通道输出,则会按请求的先后次序排队完成输出。在本书第 5 章二叉链表的建立和第 6 章图的广度优先遍历算法中,也应用了队列这种数据结构。

与栈的基本运算类似,队列上对应也有以下 5 个基本操作。

(1) 队列初始化 initQueue(q)。构造一个空队列。

(2) 判队空 emptyQueue(q)。若 q 为空队列则返回为 1,否则返回为 0。

(3) 入队 enQueue(q,x)。对已存在的队列 q,插入一个元素 x 到队尾,队发生变化。

(4) 出队 deQueue(q,x)。删除队头元素,并通过 x 返回其值,队发生变化。

(5) 读队头元素 frontQueue(q)。读队头元素,并返回其值,队不变。

在队列的运算定义中,也没有查找运算,这一点与栈的运算定义相同,因为队列也是运算受限的线性表,操作位置固定。

与栈相同,队列也可以采用顺序存储和链接存储方法。采用顺序存储方法的队列称为**顺序队列**(sequential queue)。采用链接存储方法的队列称为**链队列**(linked queue)。

3.2.2 顺序队列及运算的实现

顺序队列也是利用数组依次存放从队头到队尾的元素。类似顺序栈,可以将队头固定在数组的一端(下标为 0),设一个队尾指针指向队尾元素。然而,由于队头固定,这种顺序队列在做出队操作时,需要移动队列中的所有元素,大大影响了算法效率。为了不移动队列中的元素,增设队头指针指向队头元素。此时,队列的队头和队尾的位置都是变化的。

顺序队列存储结构的 C 语言描述如下:

```
#define MAXSIZE 1024          /*队列的最大容量*/
typedef int DataType;
typedef struct
```

```
{      DataType data[MAXSIZE];          /*队员的存储空间*/
       int rear, front;                 /*队头、队尾指针*/
}SeQueue;
SeQueue   * sq;                          /*定义一个指向队列的指针变量*/
```

使用队列时,同栈一样要将队列初始化为空队列。一般规定队头指针等于队尾指针时为空队列,队列初始化为空的操作为 sq->front=sq->rear=-1。为了避免只剩一个元素时,队头和队尾重合使处理变得麻烦,设计队列时可将队头指针 front 指向队头元素前面一个位置,队尾指针 rear 指向队尾元素位置(也可将 front 指向队头元素位置,队尾指针 rear 指向队尾元素的下一个位置),这种方式设置的指针依然保证了空队列的条件为 sq->front==sq->rear。

按照上述规定,入队、出队时头尾指针及队列中元素之间的关系如图 3.7 所示(设 MAXSIZE=6)。在不考虑溢出的情况下,执行入队操作时,队尾指针加 1,指向原队尾元素的下一个位置,然后在新位置上存储元素,用 C 语言描述如下:

```
sq->rear = sq->rear + 1;
sq->data[sq->rear] = x;              /*把 x 写入队尾位置*/
```

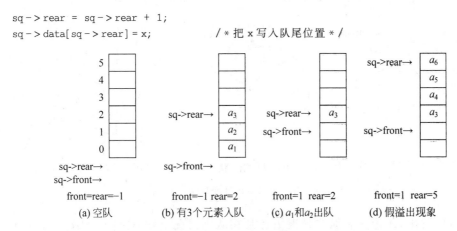

图 3.7　顺序队列头尾指针及队列中元素之间的关系

在不考虑队空的情况下,出队操作为队头指针加 1,指向原队头元素位置,表明队头元素出队,并把原队头元素保存在 x 中,用 C 语言描述如下:

```
sq->front = sq->front + 1;
x = sq->data[sq->front];             /*把出队元素值赋给 x*/
```

随着入队、出队的进行,当出现图 3.7(d)中的现象时,sq->rear=MAXSIZE-1,队尾指针已经移至最后,再有元素入队就会出现“溢出”现象。但从图 3.7(d)中可以看出,队列中并未真正的“满员”,还有空闲的空间可供利用,这种现象称为“假溢出”。解决“假溢出”的简单方法是将队列的数据区假想成一个头尾相接的环形结构,也就是 sq->data[0]紧接在 sq->data[MAXSIZE-1]之后,如图 3.8 所示,称其为“循环队列”。在循环队列中,头尾指针的关系不变,进行入队、出队操作时,头尾指针顺时针方向移动。

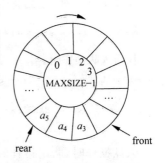

图 3.8　循环队列图示

　　设 MAXSIZE＝6，图 3.9 是循环队列中指针变化情况图示。图 3.9(a)是循环队列的一般状态，具有 a_3，a_4 两个元素，队头元素是 a_3，队尾元素是 a_4；图 3.9(b)是 a_3 和 a_4 相继出队后，队空了，此时 sq－＞front＝＝sq－＞rear＝＝3；图 3.9(c)a_5，a_6，a_7 相继入队，当 a_6 入队后，sq－＞rear＝5，到了数组的上界，当 a_7 入队时，由于是循环队列，且数组下标为 0 的单元为空闲，因此 a_7 存放在 sq－＞data[0]位置，sq－＞rear＝0；图 3.9(d)a_8，a_9，a_{10} 相继入队，此时所有空间均被占用，队满了，且有 sq－＞front＝＝sq－＞rear＝＝3。

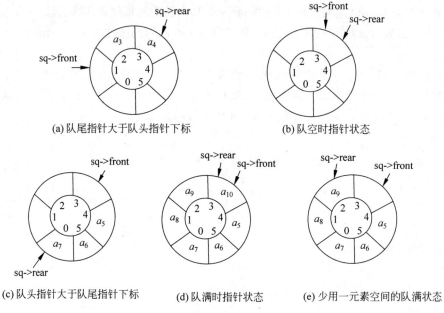

(a)队尾指针大于队头指针下标　　　　　　　(b)队空时指针状态

(c)队头指针大于队尾指针下标　　(d)队满时指针状态　　(e)少用一元素空间的队满状态

图 3.9　循环队列中指针变化情况图示

　　由此可以看出，无论是在队空情况下还是在队满情况下均有 sq－＞front＝＝sq－＞rear，也就是说队满和队空的条件是相同的，出现这种情况显然不允许。解决方法有两种：一种是附设一个标志变量以区别是队空还是队满，例如可以设存储队列中元素个数的变量 num，当 num＝0 时队空，当 num＝MAXSIZE 时队满；另一种方法是在循环队列中少用一个元素空间，即把图 3.9(e)所示的情况视为队满，此时的状态是队尾指针加 1，就会从后面赶上队头指针。本节讨论的队列是采用后一种方法表示队满。

　　对于循环队列，**初始化队空操作**的 C 语言描述如下：

```
q - > front = q - > rear = MAXSIZE - 1
```

　　执行入队操作时，当 sq－＞rear＝＝MAXSIZE－1 时，做 sq－＞rear＋1 运算后，应使 sq－＞rear＝0；否则 sq－＞rear＝sq－＞rear＋1，可以用 C 语言中的 if 语句实现：

```
if(sq - > rear == MAXSIZE - 1) sq - > rear = 0;
else sq - > rear++;
```

　　入队操作时，队尾指针的移动更简单的方法是用"模运算"，用 C 语言描述如下：

```
sq - > rear = (sq - > rear + 1) % MAXSIZE;
```

出队操作时,队头指针移动的 C 语言描述如下:

```
sq -> front = (sq -> front + 1) % MAXSIZE;
```

判断队满的条件的 C 语言描述如下:

```
(sq -> rear + 1) % MAXSIZE == sq -> front;
```

队列中元素个数的 C 语言描述如下:

```
(sq -> rear - sq -> front + MAXSIZE) % MAXSIZE;
```

下面给出实现循环队列基本运算的 C 函数。

(1) 队列初始化。

```
SeQueue * initSeQueue()
{    SeQueue * q;
     q = (SeQueue *) malloc(sizeof(SeQueue));
     q -> front = q -> rear = MAXSIZE - 1;
     return q;
}
```

(2) 判队空。

```
int emptySeQueue(SeQueue * sq)
{    if(sq -> front == sq -> rear) return 1;
     else     return 0;
}
```

(3) 入队。

```
int enSeQueue(SeQueue * sq, DataType x)
{    if((sq -> rear + 1) % MAXSIZE == sq -> front)
     {   printf("队满"); return 0; }                    /* 队满不能入队 */
     else
     {   sq -> rear = (sq -> rear + 1) % MAXSIZE;
         sq -> data[sq -> rear] = x;
         return 1; }                                    /* 入队完成 */
}
```

(4) 出队。

```
void deSeQueue(SeQueue * sq, DataType * x)
{    sq -> front = (sq -> front + 1) % MAXSIZE;
     * x = sq -> data[sq -> front];          /* 读出队头元素通过指针 x 返回主调函数 */
}
```

(5) 读队头元素。

```
DataType frontSeQueue(SeQueue * sq)
{    int front;
```

```
front = (sq -> front + 1) % MAXSIZE;
return sq -> data[front]; }
```

注意：用户在调用出队和读队头元素操作前，需要判断队列是否为空。同样地，后面的链队列调用出队和读队头元素操作前也要判断队列是否为空。循环队列的初态和终态都可以为空，因此队空可作为程序转移的判定条件。

3.2.3　链队列及运算的实现

采用带头节点的单链表来实现链队列，链队列中的节点类型与单链表相同。由于队列只允许在表头进行删除表尾进行插入，因此可以设一个头指针 front 指向队头节点，一个尾指针 rear 指向队尾节点，使得在队尾的入队和队头的出队操作时间复杂度都是 $O(1)$。如果只设头指针，虽然也可以实现在队尾的入队操作，但队尾入队的时间复杂度将为 $O(n)$。头指针 front 和尾指针 rear 是两个独立的指针变量，从结构性上考虑，通常将二者封装在一个结构体中，链队列的存储结构用 C 语言描述如下：

```
typedef int DataType;
typedef struct Node
{     DataType data;
      struct Node * next;
} LQNode;          /* 链队列节点的类型 */
typedef struct
{     LQNode * front, * rear;
}LQueue;           /* 将头、尾指针封装在一起的链队列 */
LQueue * q;        /* 定义一个指向链队列的指针 */
```

为了使空队列和非空队列上的操作尽可能相同，一般在链队列的队头元素前加一个头节点，这样头指针 front 指向头节点，尾指针 rear 指向队尾节点。按这种思想建立的带头节点的链队列一般情况如图 3.10(a)所示。图 3.10(b)是空链队列，头指针和尾指针都指向头节点，由此可知队空的判定条件是 q->front==q->rear。图 3.10(c)是只包含一个节点的链队列，此时元素出队，需要改变尾指针的指向。

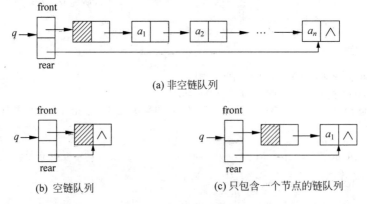

图 3.10　链队列图示

另外,还有一种更简单的链队列实现方法,就是用设尾指针的带头节点的单循环链表来存储队列中的元素。这种单循环链表在第 2 章介绍过,如图 3.11 所示。虽然只设了一个尾指针 r,但是找头节点的指针非常容易,即 $r->$next,队头元素的指针为 $r->$next$->$next,队空的判定条件是 $r->$next$==r$。这种表示法比图 3.10(a)所示的链队列更简单,同时还减少了队头、队尾指针的节点($*q$)所占的空间。

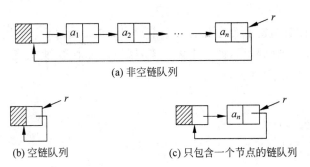

(a) 非空链队列

(b) 空链队列　　　　　　　　(c) 只包含一个节点的链队列

图 3.11　单循环链表链队列的图示

下面给出在图 3.11 所示的链队列上实现队列基本运算的 C 函数。

(1) 创建一个带头节点的空队。

```
LQNode * initLQueue()
{   LQNode * r;                               /* 链队列尾指针 */
    r = (LQNode * )malloc(sizeof(LQNode)); /* 申请链队列头节点空间,且使 r 指向头节点 */
    r -> next = r;
    return r;
}
```

(2) 判队空。

```
int   emptyLQueue(LQNode * r)
{     if (r -> next == r) return 1;
      else return 0;
}
```

(3) 入队。

```
LQNode * enLQueue(LQNode * r, DataType x)
{   LQNode * p;
    p = (LQNode * )malloc(sizeof(LQNode));          /* 申请新节点空间 */
    p -> data = x; p -> next = r -> next;
    r -> next = p; r = p;
return r;   }
```

在入队操作时,由于尾指针会改变,因此函数要返回尾指针的值。

(4) 出队。

```
LQNode * deLQueue(LQNode * r, DataType * x)
{   LQNode * p;
    p = r -> next -> next;                    /* 取队头元素 */
```

```
    if (p==r)      /* 只有一个元素时,出队后队空,此时要修改队尾指针使其指向头节点 */
    {  r=r->next;r->next=r; }
    else r->next->next=p->next;    /* 队列中超过一个元素时,设置新的队头元素 */
     *x=p->data;                    /* 原队头元素用指针 x 带回主调函数 */
    free(p);
    return r;
}
```

出队操作需要注意当链队列中只有一个节点时,如图 3.11(c)所示,尾指针指向唯一的这个节点,当这个节点被删除后,队列中无元素,尾指针无所指,此时还要修改队尾指针使其指向头节点,表明队列已为空。

(5) 读队头元素。

```
DataType frontLQueue(LQNode * r)
{    return r->next->next->data;
}
```

顺序存储的循环队列需要预先设定一个队列的最大长度,若用户无法预先估计队列的长度,此时用链队列比较好。

3.3　栈与队列的比较

栈和队列都是运算受限的线性表,它们之间有很多的相似之处,但也有区别。

1. 具有相同的逻辑结构

从逻辑关系上看,栈和队列都是线性表,都具有线性结构的逻辑特征,元素之间都是一对一的线性关系。同线性表一样,栈或队列都可以用其结构中的元素序列来表示数据的逻辑结构,例如,栈 $S=(a_1,a_2,\cdots,a_n)$,队列 $Q=(a_1,a_2,\cdots,a_n)$。

2. 采用相同的存储方式

常用的两种存储方式包括顺序存储和链接存储,都适用于栈和队列存储结构的设计。用顺序存储方式的栈称为顺序栈,用链接存储方式的栈称为链栈。用顺序存储方式的队列称为顺序队列,用链接存储方式的队列称为链队列。

3. 具有不同的运算特点

栈和队列的主要区别是在运算上。同线性表的运算相比,栈和队列在操作上受到限制。线性表可以在元素序列的任何位置上进行插入、删除操作,一般在操作前需要先查找到相应的元素,然后才能进行相应的插入或删除操作。查找运算往往是线性表上使用频率最高的操作,查找、插入、删除的时间复杂度一般为 $O(n)$。栈和队列的插入和删除运算都限制在线性表的表端完成。若限制插入和删除运算都在表的一端完成即为栈;若限制插入运算在表的一端完成,删除运算在表的另一端完成,就是队列。完成栈的插入、删除运算的一端一般是线性表的终止端,所以栈的插入、删除操作与线性表在表尾进行的插入、删除操作相同。

对于队列,完成插入运算的一端通常为表尾,完成删除运算的一端通常为表头,所以队列的插入、删除操作等同于线性表在表尾插入、表头删除。由此可知,栈和队列的插入及删除运算时间复杂度都可以达到 $O(1)$。由于栈和队列的插入、删除操作都在固定的位置,因此在栈和队列上不需要查找运算。总结栈和队列的运算特点,可得到栈和队列的另一种称谓:栈又叫"后进先出"(LIFO)的线性表;队列又叫"先进先出"(FIFO)的线性表。

4．具有广泛的应用价值

计算机的软件系统中有很多使用栈和队列的例子,实际应用时主要根据它们的特点选择使用哪一种结构。前面介绍的栈与递归是栈的最典型应用之一,在函数调用过程中,操作系统利用栈的方式管理存储空间的申请和释放。在处理所有具有对称关系的数据(如{ }、[ ]、( )、" "等)时,都可以用栈来检查其匹配的正确性。此外,迷宫求解、汉诺塔、四则运算表达式求值、序列逆转等问题都可以通过栈来实现。队列的应用也很多。在操作系统中,经常使用的先来先服务原则就是通过队列来实现的。银行等机构的排号系统也可以通过队列实现。总之,要根据栈和队列的特点来充分发挥它们在程序设计中的作用。

小结

栈和队列是在解决实际问题中广泛使用的两种典型结构。从逻辑结构上看,它们都是线性表;从存储结构上看,它们可以和线性表一样,进行顺序存储和链接存储;与线性表不同的是,栈和队列上定义的运算不一样。所以,栈和队列都是运算受限的线性表。栈的插入和删除运算限制在表的一端完成;而队列的插入和删除运算分别限制在表的两端完成。由于栈和队列上的插入和删除运算位置已经固定,因此不需要查找运算。同样地,由于栈和队列在运算上的限制,使得它们各自呈现出明显的特点(LIFO 和 FIFO)。利用栈和队列的不同特点,根据不同应用中数据的使用特性,可以选择栈或者队列作为某些算法设计中的辅助数据结构。

本章重点:

(1) 栈与队列的定义及特点,两种结构中基本运算的定义。

(2) 根据栈和队列的特点,选择栈或者队列在解决实际问题中的具体体现。

(3) 循环队列的设计方法,队空、队满的判断条件,入队、出队的操作方法,队列中元素个数的计算公式。

习题

一、名词解释

1．栈

2．队列

3．顺序栈

4．链队列

二、选择题

1. 设一个栈的输入序列是 1,2,3,4,5,则下列序列中,栈的合法输出序列是(　　)。

A. 5 1 2 3 4　　　　B. 4 5 1 3 2　　　　C. 4 3 2 1 5　　　　D. 3 5 2 4 1

2. 设有一个顺序栈,元素 1,2,3,4,5 依次进栈,如果出栈顺序是 2,4,3,5,1,则栈的容量至少是(　　)。

A. 1　　　　　　　B. 2　　　　　　　C. 3　　　　　　　D. 4

3. 若用一个大小为 6 的数组来实现循环队列,且当前 rear 和 front 的值分别为 0 和 3,当入队一个元素,再出队两个元素后,rear 和 front 的值分别为(　　)。

A. 1 和 5　　　　　B. 2 和 4　　　　　C. 4 和 2　　　　　D. 5 和 1

4. 递归函数调用时,需要使用(　　)数据结构来处理参数、返回地址等信息。

A. 队列　　　　　B. 多维数组　　　　C. 栈　　　　　　D. 线性表

三、填空题

1. 栈和队列都是操作受限的线性表,栈的运算特点是_____,队列的运算特点是_____。

2. 若序列 a、b、c、d、e 按顺序入栈,假设 P 表示入栈操作,S 表示出栈操作,则操作序列 $PSPPSPSPSS$ 后得到的输出序列为_____。

3. 已知一个顺序栈 $*s$,栈顶指针是 top,它的容量为 MAXSIZE,则判断栈空的条件为_____,栈满的条件是_____。

4. 对于队列来说,允许进行删除的一端称为_____,允许进行插入的一端称为_____。

5. 某循环队列的容量 MAXSIZE=6,队头指针 front=3,队尾指针 rear=0,则该队列有_____个元素。

四、简答题

1. 栈上的基本运算有哪些?

2. 给出循环顺序队列的存储结构图示及 C 语言描述。

3. 简述栈和队列的联系与区别。

五、写出下列程序段的输出结果

1. 栈为本章定义的顺序栈,栈中的元素类型为 char。

```c
void main()
{
    SeqStack * S;
    char x, y,ch;
    S = initSeqStack();
    x = 'o'; y = 'e';
    push(S, 'l');  push(S, x); push(S, 'o');  pop(S);
    push(S,'v'); push(S, 'k');  pop(S);push(S,y);
    while(!StackEmpty(S))
    {
        ch = top(S);
        printf(" % c",ch);
    }
}
```

2. 队列为本章定义的循环队列,队列中的元素类型为 char。

```
void main()
{    SeQueue * Q;
     char ch1 = 'M',ch2 = 'G';
     char * x = &ch1, * y = &ch2;
     Q = initSeQueue();
     enSeQueue(Q,'I');
     enSeQueue(Q,'L');
     enSeQueue(Q, y);
     deSeQueue(Q, x);
     enSeQueue(Q, x);
     deSeQueue(Q, x);
     enSeQueue(Q,'R');
     While(!emptySeQueue(Q))
     {
         deSeQueue(Q,y);
         printf(" % c", * y);
     }
     printf(" % c", * x);
}
```

六、算法设计题

1. 通常称正读和反读都相同的字符序列为"回文",如 abcdeedcba 和 abcdcba 都是回文。若字符序列存储在一个单链表中,编写算法判断此字符序列是否为回文(提示:将一半字符先依次进栈)。

2. 假设以数组 $a[m]$ 存放循环队列的元素,同时设变量 rear 和 length 分别作为队尾指针和队中元素个数,试给出判别此循环队列的队满条件,并写出相应入队和出队的算法(在出队的算法中要返回队头元素)。

第4章 多维数组和广义表

【学习目标】

- 理解二维数组的逻辑结构特征,掌握二维数组的顺序存储地址公式。
- 理解特殊矩阵的压缩存储方式,掌握根据下标计算存储地址的方法。
- 了解稀疏矩阵的表示及存储方法。
- 理解广义表的定义、分类及运算。

【思维导图】

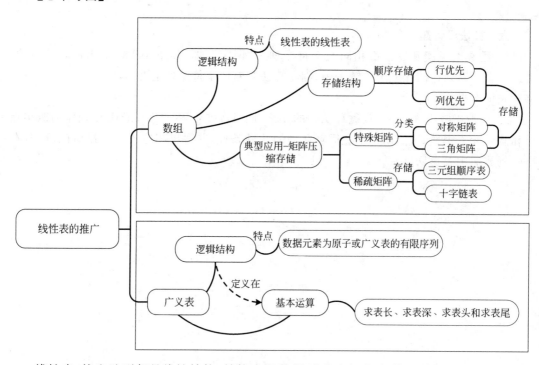

　　线性表、栈和队列都是线性结构,结构中的数据元素之间存在着一对一的关系,而且数据元素都属于原子类型。本章讨论的多维数组和广义表是线性结构的推广,从整体上看它们是多个元素组成的线性表,而从局部上看线性表中的数据元素不一定是原子类型,即数据元素又可以具有某种数据结构。在计算机中,数组是相同类型的数据集合,多维数组在数值计算和图形应用方面有着广泛的应用。

4.1 多维数组

数组是一种非常熟悉的数据类型,几乎所有的编程语言都设置了数组结构。

数组中的元素具有相同类型,且数组元素的下标一般具有固定的上界和下界。在高级程序设计语言中,合理地使用数组,会使程序结构整齐、运算简单。例如,写算法求 100 个整数的和,那么就可以定义一个长度为 100 的整型数组保存数据,并用循环实现求和,而不是定义 100 个变量;又如在排序运算中,待排序的数据元素类型相同,便可以存储在数组中实现各种排序算法。

数组可以是一维的,也可以是多维的。

一维数组就是一个线性表。二维以上的数组称为**多维数组**。多维数组包括二维数组、三维数组、……、n 维数组等。本章主要以二维数组为例来分析多维数组的逻辑结构特征和存储结构。

1.二维数组的逻辑结构

二维数组是一维数组的推广,可以看成由多个一维数组组成。图 4.1 所示的矩阵 A_{mn}(二维数组)包含有 m 个行向量和 n 个列向量,它既可看成由 m 个行向量组成的线性表,也可看成由 n 个列向量组成的线性表。这里要说明一点,为了与 C 语言中数组的"下标从 0 开始"保持一致,在本章所有二维数组的例子中,第一个元素都为 a_{00},即下标从 0 开始。

二维数组的逻辑结构具有如下特征:

(1) A_{00} 为开始节点,它没有直接前趋;

(2) $A_{M-1,N-1}$ 为终端节点,它没有直接后继;

(3) 节点 $A_{0,N-1}$ 和 $A_{M-1,0}$ 都有一个直接前趋和一个直接后继;

(4) 除以上 4 个节点外,第一行和第一列的元素都有一个直接前趋和两个直接后继,最后一行和最后一列的元素都有两个直接前趋和一个直接后继;

(5) 其余的非边界元素 A_{ij} 同时处于第 $i+1$ 行的行向量中和第 $j+1$ 列的列向量中,都有两个直接前趋和两个直接后继。

2.二维数组的存储结构

二维数组中的元素具有相同类型,且通常在定义之后,元素的个数及元素之间的关系都不会改变,即没有插入和删除运算,因此,二维数组一般采用顺序存储方式。

由于内存单元是一维的线性结构,而二维数组中元素之间的关系是非线性的,因此若要采用顺序方式存储二维数组,首先需要将二维数组中的元素按照某种原则排列成线性序列,然后再依次存放到连续的存储单元中。通常二维数组有**行优先**和**列优先**两种排列原则。大多数计算机高级语言中的二维数组都采用行优先原则,例如 C 语言和 Pascal 语言,而FORTRAN 语言中的数组采用的是列优先原则。

(1) 行优先原则(行序),是指按行的顺序依次排列二维数组中的数据元素。如将图 4.1中的二维数组 A_{mn} 按行优先原则排列,元素的线性序列为:$a_{00}, a_{01}, \cdots, a_{0,n-1}, a_{10}, a_{11}, \cdots,$$a_{1,n-1}, \cdots, a_{m-1,0}, a_{m-1,1}, \cdots, a_{m-1,n-1}$。

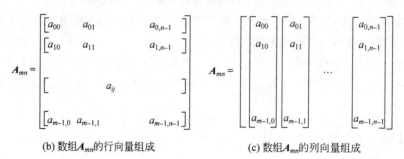

(a) 数组 A_{mn} 的矩阵形式

(b) 数组 A_{mn} 的行向量组成　　　(c) 数组 A_{mn} 的列向量组成

图 4.1　二维数组 A_{mn} 的图示

（2）列优先原则（列序），是指按列的顺序依次排列二维数组中的数据元素。如将图 4.1 中的二维数组 A_{mn} 按列优先原则排列，元素的线性序列为：$a_{00}, a_{10}, \cdots, a_{m-1,0}, a_{01}, a_{11}, \cdots,$ $a_{m-1,1}, \cdots, a_{0,n-1}, a_{1,n-1}, \cdots, a_{m-1,n-1}$。

二维数组进行顺序存储时，数据元素无论是按行优先还是列优先原则排列，其存储地址都可以根据数组的首地址、元素的存储空间大小及元素的下标计算出来，从而实现随机存取。二维数组 A_{mn} 中，元素 a_{ij} 的地址应该是数组首地址加上排在 a_{ij} 前面的元素个数乘以每个元素所占字节数。设每个元素占 d 字节，数组中的第一个元素为 a_{00}，数组首地址为 $\mathrm{LOC}(a_{00})$，元素 a_{ij} 位于第 $i+1$ 行第 $j+1$ 列，则排在 a_{ij} 前面的元素个数取决于元素的排列原则。

若以行优先原则存储二维数组，内存状态如图 4.2 所示，则元素 a_{ij} 的前面共有 i 行元素，在第 $i+1$ 行中，元素 a_{ij} 的前面有 j 个元素，由此排在前面的元素共有 $i \times n + j$ 个。

a_{ij} 的地址为：$\mathrm{LOC}(a_{ij}) = \mathrm{LOC}(a_{00}) + (i \times n + j) \times d$。

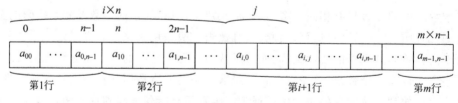

图 4.2　行优先原则存储二维数组 A_{mn} 时的内存状态

同理，若以列优先原则存储二维数组，内存状态如图 4.3 所示。元素 a_{ij} 的前面共有 j 列元素，在第 $j+1$ 列中，元素 a_{ij} 的前面有 i 个元素，由此排在前面的元素共有 $j \times m + i$ 个。

a_{ij} 的地址为：$\mathrm{LOC}(a_{ij}) = \mathrm{LOC}(a_{00}) + (j \times m + i) \times d$。

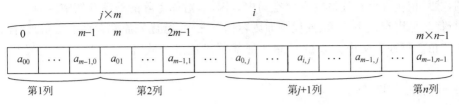

图 4.3　列优先原则存储二维数组 A_{mn} 时的内存状态

　　熟悉了二维数组的逻辑特征和存储方法后,很容易推广到多维数组。三维数组可以看成是由多个二维数组组成的线性表,三维数组中的每个元素最多有 3 个直接前趋和 3 个直接后继。同样,行优先原则和列优先原则也可以推广到多维数组的存储,按行优先原则存储元素时先排最右的下标,按列优先原则存储元素时先排最左的下标。得到行优先或列优先序列后,把它们依次存放在连续的内存空间中,得到多维数组的顺序存储。多维数组也可以实现随机存取。多维数组的地址公式读者可自行推导,这里不再阐述。

4.2　矩阵的压缩存储

　　计算机在处理工程问题时,通常使用二维数组来存储矩阵。但是实际问题中的矩阵往往阶数较大,而有效数据(非零元素)相对较少。若用上面讨论的二维数组存储,其存储密度小(存储了大量的零元素),浪费了存储空间。存储矩阵中元素时用什么方法可以节省存储空间? 这就是本节要研究的矩阵的压缩存储。

　　矩阵的**压缩存储**通常是指在存储数据元素时,只存储非零元素或为多个相同的非零元素分配一个存储空间,对零元素不分配空间。

　　矩阵的压缩存储需要解决的问题如下:

　　(1) 确定压缩存储后存放数据的一维数组的空间大小。

　　(2) 确定二维数组下标 i 和 j 与一维数组下标 k 的对应关系。

4.2.1　特殊矩阵

　　所谓特殊矩阵是指非零元素分布有一定规律的矩阵。数学中的对称矩阵、三角矩阵(上三角阵、下三角阵)及对角矩阵都属于特殊矩阵。这些特殊矩阵都是 n 阶方阵,可以根据非零元素的分布规律进行压缩存储。当然,不同的特殊矩阵中非零元素的分布规律不同,压缩存储的方法也不同。

1. 对称矩阵

　　满足 $a_{ij}=a_{ji}(0\leqslant i,j\leqslant n-1)$ 的 n 阶方阵称为对称矩阵。图 4.4(a)为一个 n 阶的对称矩阵。

　　在对称矩阵中,数据元素按主对角线对称,因此只需存储下三角或上三角中的元素即可,这会节约近一半的存储空间。上三角或下三角中的元素如何存储? 其存储原理与二维数组的顺序存储原理相同,先按照行优先或列优先原则将上三角或下三角中的元素排成线性序列,然后依次存储在连续的存储空间中。因此,对称矩阵的顺序存储结构通常有 4 种方法,即行优先原则存储下三角、列优先原则存储下三角、行优先原则存储上三角、列优先原则存储上三角。每种方法中元素的存储地址都可以通过公式计算出来,即具有随机存取的特点。

1) 行优先原则存储下三角

按行排列下三角中的元素(包括主对角线)成线性序列,再依次存储在一维数组中。

以图 4.4(a)所示的 n 阶方阵为例,行优先原则存储下三角时元素的排列顺序如图 4.4(b)所示,存储在一维数组中如图 4.4(c)所示。

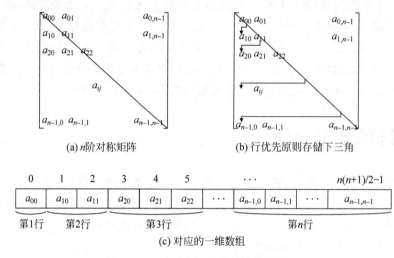

(a) n阶对称矩阵　　　　　　(b) 行优先原则存储下三角

图 4.4　n 阶对称矩阵的压缩存储图示

首先确定一维数组的空间大小,由于下三角(包括对角线)中共有 $n(n+1)/2$ 个数据元素,因此不妨用长度为 $n(n+1)/2$ 的数组 sa 存储下三角中的元素。然后确定元素 $a_{ij}(i \geqslant j)$ 在一维数组中的下标 k。对于下三角中任一数据元素 $a_{ij}(i \geqslant j)$,它位于第 $i+1$ 行的第 $j+1$ 列,则排在它前面的 i 行元素共有 $1+2+3+\cdots+i-1+i=i(i+1)/2$ 个,在第 $i+1$ 行中排在它前面的元素有 j 个,因此排在它前面的元素共有 $i(i+1)/2+j$ 个。由于一维数组的下标从 0 开始,因此 a_{00} 在一维数组中的下标为 0,元素 a_{ij} 在一维数组中的下标为 $i(i+1)/2+j$。

若要访问上三角中的元素 $a_{ij}(i<j)$,则根据对称矩阵的性质,可通过对 a_{ji} 的访问来实现,即把 i 和 j 互换,因此下标的计算公式为 $k=j(j+1)/2+i$。综上可得,元素 a_{ij} 在一维数组中的下标 k 的计算公式为:

$$k = \begin{cases} i(i+1)/2+j, & i \geqslant j(\text{下三角}) \\ j(j+1)/2+i, & i < j(\text{上三角}) \end{cases}$$

若令 $I=\max(i,j),J=\min(i,j)$,则上式可总结为:$k=I(I+1)/2+J$。

2) 列优先原则存储下三角

列优先原则存储下三角与行优先原则存储下三角的方法相同。将下三角元素按照列优先原则排列,然后依次存储在长度为 $n(n+1)/2$ 的数组 sa 中,数组中的数据排列如图 4.5 所示。

对于下三角中任一数据元素 $a_{ij}(i \geqslant j)$,它位于第 $i+1$ 行的第 $j+1$ 列,则排在它前面

0	1	2	$\cdots$	$n-1$	n	$n+1$	$\cdots$	$n(n+1)/2-1$
a_{00}	a_{10}	a_{20}	$\cdots$	$a_{n-1,0}$	a_{11}	a_{21}	$\cdots$	$a_{n-1,n-1}$

图 4.5　对称矩阵以列优先原则存储下三角时的内存状态

的 j 列元素共有 $n+(n-1)+(n-2)+\cdots+(n-j+1)=j(2n-j+1)/2$ 个,在第 $j+1$ 列中排在它前面的元素还有 $i-j$ 个,因此排在它前面的元素共有 $j(2n-j+1)/2+i-j$ 个。由于数组的下标从 0 开始,因此下三角元素 a_{ij} 在数组中的下标为 $j(2n-j+1)/2+i-j$。

若访问的元素 $a_{ij}(i<j)$ 属于上三角中的元素,则根据对称矩阵的性质,可通过对 a_{ji} 的访问来实现,即把 i 和 j 互换,因此下标的计算公式为 $i(2n-i+1)/2+j-i$。由此得到元素 a_{ij} 在数组中的下标 k 的计算公式为:

$$k=\begin{cases} j(2n-j+1)/2+i-j, & i \geqslant j（下三角） \\ i(2n-i+1)/2+j-i, & i<j（上三角） \end{cases}$$

若令 $I=\max(i,j)$,$J=\min(i,j)$,则上式可总结为:$k=J(2n-J+1)/2+I-J$。

3) 行优先原则存储上三角

行优先原则存储上三角与列优先原则存储下三角对称,因此地址公式相同,这里不再给予证明。

$$k=\begin{cases} j(2n-j+1)/2+i-j, & i > j（下三角） \\ i(2n-i+1)/2+j-i, & i \leqslant j（上三角） \end{cases}$$

4) 列优先原则存储上三角

列优先原则存储上三角与行优先存储下三角对称,因此地址公式相似,具体如下:

$$k=\begin{cases} i(i+1)/2+j, & i > j（下三角） \\ j(j+1)/2+i, & i \leqslant j（上三角） \end{cases}$$

2. 三角矩阵

三角矩阵包括上三角阵和下三角阵两种。下三角阵如图 4.6 所示,它的主对角线以上(不包括对角线)元素均为常数 C(通常为 0)。而上三角阵与下三角阵对应,主对角线以下(不包括对角线)元素均为常数 C。利用压缩存储的原理,只为三角矩阵中的相同元素 C 分配一个存储单元,且当常数 C 为零时,不分配存储空间,其余的上三角或下三角元素需要用 $n(n+1)/2$ 个单元存储。

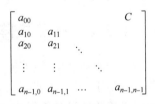

$$\begin{bmatrix} a_{00} & & & & C \\ a_{10} & a_{11} & & & \\ a_{20} & a_{21} & \ddots & & \\ \vdots & \vdots & & \ddots & \\ a_{n-1,0} & a_{n-1,1} & \cdots & & a_{n-1,n-1} \end{bmatrix}$$

图 4.6　下三角矩阵

以图 4.6 中的下三角阵为例,若常数 C 为零时,下三角阵的存储内容与对称矩阵只存储下三角阵时相同。

若常数 C 不为零,则可以定义长度为 $n(n+1)/2+1$ 的数组 sa 存储矩阵中的元素,前 $n(n+1)/2$ 个单元用来存储上三角中的元素,最后一个单元用来存储常数 C。若下三角阵以行优先原则存储,则地址公式与对称矩阵的行优先原则存储下三角的地址公式相似,即下三角阵中的任意一个元素的下标 k 应为:

$$k = \begin{cases} i(i+1)/2 + j, & i \geqslant j \text{（下三角）} \\ n(n+1)/2, & i > j \text{（上三角，即常数 } C \text{ 的下标）} \end{cases}$$

同理，读者可推导其他存储形式的地址公式，这里不再赘述。

3. 三对角矩阵

所有非零元素都集中在主对角线及主对角线两侧的两条辅对角线，其余部分全部为零的 n 阶方阵为三对角矩阵。图 4.7 所示为 5 阶的三对角阵。三对角阵可以按照行优先原则、列优先原则进行存储，每一种存储方式下都存在非零元素的下标与一维数组中下标之间的对应关系。

$$\begin{bmatrix} a_{00} & a_{01} & 0 & 0 & 0 \\ a_{10} & a_{11} & a_{12} & 0 & 0 \\ 0 & a_{21} & a_{22} & a_{23} & 0 \\ 0 & 0 & a_{32} & a_{33} & a_{34} \\ 0 & 0 & 0 & a_{43} & a_{44} \end{bmatrix}$$

图 4.7　5 阶的三对角阵

以行优先原则为例，首先将三对角阵中的非零元素逐行排列成序列，再依次存储在一维数组中，数组中的数据排列如图 4.8 所示。

0	1	2	3	4	…	12	…	3n−3
a_{00}	a_{01}	a_{10}	a_{11}	a_{12}	…	a_{44}	…	$a_{n-1,n-1}$

图 4.8　三对角阵以行优先原则存储的一维数组

在三对角阵中，除了第一行和最后一行中有两个非零元素外，其余每行都有 3 个非零元素。元素 a_{ij} 位于第 $i+1$ 行的第 $j+1$ 列，则排在它前面的 i 行中共 $2+(i-1)\times3 = 3i-1$ 个元素，在第 $i+1$ 行中，排在它前面的还有 $j-(i-1) = j-i+1$ 个元素，则元素 a_{ij} 之前共有 $(3i-1)+(j-i+1) = 2i+j$ 个元素。若非零元素 a_{ij} 在一维数组中的下标为 k，则 k 与 i、j 的对应关系为：$k = 2i+j$。

总的来说，上述讨论的几种特殊矩阵中元素排列都是有规律的，因此，在存储元素时可以利用这些规律进行压缩存储。由于非零元素的下标与存储它们的一维数组的下标之间存在一定的对应关系，并且通过公式计算可以得到这种关系，因此特殊矩阵可以实现随机存取。但是，若非零元素的分布没有规律可循，那么该如何存储矩阵？

4.2.2　稀疏矩阵

在一个矩阵中，若非零元素的个数远远小于矩阵元素的总个数，则该矩阵称为**稀疏矩阵**。数学中，可以用非零元素的占比来判断稀疏矩阵。若 $m \times n$ 的矩阵中有 t 个非零元素，则定义矩阵的**稀疏因子**为 $\delta = t/(m \times n)$，通常取 $\delta \leqslant 0.05$ 的矩阵为**稀疏矩阵**。有些学者曾提出放宽对稀疏因子的限制，只要非零元素个数小于 $n^2/3$ 或 $n^2/5$，就称为稀疏矩阵。

稀疏矩阵中非零元素少，且排列没有规律，如图 4.9 所示的矩阵 $\boldsymbol{A}_{6\times7}$、$\boldsymbol{B}_{6\times7}$ 均为稀疏矩阵。

现代稀疏矩阵技术以 20 世纪 60 年代廷尼和威洛比等人关于直接法的研究作为开端，逐渐发展起来。稀疏矩阵的应用已经渗入众多领域，包括结构分析、网络理论、电力分配系统、化学工程、摄影测绘等，有的应用中甚至出现了上千阶甚至上万阶的稀疏矩阵。以手写签名的扫描图像为例，用位图方式存储时，黑色像素部分远远少于白色，此时的扫描图像就可以看成是稀疏矩阵。

$$A_{6\times 7}=\begin{bmatrix} 0 & 11 & 0 & 0 & 0 & 0 & 0 \\ 0 & 0 & 0 & 0 & 0 & 0 & 0 \\ -3 & 0 & 0 & 0 & 0 & 7 & 0 \\ 0 & 0 & 0 & 6 & 0 & 0 & 0 \\ 0 & 0 & 0 & 0 & 0 & 0 & 0 \\ 0 & 0 & 5 & 0 & 0 & 0 & 0 \end{bmatrix} \qquad B_{6\times 7}=\begin{bmatrix} 4 & 0 & 0 & 0 & 0 & 0 & 0 \\ 0 & 0 & 0 & 9 & 0 & 0 & 0 \\ 2 & 0 & 0 & 0 & 0 & 0 & 0 \\ 0 & 0 & 0 & 0 & 0 & 0 & 0 \\ 0 & 0 & 0 & 0 & 0 & 0 & 0 \\ 0 & 0 & 0 & 0 & 0 & 0 & 0 \end{bmatrix}$$

图 4.9　稀疏矩阵

为节省存储空间,稀疏矩阵通常采用只存储非零元素的方法进行压缩存储。由于大量的零元素不参与运算,因此可以减少机器的运行时间,提高机器处理高阶矩阵问题的能力。

1．稀疏矩阵的表示

稀疏矩阵中非零元素的分布没有规律,所以在存储非零元素值的同时,还需要存储非零元素的位置,即行号和列号。因此,矩阵中的每一个非零元素由一个包括非零元素所在的行号、列号以及它的值构成的三元组(i,j,v)唯一确定,于是可以将稀疏矩阵用非零元素三元组的线性表来表示,一般称三元组的线性表为三元组表。稀疏矩阵可由非零元素的三元组表及其矩阵的行列数唯一确定。

图 4.9 中的稀疏矩阵 $A_{6\times 7}$ 的三元组表可表示为$((1,2,11),(3,1,-3),(3,6,7),(4,4,6),(6,3,5))$。

2．稀疏矩阵的存储

由于稀疏矩阵可以由三元组表来表示,那么稀疏矩阵的存储就可以转换为对三元组表的存储。三元组表可以采用顺序存储或链接存储,对应稀疏矩阵的三元组顺序表和十字链表。

1）三元组顺序表

将三元组表中的三元组按照行优先的顺序排列成一个序列,然后采用顺序存储方法存储该线性表,称为三元组顺序表。图 4.10 所示的是图 4.9 中的矩阵 A 的三元组顺序表。为了运算方便,一般还要存储非零元素的个数。

$$A_{6\times 7}=\begin{bmatrix} 0 & 11 & 0 & 0 & 0 & 0 & 0 \\ 0 & 0 & 0 & 0 & 0 & 0 & 0 \\ -3 & 0 & 0 & 0 & 0 & 7 & 0 \\ 0 & 0 & 0 & 6 & 0 & 0 & 0 \\ 0 & 0 & 0 & 0 & 0 & 0 & 0 \\ 0 & 0 & 5 & 0 & 0 & 0 & 0 \end{bmatrix}$$

	i(行号)	j(列号)	v(值)
0	1	2	11
1	3	1	−3
2	3	6	7
3	4	4	6
4	6	3	5

图 4.10　矩阵 A 的三元组顺序表存储结构示意

三元组顺序表存储结构的 C 语言描述如下:

```
#define  MAX  16        /* 三元组顺序表的大小,大于非零元素个数的常数 */
typedef  int  DataType;
```

```
typedef   struct
{  int i,j;                    /* 非零元素所在的行号、列号 */
   DataType   v;              /* 非零元素值 */
}Node;                        /* 三元组数据元素类型 */
typedef   struct
{  int m,n,t;                 /* 矩阵的行、列数及非零元素的个数 */
   Node   data[MAX];          /* 三元组表的数组 */
}Matrix;                      /* 三元组顺序表的存储类型 */
Matrix A,B;                   /* 定义三元组顺序表变量,即稀疏矩阵的变量 */
```

采用三元组顺序表实现稀疏矩阵的压缩存储,虽然节约了存储空间,但无法实现随机存取。对于非零元素的位置、个数经常发生变化的运算（如矩阵的加法、乘法）,往往需要频繁地移动大量的元素,因此不太适合采用三元组顺序表来实现。

2) 十字链表

对非零元素变化较大的问题,采用链接存储方式为宜。十字链表是稀疏矩阵的一种链接存储结构,在插入、删除操作时,不需要移动元素,效率较高。因此,在某些情况下,采用十字链表表示稀疏矩阵很方便,但算法实现相对复杂。

十字链表存储稀疏矩阵的基本思想:将稀疏矩阵中的每个非零元素用一个包含 5 个域的节点表示,分别存储非零元素所在行的行号域 i、非零元素所在列的列号域 j、非零元素值的值域 v,以及行指针域 right 和列指针域 down,分别指向同一行中的下一个非零元素节点和同一列中的下一个非零元素节点,其节点结构如图 4.11 所示。

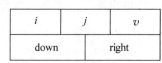

图 4.11 十字链表的节点结构

在十字链表中,同一行中的非零元素通过 right 域链接在一个单链表中,同一列中的非零元素通过 down 域也链接在一个单链表中,每个非零元素既处于某行链表中,也处于某列链表中,就形成了交叉的十字链表。

通常,为方便运算,稀疏矩阵中每一行的非零元素节点按其列号从小到大的顺序由 right 域链成一个带头节点的单循环链表。同样,每一列中的非零元素按其行号从小到大的顺序由 down 域也链成一个带头节点的单循环链表。图 4.12 所示为一个稀疏矩阵和对应的十字链表存储结构。

对于十字链表节点中的 v 域,非零元素节点中的 v 域是 DataType 类型,表头节点中此域是指针类型,因此该域用共用体类型表示。

十字链表节点的存储结构 C 语言描述如下:

```
typedef   int DataType;              /* 非零元素值的类型 */
typedef   struct   Node
{   int   i,j;                       /* 非零元素所在的行、列 */
    struct Node * down, * right;     /* 行指针域和列指针域 */
    union   v_next              /* 非零元素节点的值域,是非零元素值和节点指针的共用体 */
    {   DataType   v;
        struct Node   * next;
    }
}MNode, * MLink;                     /* 十字链表中节点和节点指针的类型 */
```

$$A = \begin{bmatrix} 0 & 11 & 0 & 0 & 0 & 0 \\ 0 & 0 & 0 & 0 & 0 & 0 \\ -3 & 0 & 0 & 0 & 0 & 7 \\ 0 & 0 & 0 & 6 & 0 & 0 \\ 0 & 0 & 0 & 0 & 0 & 4 \end{bmatrix}$$

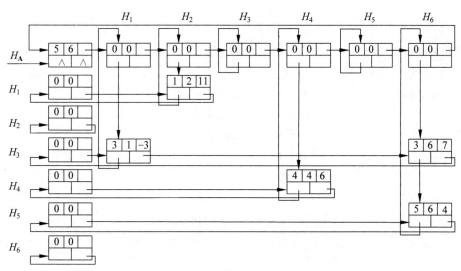

图 4.12　稀疏矩阵 A 及十字链表表示

十字链表不需要为非零元素的位置变化而移动元素,只需要修改指针便可实现插入、删除操作。由于不能随机存取,运算的时间主要消耗在查找位置上。例如,要建立一个十字链表,需要先根据输入的行号、列号及元素值创建节点,然后在行链表和列链表中找到合适的位置才能插入。

4.3　广义表

广义表是线性表的推广。线性表中的每个元素都具有相同的数据类型,不再进行结构的划分,而广义表允许表中的元素具有结构。例如,软件工程专业的本科学生在校期间需要学习很多课程,其中有些课程可以归为一类,包括基础课程中的高等数学、大学物理,计算机课程中的计算机文化基础、C 语言程序设计、数据库理论基础,英语课程的大学英语、英语听力等。所有这些课程可以表示为:

本科课程(基础(高等数学、大学物理),计算机(计算机文化基础、C 语言程序设计、数据库理论基础),英语(大学英语、英语听力))

这种数据结构与之前学习的线性表不同,它是线性表的推广,并且放宽了对表中元素的限制,允许表中的元素具有线性表等结构,这种包含子结构的线性结构,称为广义表。

4.3.1　广义表的定义

广义表(general list)是 $n(n \geqslant 0)$ 个元素 $a_1, a_2, \cdots, a_i, \cdots, a_n$ 的有限序列,元素 a_i 可以是原子或者子表(子表也是广义表)。通常将非空的广义表($n > 0$)记为:

$$LS = (a_1, a_2, \cdots, a_i, \cdots, a_n)$$

数据元素的个数 n 为广义表的**长度**。$n = 0$ 时称为空表,即表中不含任何元素。其中,LS 是广义表的名字。a_1 为广义表的第 1 个元素,a_i 为广义表的第 i 个元素。显然,广义表是一种递归的数据结构,因为广义表中的数据元素还可以是广义表。当广义表中的所有元素都是原子时,此广义表就是线性表。

1. 广义表的表示

广义表的表示方法有 3 种,分别为嵌套括号表示、带名字的广义表表示和图形表示。

(1)嵌套括号表示:为了区分原子和子表,书写时通常用大写字母表示子表,用小写字母表示原子,并将广义表中所有元素用圆括号括起来,即嵌套括号表示。

(2)带名字的广义表表示:如果广义表都是有名字的,为了既表明每个表的名字,又说明它的组成,则可以在每个表的前面冠以该表的名字。

(3)图形表示:用小矩形框表示原子,用小圆圈表示广义表,广义表和表中各个元素之间用带箭头的指向线连接。

广义表的表示如表 4.1 所示。

表 4.1　广义表的表示

嵌套括号表示	展开写法	带名字的广义表表示	长度	备注
$A = ()$	$A = ()$	$A()$	0	空表
$B = (a, b)$	$B = (a, b)$	$B(a, b)$	2	线性表
$C = (c, B)$	$C = (c, (a, b))$	$C(c, B(a, b))$	2	树
$D = (B, C)$	$D = ((a, b), (c, (a, b)))$	$D(B(a, b), C(c, (a, b)))$	3	图
$E = (a, E)$	$E = (a, (a, (a, (\cdots))))$	$E(a, E(a, E(a, E(\cdots))))$	∞	递归表

- A 是一个空表,其长度为 0。
- B 是一个长度为 2 的广义表,它的两个元素都是原子,因此它就是一个线性表。
- C 是长度为 2 的广义表,第一个元素是原子 C,第二个元素是子表 B。
- D 是长度为 2 的广义表,第一个元素和第二个元素都为子表。
- E 是长度为 2 的广义表,第一个元素是原子,第二个元素是 E 自身,它是一个无限递归的广义表。

表 4.1 中的广义表 A、B、C、D 和 E 的图形表示如图 4.13 所示。

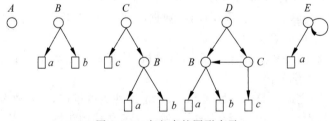

图 4.13　广义表的图形表示

2. 广义表的分类

从图 4.13 可以看出,广义表的图形表示有多种不同的形状,分别对应数据结构中的线性表、树、图等逻辑结构,它涵盖了数据结构中研究的各种经典结构。

（1）当广义表中的元素全部是原子时，广义表就是线性表，因此也可以说线性表是广义表的一种特殊形式。例如图 4.13 中的广义表 B 就是一个线性表。

（2）若广义表中既包含原子，又包含子表，但没有共享和递归，如广义表 C，则此时的广义表就是一棵树（将在第 5 章讨论），称这种广义表为**纯表**。

（3）允许节点的共享但不允许递归的广义表称为**再入表**，例如图 4.13 中的广义表 D，子表 B 为共享节点，它既是表 D 的一个元素，又是子表 C 的一个元素。这样的广义表与数据结构的图形结构对应（将在第 6 章讨论）。

（4）允许递归的表称为**递归表**，图 4.13 中的广义表 E 为递归表，表 E 是其自身的子表。

综上所述，广义表可分为线性表、纯表、再入表和递归表 4 类，它们之间的关系满足：

$$递归表 \supset 再入表 \supset 纯表 \supset 线性表$$

由此可以看出，广义表的结构相当灵活，线性表、树和图等各种经典的数据结构都可以用广义表表示，对广义表的研究也可以转换为对各种经典结构的讨论。

4.3.2 广义表的运算

由于广义表包含了线性表、树和图等各种经典的数据结构，因此广义表的大部分运算都与经典数据结构的运算类似。这里仅介绍广义表中的 4 个特殊的运算。

（1）取表头 getHead(LS)。求广义表的表头。

（2）取表尾 getTail(LS)。求广义表的表尾。

（3）求表长 length(LS)。求广义表中数据元素的个数。

（4）求表深 depth(LS)。求广义表中所含嵌套括号的最大层数。

广义表的**表头**(head)为广义表的第一个元素，即 getHead(LS)$=a_1$。

广义表的**表尾**(tail)为广义表中除第一个元素外，其余所有的元素组成的广义表，即

$$getTail(LS) = (a_2, a_3, \cdots, a_n)$$

任何一个非空广义表 LS$=(a_1, a_2, \cdots, a_n)$均可分解为表头和表尾两个部分。反之，一对表头和表尾也可唯一确定一个广义表。根据表头、表尾的定义可知，任何一个非空广义表的表头是表中第一个元素，它可以是原子，也可以是子表，但表尾必定是子表。

广义表是一个多层次的结构，广义表的元素可以是子表，子表的元素仍可以是子表。若将广义表的子表展开成全部由原子组成，则可将广义表的深度定义为表中所含嵌套括号的最大层数。广义表的运算如表 4.2 所示。

表 4.2 广义表的运算

广 义 表	展 开 写 法	表 头	表 尾	表 深
$A=()$	$A=()$			1
$B=(a,b)$	$B=(a,b)$	a	(b)	1
$C=(c,B)$	$C=(c,(a,b))$	c	$((a,b))$	2
$D=(B,C)$	$D=((a,b),(c,(a,b)))$	(a,b)	$((c,(a,b)))$	3
$E=(a,E)$	$E=(a,(a,(a,(\cdots))))$	a	(E)	∞

根据广义表中的数据元素的特性不同，可以将广义表分解成线性表、树和图。因此，当将线性表、树和图的存储结构及运算讨论清楚后，就不难用相同的方法来处理广义表。

小结

本章介绍了两种非线性结构—多维数组和广义表,它们与线性表都有着密切的联系。在对多维数组的讨论中,主要以二维数组为例,介绍了行优先和列优先的元素排列原则、特殊矩阵及稀疏矩阵的压缩存储;在广义表部分,简单介绍了广义表的定义、表示、分类和运算 4 个方面内容。

本章重点:

(1) 二维数组、特殊矩阵压缩存储的行优先(列优先)地址公式,根据公式计算元素的地址。

(2) 广义表的定义、表示、分类及运算。

习题

一、名词解释

1. 三元组表

2. 广义表

3. 十字链表

二、选择题

1. 设二维数组为 A_{67} ,a_{00} 为第一元素,若按行优先的顺序进行顺序存储,则 a_{46} 的前面有(　　)个元素。

　　A. 33　　　　　　　　B. 34　　　　　　　　C. 35　　　　　　　　D. 42

2. 设 n 阶的对称矩阵采用压缩存储的方式存储下三角,则需要存储的元素个数为(　　)。

　　A. $n^2/2$　　　　　　B. $n(n+1)/2$　　　　C. n　　　　　　　　D. n^2

3. 矩阵压缩存储的目的为(　　)。

　　A. 方便运算　　　　　　　　　　　　B. 方便存储

　　C. 节省存储空间　　　　　　　　　　D. 去掉多余的数据元素

4. 稀疏矩阵压缩存储的方法通常有(　　)。

　　A. 散列和三元组　　　　　　　　　　B. 二维数组和三维数组

　　C. 三元组和十字链表　　　　　　　　D. 散列和十字链表

5. 下面说法正确的是(　　)。

　　A. 广义表的表头可以是一个广义表,也可以是一个原子

　　B. 广义表的表头总是一个原子

　　C. 广义表的表尾可以是一个广义表,也可以是一个原子

　　D. 广义表的表尾总是一个原子

三、填空题

1. 二维数组在采用顺序存储时,元素的排列方式有_____和_____两种。

2. 在特殊矩阵和稀疏矩阵中,经过压缩存储后会失去随机存取的特性的是_____。

3. 设有一个 10 阶的对称矩阵 A，以行优先原则存储下三角元素，其中 a_{00} 为第一元素，其存储地址为 1，每个元素占 1 字节，则 a_{65} 的地址为_____；若要访问元素 a_{56}，那么需要到_____地址下获取数据。

4. 广义表常分成 4 类，分别是_____、_____、再入表和_____。

5. 广义表 $((a,b),(c,d))$ 的表头是_____，表尾是_____，表长是_____，表深是_____。

6. 广义表 $((a,b))$ 的表头是_____，表尾是_____，表长是_____，表深是_____。

第 5 章

树

【学习目标】
- 理解树的定义、表示及基本术语。
- 掌握二叉树的逻辑结构、遍历运算的定义、二叉树存储结构及遍历运算的递归算法。
- 了解线索二叉树的定义、存储及如何利用线索来实现遍历运算。
- 掌握二叉树的典型应用——哈夫曼树的创建、编码、译码方法。
- 掌握森林(树)与二叉树之间的相互转换。

【思维导图】

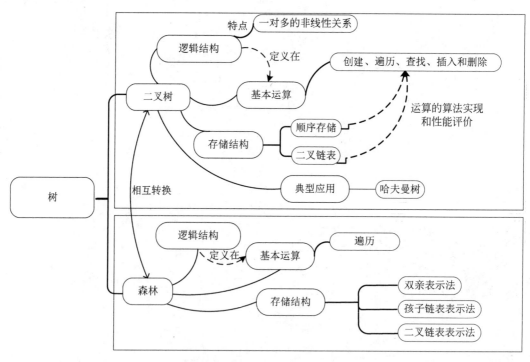

  数据结构的逻辑结构可以分为线性结构和非线性结构两大类。前面已经学习了几种常用的线性结构(线性表、栈、队列)以及线性结构的推广形式(多维数组和广义表),本章介绍的树和图是经典的非线性结构。树是树形结构的简称,它与自然界中的树非常相似,节点之间具有分支和层次关系,它相对于线性结构放宽了对后继的限制,节点的后继可以为零个、一个或多个。

5.1 树的逻辑结构

树形结构的逻辑特征：有且仅有一个开始节点和若干个终端节点，其余的内部节点都有且仅有一个前趋节点和若干个后继节点。显然，树形结构中的数据元素间存在着一对多的层次关系。

1. 树的定义

树(tree)是 $n(n \geqslant 0)$ 个节点的有限集合(记作 T)，当 $n=0$ 时称为空树；当 $n>0$ 时，它满足两个条件：

(1) 有且仅有一个特定的称为根的节点；

(2) 其余的节点可分为 $m(m \geqslant 0)$ 个互不相交的有限集合 $T_1, T_2, \cdots, T_m$，其中每个集合又是一棵树，并称其为根的**子树**(subtree)。

图 5.1 所示的树是节点的有限集合 $T = \{A, B, C, D, E, F, G, H, I\}$，其中 A 是根节点，其余的节点可以分成三个互不相交的子集：$T_1 = \{B, E, F\}$、$T_2 = \{C\}$ 和 $T_3 = \{D, G, H, I\}$，T_1、T_2、T_3 本身又都是树，且是根节点 A 的三棵子树。用同样的方法又可以对树 T_1、T_2 和 T_3 进行划分。

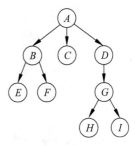

图 5.1 树的图示

树的定义是一个递归的定义，即子树仍然是树，所以树的各种运算都可以用递归算法实现。例如，后面介绍的树的遍历运算就可以用递归的方法来实现。

树形结构广泛存在于现实世界中，如家族的族谱、公司的组织结构、书的目录、计算机的文件目录等都属于树形结构。以图书馆图书分类为例，图书馆中的图书遵循一定的规律分类摆放。首先，所有图书按知识门类分为哲学、社会科学、自然科学、马列主义和综合类五个基本部类。然后每个部类又分为若干个大类，如自然科学分为 N(自然科学总论)、O(数理科学和化学)、P(天文学)、Q(生物科学)、R(医药卫生)、S(农业学)、T(工业技术)等。若读者要借阅数据结构类的图书，需要到自然科学部类中的工业技术大类中查找计算机技术→计算机软件→程序设计，沿着各级分类找到相应的图书。图书馆图书这种统一的分类管理，属于典型的树形结构，不仅方便管理，也便于检索。

2. 树的表示

树的表示方法有多种，包括图示法、二元组表示法、凹入表表示法、嵌套集合表示法和广义表表示法。

(1) 图示法。图示法是最常用的表示方法，如图 5.1 所示。本书主要采用这种方法来表示树的逻辑结构。由于连线的箭头全部向下，因此一般省略箭头，画成如图 5.2(a)所示的样式。从图 5.2(a)中可以看出，A 是开始节点，即树的根，没有前趋节点；除 A 外，其余节点有且仅有一个前趋节点，但后继节点个数却没有限制。A 有三个后继节点 B、C、D；D 只有一个后继节点；节点 E、F、C、H、I 没有后继节点，称为终端节点(叶子节点)。

在线性结构中，有且仅有一个开始节点和一个终端节点，其余的内部节点都有且仅有一个前趋节点和一个后继节点。在树形结构中也是有且仅有一个开始节点(根),但终端节点(叶子)可以有多个,其余的内部节点都有且仅有一个前趋节点,但可以有多个后继节点。由此可以看出,树形结构与线性结构的区别在于树形结构中放宽了对后继节点个数的限制。若树中每个非终端节点的后继节点刚好为一个时,就是线性表,所以树形结构包含线性表。

(2) 二元组表示法。树的逻辑结构也可以用二元组来表示,图 5.2(a)所示树的二元组表示如下:

Tree=(D,S),r∈S

$D=\{A,B,C,D,E,F,G,H,I\}$

$r=\{<A,B>,<A,C>,<A,D>,<B,E>,<B,F>,<D,G>,<G,H>,<G,I>\}$

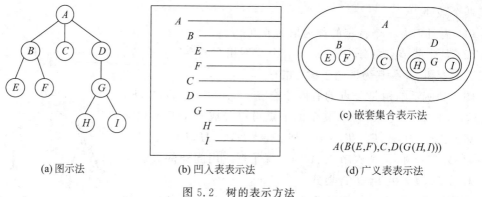

(a)图示法　　　　　(b)凹入表表示法　　　　(d)广义表表示法

(c)嵌套集合表示法

$A(B(E,F),C,D(G(H,I)))$

图 5.2　树的表示方法

(3) 凹入表表示法。使用线段的伸缩关系描述树的逻辑结构,如图 5.2(b)所示。

(4) 嵌套集合表示法。将集合中的元素画入椭圆中的几何方法,直观地显示包含关系,如图 5.2(c)所示。

(5) 广义表表示法。采用带名字的广义表表示法来描述树的逻辑结构,如图 5.2(d)所示。将根节点写在括号左边,子树写在括号内,用逗号分隔。子树的写法相同。

3. 树的基本术语

树中的许多术语都借助了家族中的一些习惯用语。

1) 节点

树中所有的节点之间具有明显的层次和分支关系,通常根据其位置的不同有着不同的称谓。

在树中,有且仅有一个开始节点,称为**根节点**(root),若干个终端节点称为**叶子节点**(leaf)。

除根外的其余所有节点都有且仅有一个前趋节点,称为该节点的**父(双亲)节点**(parent),若干后继节点称为该节点的**子(孩子或子女)节点**(child)。双亲相同的节点互称为**兄弟**(sibling)。

在图 5.2(a)所示的树中,A 为根节点,它无前趋节点,是树的开始节点,画在树的最上层;节点 B 的前趋节点为 A,因此 A 是 B 的父节点,而 B 是 A 的子节点,子节点画在父节点的下一层;节点 B、C、D 的双亲都为 A,因此 B、C、D 互为兄弟,它们画在同一层。

2) 层次相关

为了表示树中的节点具有明显的层次关系,给每个节点定义一个**层数**的概念。

通常,设根节点的**层数**为1,子节点的层数为父节点层数加1。树中层数最大节点的层数定义为**树的高度**(height)或**树的深度**(depth)。

在图5.2(a)所示的树中,A 的层数为1,B、C、D 的层数为2,E、F、G 的层数为3,H、I 的层数为4,树的高度为4。

3) 分支相关

为了表示树中的节点具有明显的分支关系,给每个节点定义一个**度数**的概念。

一个节点子树(分支)的个数,称为该**节点的度**(degree)。树中所有节点的度的最大值称为**树的度**。

在图5.2(a)所示的树中,A 的度数为3,B、G 的度数为2,D 的度数为1。度不为0的节点 A、B、G、D 又称为**分支节点**,其余的节点 E、F、C、H、I 的度数为0,都是叶子节点。

4) 路径相关

设树中存在一节点序列 $b_1, b_2, \cdots, b_j$,若序列中任意两个相邻节点都满足 b_i 是 b_{i+1} 的双亲,$1 \leqslant i \leqslant j-1$,则称该节点序列为从 b_1 到 b_j 的路径。路径长度为序列中节点数减去1,即所经过的边的数目。

若树中存在一条从 b 到 b_j 的路径,则称 b 是 b_j 的**祖先**(ancestor),而 b_j 是 b 的**子孙**(descendant)。显然,一个节点的祖先应该是从根节点到该节点的路径上经过的所有节点,而以某节点为根的子树中的任一节点都是该节点的子孙。

5) 有序树、无序树

如果树中所有子树都看成是从左到右的次序排列(子树不能互换),则称此树为**有序树**(ordered tree)。不考虑子树排列顺序的树,称为**无序树**(unordered tree)。一般用图示法表示的树(见图5.2(a))都认为是有序树,而用二元组表示的树可以看成是无序树。

6) 森林

森林(forest)是 $m(m \geqslant 0)$ 棵互不相交的树的集合。树和森林的概念有直接的联系:一棵树除去根节点,就会得到一个由所有子树组成的森林;反之,将森林中所有的树作为子树,添加上一个根节点,森林就会变成一棵树。一棵树本身也是森林。

根据树的逻辑结构特性,树中每个节点可以有多个后继节点,这就使得存储结构的设计及运算的实现相对线性表要复杂。若用顺序方式存储树,其逻辑关系表示相对困难;若用链接方式存储树,节点的结构中需要设计多个指向后继节点的指针,这样就有可能出现很多节点的后继指针为空,于是造成很大的空间浪费。本章重点讨论的是一种特殊的树形结构——二叉树,它结构简单,且具有重要的应用价值。

5.2 二叉树

二叉树是一种重要的树形结构。首先,它的结构简单,二叉树中每个节点最多有两个分支(即节点的度不超过2)。在链接存储结构中每个节点设两个指针域指向后继节点即可,空间浪费相对较小,算法实现也相对容易。其次,一般的树能够很容易地转换为二叉树。于是,一般树上的基本运算也可以通过转换为对应的二叉树来实现。再次,计算机中采用的二进制数(0 或 1)和二值逻辑,都可以与二叉树的两个分支相对应。因此,二叉树在计算机中有重要的应用价值。

5.2.1　二叉树的定义及性质

1. 二叉树的定义

二叉树(binary tree)是 $n(n{\geqslant}0)$ 个节点的有限集合,满足如下条件:

(1) 当 $n=0$ 时,为空二叉树。

(2) 当 $n>0$ 时,它由一个**根节点**及两棵互不相交的分别称作根的**左子树**和**右子树**的二叉树组成,其中左、右子树也是二叉树。

显然,二叉树的定义也是递归的。二叉树可以为空树,也可以由根和左、右子树组成,而左、右子树仍是二叉树,它们也可以为空。因此,二叉树中节点的度数只能为 0、1 或 2。

二叉树中的孩子节点有左右之分,分别为**左孩子**(left child)和**右孩子**(right child),且左右孩子的顺序不能交换。

在图 5.3 所示的二叉树中,节点 A 的左孩子为 B,右孩子为 D;节点 F 的左孩子为 G,无右孩子。也就是说在二叉树中,即使只有一个孩子,也要明确是左孩子还是右孩子。图 5.4 所示的是两棵不同的二叉树,它们的区别仅在于 E 的孩子节点 F 在一棵树中是左孩子,而在另一棵树中是右孩子。

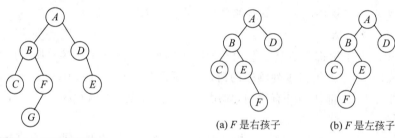

图 5.3　二叉树的图示

(a) F 是右孩子　　(b) F 是左孩子

图 5.4　两棵不同的二叉树

2. 二叉树的形态

1) 二叉树的基本形态

首先,二叉树允许空,空二叉树的节点数 $n=0$;其次,二叉树的子树有左右之分,即使只有一棵子树,也必须分出是左子树还是右子树。度为 2 的树至少有一个节点的度为 2。因此,二叉树不是度为 2 的有序树,即不是一般树的特例,而是一种特殊的树形结构。二叉树的 5 种基本形态如图 5.5 所示。

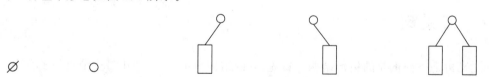

(a) 空二叉树　(b) 只有一个根节点的　(c) 只有左子树的二叉树　(d) 只有右子树的二叉树　(e) 包含左、右子树的二叉树
　　　　　　　　　　二叉树

图 5.5　二叉树的 5 种基本形态

2）二叉树的特殊形态

在讨论二叉树时,经常要用到两种特殊形态的二叉树:**满二叉树**和**完全二叉树**。

每层节点数都达到最大值的二叉树称为**满二叉树**(full binary tree)。满二叉树中每个分支节点的度数都为 2,不存在度为 1 的节点,且叶子节点都在最下层。"包含 n 个节点的满二叉树"这种说法显然是不正确的,因为不是对任意正整数 n,都能对应一棵满二叉树。一棵深度为 k 的满二叉树包含 2^k-1 个节点,满二叉树的节点数都是些固定值$(1,3,7,15\cdots)$。图 5.6(a)所示的是一棵深度为 4 的满二叉树,其节点总数为 15。

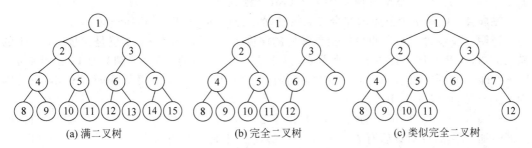

| (a) 满二叉树 | (b) 完全二叉树 | (c) 类似完全二叉树 |

图 5.6 特殊形态的二叉树

除最下面一层外,其余各层的节点数都达到最大值,并且最下一层的节点都从该层最左边的位置开始连续排列,则此二叉树为**完全二叉树**(complete binary tree)。一棵完全二叉树除了最下层以外,上面的各层都是满的(满二叉树),且最下层节点必须从左边开始连续排列。图 5.6(b)所示的是一棵包含 12 个节点的完全二叉树。

显然,满二叉树是完全二叉树,但完全二叉树不一定是满二叉树。如果将满二叉树的最下层节点从最右边开始连续删去若干个,就可以得到一棵完全二叉树。图 5.6(c)所示的是非完全二叉树,它与完全二叉树的区别仅在于最下层节点不是从左边开始连续排列的,这种非完全二叉树通常称为类似完全二叉树。

完全二叉树中的节点数不像满二叉树必须是一些固定值,对任意正整数 n,都能对应唯一的一棵完全二叉树,因此说包含 $n(n>0)$ 个节点的完全二叉树是正确的。

完全二叉树中度为 1 的节点最多只能有 1 个。节点总数 n 为偶数时,只包含一个度为 1 的节点,它是最后一个节点的父节点。当 n 为奇数时,不存在度为 1 的节点。

3. 二叉树的性质

性质 1 二叉树第 i 层上最多有 $2^{i-1}(i\geqslant1)$ 个节点。

证明 用数学归纳法证明。

(1) 当 $i=1$ 时,二叉树的第 1 层上只有一个根节点,将 $i=1$ 代入公式,$2^{1-1}=2^0=1$,即 $i=1$ 时成立。

(2) 假设对任意的 $j(1<j<i)$ 命题成立,即第 j 层上最多有 2^{j-1} 个节点。

(3) 因为二叉树中每个节点最多有两个孩子,所以第 $j+1$ 层上最多为 $2^{j-1}\times2=2^j=2^{(j+1)-1}$ 个节点,故命题成立。

性质 2 深度为 k 的二叉树最多有 $2^k-1(k\geqslant1)$ 个节点。

证明 仅当二叉树各层节点数都为最多时,树中的节点数才为最多。由性质 1 可知,第一层最多为 2^0 个节点,第二层最多为 2^1 个节点,$\cdots$,第 k 层最多为 2^{k-1} 个节点,则深度为 k

的二叉树的节点总数最多为：$2^0+2^1+\cdots+2^{k-1}=2^k-1$，命题成立。

性质 3　在任意一棵非空的二叉树中，若度为 0 的节点（叶子节点）数为 n_0，度为 2 的节点数为 n_2，则 $n_0=n_2+1$。

证明　因为二叉树中只有度为 0 的叶子节点、度为 1 的分支节点和度为 2 的分支节点，其个数分别记为 n_0、n_1 和 n_2，二叉树的节点总数 $n=n_0+n_1+n_2$。由于在二叉树中，每个度为 2 的节点都会分支出 2 个节点，每个度为 1 的节点都会分支出 1 个节点，只有根节点不是被其他节点分支出来的，二叉树的节点总数为 $n=2\times n_2+1\times n_1+1$。因此，$2\times n_2+1\times n_1+1=n_0+n_1+n_2$，整理可得 $n_0=n_2+1$，故命题成立。

性质 4　具有 n 个节点的完全二叉树的深度为 $\lfloor \text{lb}n \rfloor+1$ 或 $\lceil \text{lb}(n+1) \rceil$。

证明　设包含 n 个节点的完全二叉树的深度为 k，则它的前 $k-1$ 层是深度为 $k-1$ 的满二叉树，在第 k 层上最少有一个节点，最多有 2^{k-1} 个节点（满二叉树），所以 $2^{k-1}\leqslant n\leqslant 2^k-1$，即 $2^{k-1}\leqslant n<2^k$，两边同时取对数后有 $k-1\leqslant \text{lb}n<k$，于是可得 $\text{lb}n<k\leqslant \text{lb}n+1$，因为 k 为整数，所以 $k=\lfloor \text{lb}n \rfloor+1$。

$k=\lceil \text{lb}(n+1) \rceil$ 的证明与上式类似，由于 $2^{k-1}\leqslant n\leqslant 2^k-1$，即 $2^{k-1}-1<n\leqslant 2^k-1$。两边同时加 1，然后取对数后有 $k-1<\text{lb}(n+1)\leqslant k$，于是可得 $\text{lb}(n+1)\leqslant k<\text{lb}(n+1)+1$，因为 k 为整数，所以 $k=\lceil \text{lb}(n+1) \rceil$。故命题成立。

完全二叉树是包含 n 个节点的所有二叉树中深度最小的二叉树，一棵包含 n 个节点的二叉树深度最大为 n，它是一棵单支树（除叶子节点外，其他节点都是单分支节点）。

性质 5　对一棵具有 n 个节点的完全二叉树，按照层次从上到下、每一层从左到右的次序（也称为二叉树的层次次序）将所有节点依次排列，可得到节点的层序序列，其中根节点的序号为 1，其余节点的序号连续排列，如图 5.7 所示。对任一序号为 i 的节点有：

（1）若节点 i 有左孩子（即 $2i\leqslant n$ 时），则左孩子为 $2i$。

（2）若节点 i 有右孩子（即 $2i+1\leqslant n$ 时），则右孩子为 $2i+1$。

（3）若节点 i 有双亲（即 $i>1$ 时），则双亲的序号为 $\lfloor i/2 \rfloor$。

（4）当 i 为偶数时为左孩子节点。

（5）当 i 为奇数且 $i\neq 1$ 时为右孩子节点。

在图 5.6(b)所示的包含 12 个节点的完全二叉树中，根节点（节点 1）没有双亲，节点 5 的双亲为 $\lfloor 5/2 \rfloor=2$，左孩子为 $2\times 5=10$，为偶数；节点 5 有右孩子，其右孩子为 $2\times 5+1=11$，为奇数；节点 6 无右孩子，因为若有右孩子，则右孩子的编号应该为 $2\times 6+1=13$，但是 13 已大于节点总数，因此不存在该点。图 5.8 所示是节点 i 的双亲、左孩子、右孩子及兄弟之间关系的一般情况。

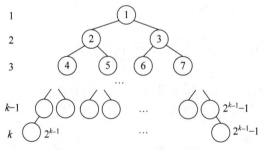

图 5.7　完全二叉树中节点的序号

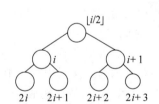

图 5.8　完全二叉树中节点
之间关系的图示

完全二叉树的性质 5 有很重要的用途,在后面将要讨论的二叉树的存储和第 7 章介绍的堆排序中都会用到,读者应熟练掌握。

5.2.2 二叉树上运算的定义

二叉树的基本运算有 5 种。

(1) 创建二叉树 createBiTree()。构造一个空的二叉树。

(2) 遍历二叉树 Order(T)。访问二叉树中所有节点。

(3) 查找节点 locateElem(T,x)。在二叉树 T 中查找元素值为 x 的节点,若找到则称为查找成功,否则查找失败。

(4) 插入节点 insertElem(T,x)。在二叉树 T 中插入值为 x 的节点。

(5) 删除节点 deleteElem(T,x)。在二叉树中删除元素值为 x 的节点。

本章重点讨论二叉树的遍历运算,有关插入、删除节点等基本运算将在第 8 章介绍二叉排序树时进行研究。

二叉树的遍历(traversal)是指沿着某条搜索路径访问二叉树中的每个节点,且每个节点仅被访问一次。这里的"访问"可以是输出节点的信息、修改节点数据等解决实际问题时需要的各种操作。如果没有特殊说明,本章中提到的"访问"都指的是输出节点信息。遍历是各种数据结构上最基本的运算,查找、插入、删除等基本运算都可以基于遍历来实现。

线性结构每个节点只有一个直接后继,所以只要从开始节点起依次寻找后继,就可以完成遍历。二叉树是一种非线性结构,每个节点可以有两个后继,因此它的遍历需要寻找一种规律来实现,既保证每个节点都被访问到,又能保证每个节点只被访问一次。

由二叉树的递归定义可知,二叉树由根节点、左子树、右子树三个基本部分组成。这三部分互不相交,保证了不会重复访问。因此,遍历一棵非空二叉树的问题可分解为三个子问题:访问根节点、遍历左子树和遍历右子树。如图 5.9 所示,用 D、L 和 R 分别表示根、左子树和右子树。

图 5.9 非空二叉树的
基本结构图

若按照先遍历左子树后遍历右子树的原则,可有三种不同的遍历次序:DLR、LDR 和 LRD。当然,也可以按照先遍历右子树后遍历左子树的原则,同样有三种不同的遍历次序,但它们和前三种是对称的,这里只讨论前三种遍历。

在 DLR 次序中,访问根节点在遍历左、右子树之前,故称为前序遍历(preorder),同理,称 LDR 为中序遍历(inorder),LRD 为后序遍历(postorder)。二叉树是递归的数据结构,因为它的左、右子树也是二叉树,所以对左、右子树的遍历仍然是遍历二叉树的问题,要用相同的次序来完成。所以,可以用递归的方法来定义二叉树的遍历运算。

1) 前序遍历——DLR

若二叉树非空,则:

(1) 访问根节点;

(2) 前序遍历左子树;

(3) 前序遍历右子树。

2) 中序遍历——LDR

若二叉树非空,则:

（1）中序遍历左子树；

（2）访问根节点；

（3）中序遍历右子树。

3）后序遍历——LRD

若二叉树非空,则:

（1）后序遍历左子树；

（2）后序遍历右子树；

（3）访问根节点。

遍历运算实际上是将非线性结构线性化的过程,其结果为节点的线性序列。前序、中序、后序遍历分别得到节点的前序、中序和后序遍历序列。图 5.10 所示的是一棵二叉树及其三种遍历序列。

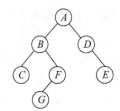

前序遍历序列: *ABCFGDE*
中序遍历序列: *CBGFADE*
后序遍历序列: *CGFBEDA*

图 5.10　二叉树及其三种遍历序列

对于一棵二叉树,每种遍历得到的序列是唯一的;反之,三种遍历序列确定时二叉树也是唯一的。并且,在给定中序序列后,前序或后序序列只需给定其中一个,便可以确定唯一一棵二叉树。例如,根据前序序列 *ABCFGDE* 和中序序列 *CBGFADE*,或者根据中序序列 *CBGFADE* 和后序序列 *CGFBEDA*,都可以画出图 5.10 中的二叉树。

由前序序列和中序序列确定唯一一棵二叉树的转化步骤如下。

（1）确定根节点。前序序列的第一个节点为二叉树的根节点。

（2）中序序列分左右。在中序序列中,找到根节点所在的位置,根节点左边的所有节点是左子树中的节点,根节点右边的所有节点是右子树中的节点。若根节点的左边或右边为空,则该方向子树为空。

（3）递归求解。将左右子树分别看作一棵二叉树,重复步骤(1)~(3),直到所有节点完成定位。

由后序序列和中序序列确定二叉树的方法与此类似,不同之处在于,根节点是后序序列的最后一个节点。

5.2.3　二叉树的存储

数据结构最常用的两种存储方法为顺序存储和链接存储,它们都适用于存储二叉树,下面分别讨论二叉树的这两种存储结构。

1．顺序存储

顺序存储方法最适合存储线性结构,让所有元素依次存放到一组地址连续的存储空间内即可。二叉树为非线性结构,节点的后继有可能多于一个,这与存储单元的物理特征不一致。若要顺序存储二叉树,则首先按照一定的原则把二叉树中的节点排列成线性序列,然后依次存放到一组连续的存储单元中,并且要保证节点在序列中的位置能反映出节点之间的逻辑关系。

由二叉树的性质 5 可知,对于完全二叉树,每个节点的序号与其双亲、左孩子和右孩子节点的序号之间存在着对应关系(图 5.8),可以利用这个性质将完全二叉树顺序存储。即对一棵具有 N 个节点的完全二叉树,将所有节点按照从上到下、从左到右的次序依次排列,得到完全二叉树中节点的层序序列,然后将这个序列依次存储在长度为 $N+1$ 的数组 bt 中(为了保持序号和下标一致,下标为 0 的单元闲置),根节点存储在下标为 1 的位置,则完全二叉树及其顺序存储结构如图 5.11 所示。

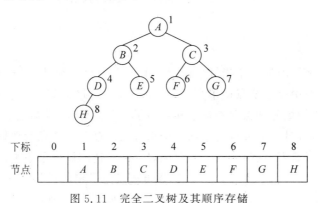

图 5.11 完全二叉树及其顺序存储

完全二叉树顺序结构的 C 语言描述如下:

```
define N 10
typedef char DataType;
DataType bt[N+1];        /* N 为完全二叉树的节点数,下标为 0 的单元闲置 */
```

图 5.11 中的完全二叉树的根节点 A 存储在 bt[1]中,即下标 $i=1$ 的单元中,它的左孩子 B 就一定存储在下标为 $2i$ 的单元 bt[2]中,右孩子 C 一定存储在下标为 $2i+1$ 的单元 bt[3]中。在完全二叉树的顺序存储结构中,从任一节点都能很容易地找到左、右孩子及父节点。所以,数组 bt 既存储了完全二叉树中的所有节点,同时也隐含了节点之间的逻辑关系,不需要增加额外的信息来表示关系,存储密度最大。

但是,对于一般的二叉树,其层序序列中的节点位置并不能隐含节点之间的关系,能否有办法让一般二叉树层序序列也能隐含节点之间的关系? 可将一般二叉树与完全二叉树对照,在空缺的位置处添加虚点(用特殊字符,如"♯"表示),从而将一般的二叉树扩充成完全二叉树,然后将扩充后的完全二叉树顺序存储。图 5.12 所示为一般二叉树及其顺序存储结构。

由于一般二叉树的顺序存储结构中额外存储了虚点,会使存储密度下降,在最坏的情况下,一个深度为 k 且只有 k 个节点的右单支二叉树中需要存储 2^k-1-k 个虚点,空间浪费大。因此,这种顺序存储结构更适用于完全二叉树,对一般的二叉树常用链接存储。

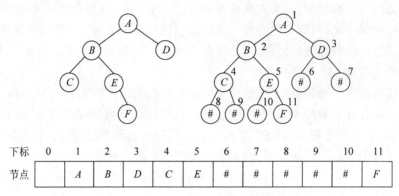

图 5.12　一般二叉树及其顺序存储结构

2. 链接存储

单链表中每个节点附加一个指针域保存后继节点的存储地址，同样的设计思想也可以用于二叉树。二叉树中每个节点最多有两个后继节点，因此每个节点除了存储本身的数据外，需要附加两个指针域分别保存左孩子和右孩子的存储地址，这就是**二叉链表**。

为了运算方便，有时每个节点再附加一个指针域保存双亲节点的地址（表示前趋关系），这样的链表称为**三叉链表**，这与线性表的双链表存储结构的设计思想类似。

图 5.13　二叉链表的节点结构

二叉链表是二叉树的链接存储结构中最为常用的一种，节点结构如图 5.13 所示，其中 lchild 和 rchild 分别是指向节点左、右孩子的指针。

二叉链表存储结构的 C 语言描述如下：

```
typedef  char  DataType;
typedef  struct  Node
{    DataType  data;
     struct  Node  * lchild, * rchild;
}BiTree;
```

二叉链表中的每个节点都为 BiTree 类型，它们之间通过指针 lchild 和 rchild 联系在一起，可以由根节点的指针 root 来唯一标识一个二叉链表。当某个节点无左孩子或右孩子时，指针域 lchild 或 rchild 为空（值为 NULL）。图 5.14(a)是一棵二叉树的逻辑结构图示，它的二叉链表及三叉链表存储结构如图 5.14(b)和图 5.14(c)所示。

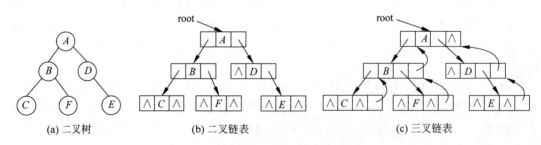

图 5.14　二叉树及链式存储结构图示

　　要实现二叉树上的运算,需要在内存中建立存储结构,下面讨论二叉链表的创建过程。根据节点输入序列的不同,二叉链表的创建算法也不同。常见的算法有两种:层序序列创建二叉链表和递归序列创建二叉链表。

　　1) 层序序列创建二叉链表

　　如何将二叉树转换为字符的序列,其中既包含数据又包含数据之间的关系? 前面讨论的二叉树的顺序存储刚好能解决这个问题。将二叉树通过加虚点扩充成完全二叉树,然后按照层序序列输入各个节点(包括虚点)信息,按照输入的层序序列信息,依次创建新节点,并将其链接到对应的双亲节点上。例如,建立图 5.14(a)对应的二叉链表,需要从键盘输入层序序列 $ABDCF \sharp E@$,其中 $\sharp$ 表示虚点,@为结束标志。

　　在创建二叉链表的过程中,位于上层的节点创建后需要暂时保存其指针,因为如果它有孩子节点的话,此时孩子节点还没有被创建。待位于下层的孩子节点创建后,才能实现双亲节点到孩子节点的链接。由于先创建的双亲节点先链接孩子节点,因此可以用队列来保存节点的指针,以保证创建和使用节点的先后顺序一致。算法中需要附加一个辅助变量——指针队列,队列中数据元素的类型为 BiTree *,队尾指针指向新节点,队头指针总是指向新节点的双亲节点。

　　算法的基本思想为:读取节点的信息并进行判断,若不是虚点,则建立一个新节点。第一个新节点为根节点;除根外的其余新节点建立后,还需要将其作为左或右孩子节点链接到双亲节点上。如此重复,直到遇到结束标志符@为止。

　　算法的主要步骤如下:

　　(1) 初始化指针队列和二叉链表。

　　(2) 读取用户输入的节点信息。若它不是虚点,则建立一个新节点;若它是虚点,则新节点为空指针,同时将新节点的指针入队。

　　(3) 新节点若为第一个节点,则将此节点的地址存入根指针中;否则,从队头中取出双亲节点的指针,将新节点作为左孩子(或右孩子)链接到双亲节点上,若新节点的编号为偶数则为左孩子,否则为右孩子。当队头节点的两个孩子都已链接完毕,即新节点编号为奇数时,队头元素出队,如此可以保证新的队头元素必定是下一个新节点的双亲节点。

　　(4) 重复步骤(2)~(3),直到遇到结束标志符@。

　　层序序列创建二叉链表算法的 C 语言描述如下:

```
# define MAXSIZE 20
typedef struct                      /* 顺序队列的定义 */
{   BiTree * data[MAXSIZE];
    int front, rear;
}SeQueue;
BiTree * createBiTree()
{   SeQueue   Q, * q = &Q;          /* 队列 */
    BiTree * root, * s;
    char ch;
    root = NULL;                    /* 置空二叉链表 */
    q -> front = 1;   q -> rear = 0;   /* 置空队列 */
    ch = getchar();                 /* 输入一个字符 */
    while(ch!= '@')                 /* 若输入字符不是结束符@,则反复处理 */
```

```
{   s = NULL;
    if(ch!= '♯')              /* 若不是虚点,则创建新节点; 若是虚点,则 s = NULL */
    {   s = (BiTree * )malloc(sizeof(BiTree));
        s - > data = ch;
        s - > lchild = NULL;
        s - > rchild = NULL;
    }
    q - > rear++;             /* 队尾指针后移 */
    q - > data[q - > rear] = s;   /* 新节点地址或虚点地址(NULL)入队 */
    if(root == NULL) root = s;    /* 若新节点为第一个节点,则保存此节点为根节点 */
    else
    {   if (s)               /* 新节点不是虚点时,将新节点链接到双亲上 */
        {   if(q - > rear % 2 == 0)   q - > data[q - > front] - > lchild = s;
                                /* 新节点为左孩子 */
            else  q - > data[q - > front] - > rchild = s;   /* 新节点为右孩子 */
        }
        if(q - > rear % 2 == 1) q - > front ++;   /* 左、右孩子处理完毕后,出队 */
    }
    ch = getchar();          /* 输入下一个字符 */
}
return root;
}
```

此算法采用队列保存双亲节点的指针,也可以将算法简化,直接采用数组保存双亲指针,队头和队尾的下标用两个整型变量操作,具体算法读者可思考完成。

2) 递归序列创建二叉链表

递归序列创建二叉链表的方法与前序遍历的原理十分相似,只是将其中的输出语句转换为创建新节点。由于前序序列根节点在最前面,那么根据前序序列创建二叉链表就能保证根节点最先创建,然后再分别递归创建左子树和右子树。例如,建立图 5.14(a)对应的二叉链表,需要从键盘输入前序序列 $ABC ♯ ♯ F ♯ ♯ D ♯ E ♯ ♯$,其中♯表示虚点,这里不需要结束标志@,递归调用到达出口之后自动返回。

递归序列创建二叉链表算法的 C 函数如下:

```
BiTree *  CreateBiTree()
{   BiTree * T;
    char ch;
    scanf(" % c",&ch);
    if(ch == '♯') return NULL;   /* 递归出口,当输入♯字符时,返回空指针 */
    else
    {   T = (BiTree * )malloc(sizeof(BiTree));
        T - > data = ch;
        T - > lchild = CreateBiTree();   /* 递归项,用相同的方法创建左子树 */
        T - > rchild = CreateBiTree();   /* 递归项,用相同的方法创建右子树 */
    }
}
```

5.2.4 二叉树遍历运算的算法实现

编写递归算法需要掌握两个原则：一是递归必须有出口（即终止条件）；二是每次递归调用都要更接近递归出口。这里的递归调用比较明显，由于对左、右子树的遍历就是对二叉树的遍历，则遍历左子树和遍历右子树都为递归调用。递归调用直到二叉树为空结束，所以递归出口是二叉树为空。

前序遍历递归算法的 C 函数如下：

```
void PreOrder(BiTree * T)              /*前序遍历二叉树*/
{   if (T)                             /*若二叉树非空,则进入递归过程;否则,遍历运算结束*/
    {   printf("%c",T->data);          /*访问根节点*/
        PreOrder(T->lchild);           /*前序遍历左子树*/
        PreOrder(T->rchild);           /*前序遍历右子树*/
    }
}
```

中序遍历递归算法的 C 函数如下：

```
void InOrder(BiTree * T)            /*中序遍历二叉树*/
{   if (T)
    {   InOrder(T->lchild);         /*中序遍历左子树*/
        printf("%c",T->data);       /*访问根节点*/
        InOrder(T->rchild);         /*中序遍历右子树*/
    }
}
```

后序遍历递归算法的 C 函数如下：

```
void PostOrder(BiTree * T)         /*后序遍历二叉树*/
{   if (T)
    {   PostOrder(T->lchild);      /*后序遍历左子树*/
    PostOrder(T->rchild);          /*后序遍历右子树*/
    printf("%c",T->data);          /*访问根节点*/
    }
}
```

上述三个遍历运算的递归函数看起来非常相似。首先，每个函数有相同的递归出口；其次，每个函数中都有两次直接递归调用。不同之处在于访问根节点（即输出节点信息）的语句 printf("%c",T->data)在算法中出现的位置不一样，分别在两次直接递归调用的前面、中间和后面，这也刚好与三种遍历次序中访问根节点操作出现的位置相同。

为什么上述这三个简单又相似的递归遍历算法，能够正确地输出相应的遍历序列？在程序运行过程中，函数的直接递归调用是如何进行？以一棵简单二叉树为例，给出其中序遍历递归算法的执行过程，如图 5.15 所示，其中实线箭头表示深一层递归调用，虚线箭头表示递归调用的返回。前序和后序的执行过程与中序类似，读者可自己分析。

仔细分析遍历函数的递归算法，不难发现，前序、中序、后序遍历的递归算法，区别仅在

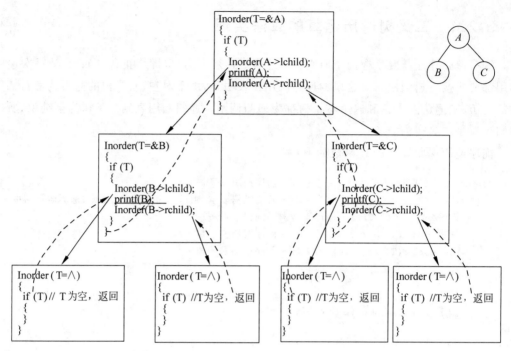

图 5.15　中序遍历算法的执行过程图示

于输出语句的位置不同。若去掉 printf 语句,那么三个遍历函数就是相同的算法,这说明三种遍历函数的执行路线是相同的。

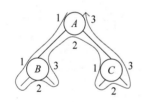

图 5.16　二叉树遍历路线
示意图

　　　　按遍历的路线画出曲线,并称该曲线为包线,如图 5.16 所示。画包线前,先将空指针的部分用直线标出,然后从根节点的左侧向下,紧紧包围住所有节点,最后从根节点的右侧返回。在包线的路线中,每个节点会碰到三次:

- 当第一次碰到节点时输出,得到的序列就是前序序列;
- 当第二次碰到节点时输出,得到的序列为中序序列;
- 当第三次碰到节点时输出,得到的序列为后序序列。

　　由前面第 3 章介绍过的栈与递归可知,所有递归函数在执行过程中,计算机都要在系统区分配一个栈的存储空间,为其保存递归调用时的现场信息。每当递归调用时,将现场信息进栈;递归返回时,将栈顶元素出栈。二叉树的三种遍历算法的实现都是递归函数,在执行过程中一样需要系统栈为其保存现场信息。因此,递归调用函数的空间复杂度与二叉树的高度有关。

　　对于图 5.15 中二叉树的中序遍历算法,执行时的系统栈变化如图 5.17 所示。为便于理解,图 5.17 中只画出了栈中保存的指针变量 T 的值,读者可以通过此图加深对递归遍历算法的理解。

　　理解了系统栈在实现递归处理过程中的作用,就可以定义一个栈将递归算法转换为非递归算法。以中序遍历为例,首先定义一个顺序栈 SeqStack,栈中存放节点的指针(递归调用时的参数),因此栈中元素的类型应为 BiTree *,通过调用第 3 章中栈的基本运算算法来完成对栈的各项操作,可以写出非递归的中序遍历算法。

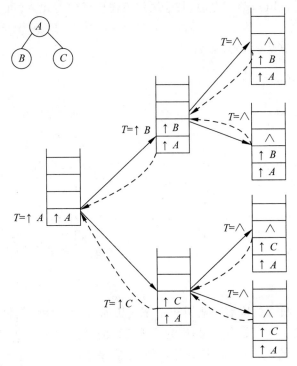

图 5.17　系统栈变化的图示

中序遍历非递归算法的 C 函数如下：

```
#define  MAXSIZE  100
Typedef  BiTree *  SElemType;
typedef struct
{   SElemType  data[MAXSIZE];          /* 顺序栈中保存的是节点指针 */
    int top;
 }SeqStack;
void  InOrderFei(BiTree * p)
{   SeqStack * s;
    s = initSeqStack();                /* 初始化顺序栈为空 */
    while(1)
    {   while(p)                       /* 指针 p 进栈,同时往最左下移动 */
        {   push(s,p);
            p = p->lchild;
        }
        if (empty(s))  break;          /* 栈空为结束条件 */
        p = top(s);  pop(s); printf("%c", p->data); /* 从栈中弹出一个元素 *p 并访问 */
        p = p->rchild;                 /* 进入 p 的右子树 */
    }
}
```

前序遍历与中序遍历的区别主要是“访问根节点”的操作位置不同。前序遍历时经过某节点应先“访问它”，然后进入左子树继续前序遍历，而右子树的遍历位置与中序是一样的。因此，只要将中序遍历算法中输出节点信息的语句“printf("%c",p->data);”的位置，调整到指针进栈语句"push(s,p);"之前,其他语句不需要任何变化,就可以实现前序遍历的非递归算法。

前序遍历非递归算法的 C 函数如下:

```
void  PreOrderFei(BiTree * p)
{    SeqStack * s;
     s = initSeqStack();                    /*初始化顺序栈为空*/
     while(1)
     {   while(p)
         {   printf("%c", p->data);         /*先访问根节点*/
             push(s,p);    p = p->lchild;    /*指针p进栈,往最左下移动*/
         }
         if (empty(s))  break;              /*栈空为结束条件*/
         p = top(s);  pop(s);               /*从栈中弹出一个元素*p*/
         p = p->rchild;                     /*进入p的右子树*/
     }
}
```

后序遍历的非递归算法比前序遍历和中序遍历略复杂一些。指针 p 进栈的同时还需标明下一步是进入左子树还是右子树,因为将来要访问节点 $*p$,必须是从右子树返回才可以,因此,栈中除了存储节点 $*p$ 的指针外,同时还需要增设一个标志域,标明是从左子树还是从右子树返回的父节点。具体算法读者可自己完成。

5.3 线索二叉树

二叉链表是二叉树最常用的存储结构,在含有 n 个节点的二叉链表中,有 $n+1$ 个空指针域。关于空指针域的有效使用,在第 2 章讨论线性表的链接存储结构时就已经介绍过。一般的单链表中有一个空指针域(终端节点的指针域),利用它可以将单链表改进成单循环链表,改进后的单循环链表可以从表中任意一个节点开始遍历整个链表,还可以方便地实现经常在表头或表尾进行的操作。同样的道理,利用空指针域也可以将双链表改进成双循环链表,也会提高某些运算的效率。二叉链表中有 $n+1$ 个空指针域,如何利用这些空指针域使二叉树上的运算效率提高,就是本节要讨论的内容——线索二叉树。

5.2 节中讨论的基于二叉链表存储结构的遍历,不论是递归的算法还是非递归的算法,时间复杂度都是 $O(n)$,因为每个节点都要访问一次。空间复杂度是常量级吗?显然不是,因为其中需要辅助栈的空间。从实现算法可以分析出,辅助栈的空间大小取决于树的高度,因此最好情况是完全二叉树,空间复杂度是 $O(\mathrm{lb}n)$,最坏情况是单支树,空间复杂度是 $O(n)$,而平均情况和最好情况一致,空间复杂度是 $O(\mathrm{lb}n)$。如果能充分利用二叉链表中的 $n+1$ 个空指针域来代替辅助栈的空间,就能使算法的空间复杂度由 $O(\mathrm{lb}n)$ 下降为常量级 $O(1)$,提高空间的使用性能。

具体做法是利用二叉链表中的 $n+1$ 个空指针域,存放节点在某种遍历序列下的前趋或后继指针。当节点的左指针域为空(无左孩子)时,用它的左指针域存放该点在某种遍历次序下的前趋节点的指针,即**左空指前趋**;当节点的右指针域为空(无右孩子)时,用它的右指针域存放该点在某种遍历次序下的后继节点的指针，即**右空指后继**。指向前趋或后继的指针称为**线索**（thread），将空指针域变成带线索的二叉链表称为**线索二叉链表**。线索可以直接标识在二叉树的逻辑结构上，加上线索的二叉树称为**线索二叉树**（threaded binary tree）。以某种次序遍历，使二叉链表变为线索二叉链表的过程称为**线索化**。二叉树的遍历有三种次序，所以线索也有三种，即**前序线索**、**中序线索**和**后序线索**。对应的线索二叉链表也有前序、中序和后序之分。

这样，二叉链表中某节点的指针域存储的可能是左、右孩子节点的指针，也可能是前趋和后继节点的指针（线索）。为了区分是孩子指针还是线索，需要对每个指针域再附加一个标志，当指针域中存放的是孩子指针时，标志为 0；当指针域中存放的是线索时，标志为 1。因此，线索二叉链表的存储结构在二叉链表的基础上增加了两个标志位域：ltag 和 rtag，其节点的结构如图 5.18 所示。

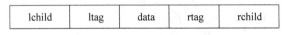

| lchild | ltag | data | rtag | rchild |

图 5.18　线索二叉链表的节点结构

其中：

$$ltag = \begin{cases} 0 & \text{lchild 中保存该节点的左孩子指针} \\ 1 & \text{lchild 中保存该节点的前趋指针（左线索）} \end{cases}$$

$$rtag = \begin{cases} 0 & \text{rchild 中保存该节点的右孩子指针} \\ 1 & \text{rchild 中保存该节点的后继指针（右线索）} \end{cases}$$

线索二叉链表存储结构的 C 语言描述如下：

```
typedef char DataType;
typedef struct Node
{    DataType data;
    struct Node * lchild, * rchild;
    int ltag,rtag;
}BiThrTree;
```

5.3.1　中序线索二叉链表

在二叉树的三种遍历次序中，中序遍历由于具有对称性，经常被重点讨论和使用。下面以中序线索二叉链表为例来进一步讨论线索的作用，其他两种线索二叉链表读者可自己参照中序线索二叉链表。图 5.19 所示的是一棵二叉树的中序线索二叉链表和中序线索二叉树。

图 5.19 中的实线表示指针，虚线表示线索。节点 G 的左线索为空，表示 G 是中序序列的开始节点，它没有前趋节点；节点 K 的右线索为空，表示 K 是中序序列的终端节点，它没有后继节点。显然在线索二叉链表中，一个节点是叶子节点的充要条件为：它的左、右标志均是 1。

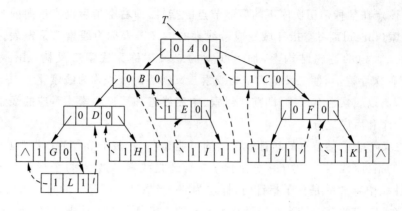

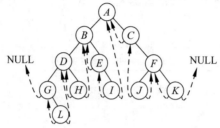

图 5.19　中序线索二叉链表和中序线索二叉树

注意：中序线索二叉树并不是一种新的二叉树的逻辑结构,只是为了表示方便将线索标示在二叉树的逻辑结构上,真正线索的添加必须基于二叉链表存储结构。

若要对二叉树实现中序线索化,即在内存中建立中序线索二叉链表,需要先按照线索二叉链表中的节点结构建立二叉链表存储结构,即初始时每个节点的左、右标志域均为 0,此时的二叉链表存储结构如图 5.20 所示。

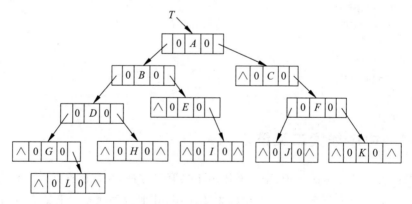

图 5.20　线索化前的二叉链表

用前面介绍的建立二叉链表的算法就可以在内存中建立此存储结构。在这样的存储结构上进行中序线索化,只要按中序遍历运算遍历二叉链表,在遍历过程中用线索取代空指针即可。为此,设两个指针：一个指针 pre 始终指向刚刚访问过的节点；另一个指针 p 指向当前正在访问的节点。显然节点 $*$ pre 是节点 $*p$ 的前趋,而 $*p$ 是 $*$ pre 的后继,pre 的初值为 NULL。

中序线索化的算法是中序遍历算法的一个应用,在前面介绍的遍历算法中,访问当前节点 * p 的具体操作是输出节点数据域的值,即"printf("%c",p->data);"。而在中序线索化算法中,访问当前节点 * p 时需要完成加线索的操作,即将遍历算法中的输出语句修改为加线索的语句,具体方法是:

(1) 设置节点 * p 的左右标志域,若节点 * p 的左(右)指针域,则将左(右)标志域置为1。

(2) 若节点 * p 有中序前趋节点 * pre(pre!=NULL)则:

① 设置前趋节点 * pre 的后继节点,若节点 * pre 的右标志为1(即 pre->rtag==1),则设置 * pre 的右线索为 * p(即 pre->rchild=p);

② 设置当前节点 * p 的前趋节点,若节点 * p 的左标志为1(即 p->ltag==1),则设置 * p 的左线索,即 p->lchild=pre;

(3) 保存当前节点 * p 为前趋节点 * pre(即 pre=p)。

只要将中序遍历二叉链表算法中的输出节点数据域的操作换成上述处理过程,就可以完成对二叉链表的中序线索化算法。

中序线索化算法的 C 函数如下:

```
BiThrTree * pre = NULL;                          /* 全局变量,前趋指针 */
void inthreaded(BiThrTree * p)                   /* 中序线索化 */
{   if(p)
    {   inthreaded(p->lchild);                    /* 线索化左子树 */
        if(p->lchild == NULL) p->ltag = 1;        /* 设置 * p 的左标志域 */
        if(p->rchild == NULL) p->rtag = 1;        /* 设置 * p 的右标志域 */
        if(pre!= NULL)                            /* 当前节点 * p 有前趋 */
        {    if(pre->rtag == 1) pre->rchild = p;   /* 设置前趋节点 * pre 的后继节点 */
             if(p->ltag == 1) p->lchild = pre;     /* 设置当前节点 * p 的前趋节点 */
        }
        pre = p;                                  /* 保存当前节点为前趋节点 */
        inthreaded(p->rchild);                    /* 线索化右子树 */
    }
}
```

用同样的方法可以实现前序线索化和后序线索化算法,读者可自己分析。

通过中序线索化算法建立了中序线索二叉链表后,就可以探讨如何利用中序线索来实现二叉树的遍历运算,并分析为什么利用线索能提高遍历运算的效率。

5.3.2　利用中序线索进行中序遍历的算法实现

在未加线索的二叉链表上实现遍历运算时,通常需要附加栈作为辅助空间,而栈的深度与二叉树的高度有关,所以遍历算法的空间复杂度取决于二叉树的高度,平均空间复杂度为 $O(\mathrm{lb}n)$。当利用二叉链表中的 $n+1$ 个空指针域进行中序线索化后,线索中就保存了节点的中序前趋或中序后继指针,通过中序线索能找到中序前趋或中序后继节点,因此,对二叉树的中序遍历便可以通过中序线索来完成。图 5.20 所示的中序线索二叉链表中的所有线索有一个明显的特点:它们都是"向上"的指针。也就是说,通过这些线索可以回溯到节点的祖先,即有了上升(从下层向上层)的路线。其实,在未加线索的二叉链表上实现遍历运算时,辅助栈的作用恰恰也是保存了上升的路线。因此,线索可以代替栈的作用,使得在中序线索二叉链表上实现遍历不用附加栈作为辅助结构,空间复杂度由对数级 $O(\mathrm{lb}n)$ 下降为常量级 $O(1)$,算法的空间效率得到提高。

在中序线索二叉链表上实现中序遍历时,首先要找到中序遍历的第一个节点(二叉树中最左下点,其左标志位为1,左线索为空),然后依次找到该节点的中序后继,直到中序遍历的最后一个节点(其右线索为空),算法结束。由于中序遍历具有对称性,也可以从中序遍历的最后一个节点出发,依次找该节点的中序前趋,直到中序遍历的第一个节点,算法结束。

在中序线索下查找 $*p$ 节点的中序后继有两种情况:

(1) 若 $*p$ 的右标志为1(p->rtag==1,右子树为空),则 p->rchild 为右线索,指向 $*p$ 节点的中序后继。

(2) 若 $*p$ 的右标志为0(p->rtag==0,右子树非空),则 $*p$ 的中序后继为其右子树的最左下节点。也就是从 $*p$ 的右孩子开始,沿左指针往下找,直到找到一个没有左孩子的节点 $*q$(q->ltag==1),则 $*q$ 就是 $*p$ 的中序后继,由此可得中序线索二叉链表上实现中序遍历的算法。

中序线索二叉链表上实现中序遍历算法的 C 函数如下:

```c
void InOrderThread(BiThrTree * root)
{    BiThrTree * p = root;
     while (p->ltag!= 1) p = p->lchild;        /* 找中序遍历的第一个节点,即最左下点 */
     while (p)
     {   printf("%c",p->data);                  /* 输出节点 */
         if  (p->rtag == 1)  p = p->rchild;/* 分两种情况查找节点后继 */
         else {    p = p->rchild;
                   while (p->ltag!= 1) p = p->lchild;
              }
     }
}
```

在中序线索下进行中序遍历的算法比较简单,因为是非递归算法,也不需要使用栈,大大减少了辅助空间。

通过不断查找节点的中序后继可以完成中序遍历。同样地,也可以通过不断查找中序前趋节点进行中序遍历,只不过是从中序序列的最后一个节点(二叉树中最右下点,其右线索为空)开始,然后利用左线索找前趋,得到的遍历序列是中序序列的逆序。具体的实现算法与上述算法极为相似(即左、右互换),这里不再阐述。

5.3.3　利用中序线索进行前序和后序遍历的算法实现

利用中序线索不但能方便地进行中序遍历,还可以方便地进行前序和后序遍历。

如果可以利用中序线索找到每个节点在前序遍历下的前趋或后继,便可以进行前序遍历。由于前序遍历的次序为根节点、左子树、右子树,因此利用中序线索找 $*p$ 节点前序遍历下的后继的方法如下。

(1) 若 $*p$ 有左孩子,则左孩子为前序后继。

（2）若 $*p$ 无左孩子但有右孩子，则右孩子为前序后继。

（3）若 $*p$ 既无左孩子也无右孩子，则沿着 $*p$ 节点的右线索（q->rtag==1）一直向上走，直到找到 $*q$ 节点，q->rchild 不是线索是指针（q->rtag==0），此时 $*(q->$ rchild)节点就是 $*p$ 的前序后继。

同理，根据中序线索可以找到每个节点后序遍历下的前趋，从而进行后序遍历。利用中序线索找 $*p$ 节点的后序前趋与利用中序线索找 $*p$ 节点的前序后继是对称的，将上述方法中所有的"左""右"都互换即可，所以利用中序线索找 $*p$ 节点后序前趋的方法如下。

（1）若 $*p$ 有右孩子，则右孩子为后序前趋。

（2）若 $*p$ 右无孩子但有左孩子，则左孩子为后序前趋。

（3）若 $*p$ 既无右孩子也无左孩子，则沿着 $*p$ 节点的左线索（q->ltag==1）一直向上走，直到找到 $*q$ 节点，q->lchild 不是线索是指针（q->ltag==0），此时 $*(q->$ lchild)节点就是 $*p$ 的后序前趋。

利用中序线索进行前序遍历算法的 C 函数如下：

```
void  PreOrderThread(BiThrTree * root)
{   BiThrTree * p = root;                /* 根节点为前序遍历的第一个节点 */
    while(p)                             /* 不断找前序后继 */
    {   printf("%c",p->data);            /* 输出节点 */
        if (p->ltag==0)  p = p->lchild;  /* 查找节点前序后继 */
        else  if (p->rtag==0) p = p->rchild;
              else  { while (p&&p->rtag==1)
                           p = p->rchild;
                       if (p)   p = p->rchild;
                    }
    }
}
```

利用中序线索进行后序遍历算法的 C 函数如下：

```
void PostOrderThread(BiThrTree * root)
{    BiThrTree   * p = root;             /* 根节点为后序遍历的最后一个节点 */
     while(p)                            /* 不断找后序前趋 */
     {    printf("%c",p->data);          /* 输出节点 */
          if(p->rtag==0) p = p->rchild;  /* 查找节点前趋 */
          else  { while (p&&p->ltag==1)  p = p->lchild;
                   if (p)    p = p->lchild;
                 }
     }
}
```

由于上述的后序遍历算法是通过不断寻找前趋节点来实现的，因此得到的遍历序列为后序序列的逆序，有多种方法可以将其转换为正序，读者可自己完成。

利用中序线索不但可以找到中序遍历的前趋和后继节点，还可以找到前序遍历的后继节点及后序遍历的前趋节点，但是利用中序线索却不能实现找前序遍历的前趋节点及后序遍历的后继节点的操作，具体原因读者自己思考。

5.4　哈夫曼树

二叉树的应用非常广泛,哈夫曼树是其中最典型的应用之一。通常,构建哈夫曼树的目的是设计哈夫曼编码,而哈夫曼编码在计算机中有着十分重要的应用价值。

5.4.1　哈夫曼树的定义及建立

从树的概念可知,根节点到其余节点都有路径。**节点的路径长度**就是从根节点到每个节点的路径长度,其值为路径上的节点数减 1。在实际应用中,常常给树的每个节点赋予一个有实际意义的数值,称为节点的**权值**(weight)。赋予了权值的节点的路径长度与该节点权值的乘积即为**节点的带权路径长度**(weighted path length of node)。哈夫曼树研究的是只有叶子节点上带权的二叉树,于是,每个叶子节点都有节点的带权路径长度。例如,图 5.21(a)中叶子节点 D 的带权路径长度为 $8 \times 2 = 16$,图 5.21(b)中叶子节点 A 的带权路径长度为 $2 \times 3 = 6$。**树的带权路径长度**(weighted path length of tree,WPL)定义为:树中所有叶子节点的带权路径长度之和,记为:$\text{WPL} = \sum_{i=1}^{n} w_i l_i$。其中,$n$ 表示叶子节点数;w_i 表示第 i 个叶子节点的权值;l_i 代表第 i 个叶子节点的路径长度。

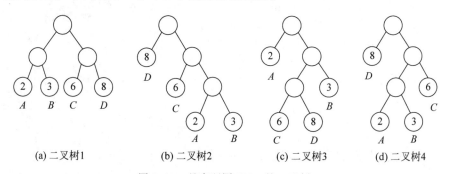

(a) 二叉树1　　　　(b) 二叉树2　　　　(c) 二叉树3　　　　(d) 二叉树4

图 5.21　具有不同 WPL 的二叉树

哈夫曼树(Huffman tree)又称为**最优二叉树**,是在含有 n 个叶子节点,权值分别为 w_1,$w_2, \cdots, w_n$ 的所有二叉树中,带权路径长度 WPL 最小的二叉树。

图 5.21 所示的四棵二叉树,都包含有 4 个叶子节点,权值分别为 2、3、6、8,由于形态不同,它们的带权路径长度也不相同,这四棵二叉树的带权路径长度分别为:

$$\text{WPL}_1 = 2 \times 2 + 3 \times 2 + 6 \times 2 + 8 \times 2 = 38$$
$$\text{WPL}_2 = 8 \times 1 + 6 \times 2 + 2 \times 3 + 3 \times 3 = 35$$
$$\text{WPL}_3 = 2 \times 1 + 6 \times 3 + 8 \times 3 + 3 \times 2 = 50$$
$$\text{WPL}_4 = 8 \times 1 + 2 \times 3 + 3 \times 3 + 6 \times 2 = 35$$

其中带权路径长度最小的是图 5.21(b)和图 5.21(d)所示的二叉树。对于含有 4 个叶子节点,权值分别为 2、3、6、8 的二叉树,不会再有比 35 更小的带权路径长度了,所以图 5.21(b)和图 5.21(d)都是哈夫曼树。从这两棵哈夫曼树中可以看出,权值越大的叶子节点离根越近,带权路径长度越小。如何能确保叶子节点的权值越大离根越近?这就是如何构造哈夫曼树的问题。哈夫曼(D. A. Huffman)在 20 世纪 50 年代初便提出了一个非常简单的算法来建立哈夫曼树,称其为哈夫曼算法,具体步骤如下。

(1) 将给定的每个叶子节点作为一个根节点构成一棵树,n 个叶子节点可以构造一个具有 n 棵树的森林$\{T_1,T_2,\cdots,T_n\}$,n 个根节点的权值分别为$\{w_1,w_2,\cdots,w_n\}$。

(2) 在森林中选取两棵根节点权值最小的树分别作为左、右子树,增加一个新节点作为根,从而将两棵树合并成一棵树,新根节点的权值为左、右子树根节点权值之和。森林中因此也减少了一棵树。

(3) 重复上面步骤(2)的处理过程,直到森林中只有一棵树为止,这棵树就是哈夫曼树。

从哈夫曼树构造过程和生成结果可知,哈夫曼树具有以下特点:

(1) 哈夫曼树一定是二叉树。

(2) 哈夫曼树不唯一。

图 5.21(b)和图 5.21(d)就是初始条件相同,WPL 也相同的两棵不同的哈夫曼树。哈夫曼树不唯一主要原因有两个:首先,需要从森林中选出根节点权值最小的两棵二叉树,若森林中有若干根节点权值相等且都是最小的二叉树,则任意选出两棵即可,这是导致哈夫曼树不唯一的一个原因。另外,选中的两棵二叉树的左右次序在定义中没有严格规定,这又是导致哈夫曼树不唯一的另一个原因(图 5.21(b)和图 5.21(d))。哈夫曼树虽然可以不唯一,但求得它们的带权路径长度肯定是相等且最小的。图 5.21 中的两棵哈夫曼树的带权路径长度都为 35。

(3) 哈夫曼树中只包含度为 0 和度为 2 的节点。

由于每次都是选两棵树加一个新节点生成一棵树,因此每个新增的节点一定都有左、右两棵子树,故哈夫曼树中不存在度为 1 的节点,只有叶子节点和度为 2 的节点。

(4) 树中权值越大的叶子节点离根节点越近。

【例 5.1】 设树中叶子节点的权值为$\{5,29,7,8,14,23,3,11\}$,构造一棵哈夫曼树。

(1) 将给定的 8 个叶子节点作为根节点,构造具有 8 棵树的森林,如图 5.22(a)所示。

(2) 从森林中选取根节点权值最小的两棵二叉树 3、5,分别作为左、右子树,构造一棵新的二叉树,新树根节点权值为 8,森林中减少一棵树,如图 5.22(b)所示。

(3) 重复步骤(2),直到森林中只剩一棵二叉树为止,详细步骤如图 5.22(c)~图 5.22(h)所示。

图 5.22(h)中所示的哈夫曼树的带权路径长度为:WPL$=(23+29)\times2+(11+14)\times3+(3+5+7+8)\times4=271$。

哈夫曼树是二叉树,而二叉树常用的存储结构是链接存储,所以哈夫曼树也采用链接存储结构。由于在哈夫曼树的运算中,不仅要完成寻找节点的左、右孩子的操作,还需要频繁地进行寻找节点双亲的操作,因此在存储结构中除了存储节点的左、右孩子的指针外,还要存储其双亲的指针,这里可以把哈夫曼树的存储结构设计为三叉链表,节点结构如图 5.23 所示。

每个节点包含四个域:weight 为节点的权值,lchild、rchild、parent 分别为左、右孩子和双亲节点的指针。

由于在构造哈夫曼树的算法中,需要不断地选取权值最小的两个根节点,因此,为方便此类查找运算,设计静态链表来存储哈夫曼树,即将所有节点存在一个一维数组中,用下标来代替指针。

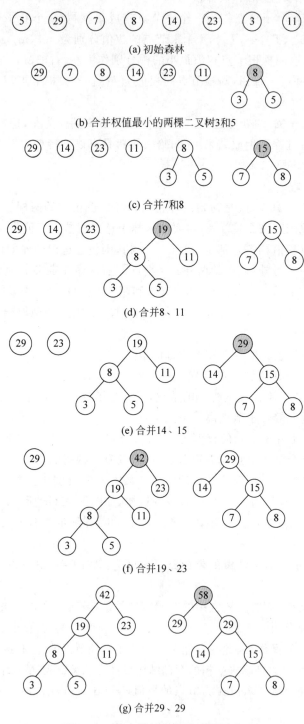

图 5.22　哈夫曼树的构造过程图示

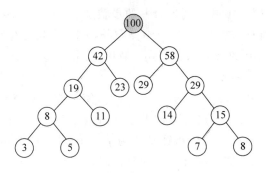

(h) 合并42、58

图 5.22 （续）

weight	parent	lchild	rchild

图 5.23 哈夫曼树中节点的结构

构造哈夫曼树时,初始森林中共有 N 棵二叉树,每两棵二叉树合并成一棵树时会生成一个新节点。因为每次合并时森林中都会减少一棵树,循环执行后,最终森林中只剩一棵树的时候结束算法,共进行了 $N-1$ 次合并,也就是说在生成哈夫曼树的过程中共新增加了 $N-1$ 个节点,因此哈夫曼树中共有 $2N-1$ 个节点。由于哈夫曼树中只包含度为 0 和度为 2 的节点,度为 1 的节点数为 0,若度为 0 的节点(叶子)数为 N,则度为 2 的节点数必定为 $N-1$(二叉树性质 3),也可算出节点总数 M 为 $2N-1$。由此可定义一个长度为 $2N-1$ 的数组 tree 来存储哈夫曼树,为了方便运算,下标从 1 开始,0 代表指针空(NULL),所以设定数组的大小为 $M+1$。

哈夫曼树存储结构的 C 语言描述如下:

```
# define N 7              /*叶子节点数*/
# define M 2 * N - 1      /*总节点数*/
typedef struct            /*哈夫曼树节点的存储结构*/
{   int weight;           /*节点的权值*/
    int parent;           /*双亲在数组中的下标*/
    int lchild,rchild;    /*左、右孩子在数组中的下标,叶子节点的这两个指针值为0*/
 }HufmTree;
HufmTree   tree[M+1];     /*哈夫曼树的静态链表存储结构,下标为0的单元闲置*/
```

需要说明的是,由于在建立哈夫曼树时,需要从当前森林中选取根节点权值最小的两棵树,若要实现这个操作,首先就需要判断哪些是根节点,然后才能进行比较。因为根节点无双亲,双亲指针应为空,因此 parent 域为 0 的节点为根节点。

在上述存储结构上实现哈夫曼算法的过程如下。

(1) 将存储哈夫曼树的数组 tree 中的 $2N-1$ 个节点初始化,即将各节点的权值、双亲、左孩子、右孩子均置为 0。

(2) 读入 N 个叶子节点的权值,分别存入数组 tree 的权值域(tree[i]. weight)中,构造包含 N 棵树的初始森林,森林中的每棵树只有一个根节点。

(3) 循环 $N-1$ 次,对森林中的树进行 $N-1$ 次合并,产生 $N-1$ 个新节点,依次放入数组 tree$[i]$($N+1 \leqslant i \leqslant 2N-1$)中。每次合并的步骤是：

① 在当前森林的所有节点 tree$[j]$($1 \leqslant j \leqslant i-1$)中，选取具有最小权值和次小权值的两个根节点(parent 域为 0 的节点)，分别用 $p1$ 和 $p2$ 记住这两个根节点在数组 tree 中的下标。

② 将根为 tree$[p1]$和 tree$[p2]$的两棵树合并，使其成为新节点 tree$[i]$的左、右孩子，得到一棵以新节点 tree$[i]$为根的二叉树。即将 tree$[i]$.weight 赋值为 tree$[p1]$.weight 和 tree$[p2]$.weight 之和；tree$[i]$的左指针赋值为 $p1$；tree$[i]$的右指针赋值为 $p2$；同时将 tree$[p1]$和 tree$[p2]$的双亲域均赋值为 i，使其指向新节点 tree$[i]$，即它们在当前森林中已不再是根节点。

建立哈夫曼树算法的 C 函数如下：

```
# define Maxval  32767                    /* 机内极大值 */
Huffman(HufmTree  tree[])
{   int i,j,p1,p2;
    int small_1,small_2;
    for(i = 1;i < = M;i++)                 /* 初始化所有节点 */
        tree[i].weight = tree[i].parent = tree[i].lchild = tree[i].rchild = 0;
    for(i = 1;i < = N;i++)                  /* 输入 N 个叶子节点权值 */
        scanf(" % d",&tree[i].weight);
    for(i = N + 1;i < = M;i++)   /* 循环 N-1 次,从森林中选出根节点权值最小的两棵树合并 */
    {   p1 = p2 = 1;                        /* 保存权值最小的两个根节点的下标 */
        small_1 = small_2 = Maxval;
        for(j = 1;j < = i - 1;j++)          /* 选出两个权值最小的根节点 */
            if(tree[j].parent == 0)         /* 只查找根节点,根节点的 parent 为 0 */
                if(tree[j].weight < small_1)
                {   small_2 = small_1;   p2 = p1;
                    small_1 = tree[j].weight;   p1 = j;
                }
                else if (tree[j].weight < small_2)
                {   small_2 = tree[j].weight;   p2 = j;}
        tree[i].weight = tree[p1].weight + tree[p2].weight;  /* 赋新节点权值 */
        tree[i].lchild = p1;               /* 赋新节点的左指针 */
        tree[i].rchild = p2;               /* 赋新节点的右指针 */
        tree[p1].parent = i;               /* 赋选中的两个节点的父指针 */
        tree[p2].parent = i;
    }
}
```

以图 5.21 中的权值{2,3,6,8}为例，分析一下上述构造哈夫曼树的实现算法。静态链表中值的动态变化过程如图 5.24 所示。因为共有 4 个叶子节点，则 $N=4$，$M=2N-1=7$，即构建的哈夫曼树共 7 个节点，其中叶子节点数为 4。可定义静态链表(数组)的长度为 8，其中 0 号单元闲置。

首先，建立初始森林。第一个循环将所有节点初始化，每个节点的数据域都清零。之后通过第二个循环读入 N 个叶子节点权值，得到如图 5.24(a)所示的初始森林。

然后开始合并操作。因为 $N=4$，所以共进行 $N-1=3$ 次合并。第一次合并中，新生成的节点存储在下标为 $N+1=5$ 的单元中。生成过程如下：先从下标为 1 到 4 的 4 个单元中，选取权值最小的两个根节点：$p1=1,p2=2$。修改新增节点（下标为 5）的权值和左、右孩子指针：权值为 $2+3=5$，左孩子下标为 1，右孩子下标为 2。最后修改刚刚被选中的两个节点的双亲，赋值为 5。第一次合并完成。然后按照同样方式，实现第二次合并和第三次合并，生成的新节点的下标分别为 6 和 7。

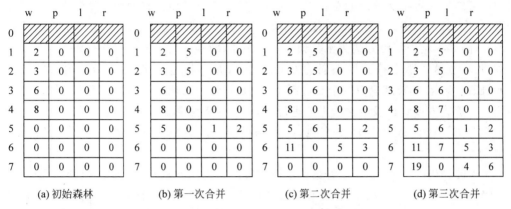

图 5.24　构造哈夫曼树过程中静态链表的状态变化

从哈夫曼树定义可知，哈夫曼树不唯一，但是从哈夫曼树的建立算法得到的哈夫曼树一定是唯一的。因为当有多个根节点权值相同且都是最小时，算法中求得的最小值和次最小值一定是数组中从上向下最先找到的两个，而且选中的两棵二叉树进行合并时是将最小的放在左边，次最小值的放在右边，即当存储结构和算法的实现过程一旦确定后，程序是不会出现二义性的。与图 5.24 中最终求得的静态链表对应的哈夫曼树如图 5.24(d)所示。

5.4.2　哈夫曼编码及译码

哈夫曼树最典型的应用就是哈夫曼编码（Huffman coding）。哈夫曼编码是利用哈夫曼树对数据进行二进制编码，它是数据压缩中经典的算法。哈夫曼于 1952 年第一次发表了他的论文《最小冗余度代码的构造方法》（*A Method for the Construction of Minimum Redundancy Codes*），从此，数据压缩开始在商业程序中实现并被应用在许多技术领域。

编码的使用开始于电报通信中。在进行文字传输时，数据通信的发送方需要将原文中的每一个文字转换为对应的二进制 0、1 序列（编码）进行发送，接收方接收到二进制的 0、1 串后再还原成原文（译码）。

由于计算机是用二进制来进行数据存储的，所有的处理对象在计算机中都是二进制数，因此处理对象的二进制编码问题就显得尤为重要。

常用的编码方式有两种：等长编码和不等长编码。在计算机中最典型的等长编码是读者非常熟悉的 ASCII 码，其特点是每个字符的编码长度相同。

1）等长编码

假设字符集只含有 4 个字符 A、B、C、D，用两位二进制表示的等长编码就可以为 00，01，10，11。若现在有一段电文为 $ABACCDA$，则编码的二进制序列为 00010010101100，总长度为 14 位。当接收方接收到这段电文后，每两位翻译出一个字符，便可将电文译码。等长编码中每个字符的码长跟字符集的字符个数有关,如码长为 4,则最多可为 16 个字符编码;又如,为 26 个英文字母进行编码,则至少需要 5 位码长。这种等长编码的特点是编码简单且具有唯一性,当字符集中的字符在电文中出现的频度相等时,它是最优的编码。

2)不等长编码

在实际问题中,往往字符集中的字符使用频度是不相等的,此时如何设计高效的编码,以便尽可能地缩短报文编码的总长呢?最直观的一个方法就是将使用频度较高的字符分配一个相对比较短的编码,使用频度较低的字符分配一个比较长的编码。由于字符的编码长度不等,因此称这种编码方式为**不等长编码**。例如,同样还是字符集只含有 4 个字符 A、B、C、D,可以为这 4 个字符分别编码为 0、00、1、01,并可将电文 $ABACCDA$ 用二进制序列 000011010 发送,其长度只有 9 个二进制位,比上面的等长码少了 5 位,但随之带来了一个问题——接收方接到这段电文后无法进行译码,因为无法断定序列中的前 4 个 0 是 4 个 A 还是 2 个 B? 或许是 1 个 B、2 个 A,即译码不唯一。这种编码方法产生了二义性,不可使用。

为了使译码唯一,则要求字符集中任一字符的编码都不是其他字符编码的前面一部分,这种编码叫作**前缀(编)码**。不论用什么方式进行编码,都必须保证是前缀码,才能实现对一组二进制 0、1 序列进行正确译码。例如,若"0"是前缀码中的一个编码,则不可能再出现以 0 开始的任何编码,如 00、01、001 等都是不允许出现的。例如,{000,001,01,10,11} 是前缀码,而 {00,0001,000} 就不是前缀码。

显然,等长码是前缀码,不会产生二义性,但却不一定是最优的编码。那么如何根据使用频度构造字符的不等长前缀编码且使报文总长最短呢?

可以使用二叉树来进行编码。二叉树最多只有左、右两个分支,这个特点恰好适合表示二进制的 0、1,若叶子代表需要编码的字符,则该字符的编码为从根节点到该叶子节点的路径上的 0、1 序列,所得的编码一定为前缀码。因为任何一个从根节点到叶子节点的路径,都不会经过其他叶子节点,从而每个叶子节点对应的编码都不可能是其他叶子节点编码的前面一部分,保证了一定是前缀码。

设共有 N 个字符,它们的使用频度分别为 $w_1, w_2, \cdots, w_N$,编码的码长分别为 $l_1, l_2, \cdots, l_N$,则报文总长为

$$w_1 \times l_1 + w_2 \times l_2 + \cdots + w_N \times l_N = \sum_{i=1}^{N} w_i l_i$$

若将这 N 个字符作为二叉树的 N 个叶子节点,将字符的使用频度作为叶子节点的权值,设计一棵二叉树,则每个字符编码的码长恰为根节点到每个叶子节点的路径长度。由此,上式既为报文总长,同时也恰好为树的带权路径长度。若要使报文总长最短,则对应树的带权路径长度最短。于是,用叶子节点创建哈夫曼树,并对叶子节点进行编码,得到的字符编码就是最优的编码。

哈夫曼编码的实现方法如下。

(1)利用字符集中每个字符的使用频度作为权值构造一棵哈夫曼树。

(2)从根节点开始,在每个左孩子的连线上标 0,在每个右孩子的连线上标 1。

(3)由根到某叶子节点的路径上的 0、1 序列组成该叶子节点的编码。

【例 5.2】 已知一个字符集包含 8 个字符 $\{a, b, c, d, e, f, g, h\}$,每个字符的使用频度

(权值)分别为{5,29,7,8,14,23,3,11},为每个字符设计哈夫曼编码。

(1) 由各叶子节点及其权值构造一棵哈夫曼树,并分别在左孩子连线上标 0,在右孩子连线上标 1,如图 5.25 所示。

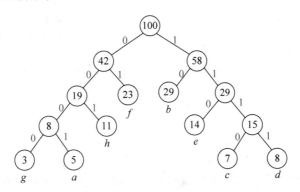

图 5.25　哈夫曼树及哈夫曼编码

(2) 由此哈夫曼树得出每个字符的哈夫曼编码如表 5.1 所示。

表 5.1　每个字符的哈夫曼编码

字　符	编　码	字　符	编　码
a	0001	e	110
b	10	f	01
c	1110	g	0000
d	1111	h	001

带权路径长度为

$$\text{WPL} = \sum_{i=1}^{n} w_i l_i = 5 \times 4 + 29 \times 2 + 7 \times 4 + 8 \times 4 + 14 \times 3 + 23 \times 2 + 3 \times 4 + 11 \times 3 = 271$$

下面讨论哈夫曼编码的实现算法。首先根据字符的权值构建哈夫曼树,然后从每个叶子节点开始不断地向上搜索双亲节点,直到根节点为止,得出字符的哈夫曼编码。具体的过程为:从叶子节点 tree[i](1≤i≤N)开始,利用双亲指针 parent 找到它的双亲 tree[p];再利用 tree[p] 的指针域 lchild 和 rchild,确定 tree[i] 是 tree[p] 的左孩子还是右孩子,若是左孩子,则生成代码0,否则生成代码1;然后以 tree[p] 为出发点,重复上述过程,直至找到根节点,就可以得到某个叶子节点编码的0、1序列。显然,这样生成的0、1序列与要求的编码次序刚好相反,因此,可以将生成的代码从后往前依次存放在一个数组 bits 中,同时根据编码在数组中的起始位置来确定叶子节点的编码位数。

哈夫曼编码的存储结构及实现算法的 C 函数如下:

```
typedef struct            /*哈夫曼编码的存储结构*/
{   char bits[N];         /*保存编码的数组*/
    int start;            /*编码的有效起始位置,从该位置之后的 01 串为字符的编码*/
    char ch;              /*字符*/
}CodeType;
CodeType  code[N+1];      /*字符编码数组,下标为 0 的单元空出*/
huffmanCode(HufmTree tree[ ],CodeType code[ ])  /*利用哈夫曼树求字符的哈夫曼编码*/
```

```
{   int i,c,p;
    for(i = 1;i <= N;i++)                    /* N次循环,分别得到 N 个字符的编码 */
    {   code[i].start = N;
        c = i;
        p = tree[i].parent;                  /* 获取字符的双亲 */
        while (p!= 0)                         /* 一直往上层查找,直到根结束 */
        {   code[i].start -- ;
            if(tree[p].lchild == c)   code[i].bits[code[i].start] = '0';
            else                      code[i].bits[code[i].start] = '1';
            c = p;   p = tree[p].parent;
        }
    }
}
```

　　这里需要注意的是,字符的哈夫曼编码的存储结构与哈夫曼树的存储结构是分开设计的。由于哈夫曼树中除了叶子节点之外还存储了若干分支点,而分支点不需要编码,因此哈夫曼编码的存储结构单独设计。编码存储结构中除了保存字符外,还定义数组 bits 保存该字符编码的 0、1 序列。由于从算法中求出的 0、1 序列是实际编码的逆序,为了将序列颠倒过来,可以从 bits 数组的最后一个元素往前依次存储,同时要保存编码在 bits 数组中的起始位置 start,以确定编码的长度。由 N 个叶子节点构建的哈夫曼树,高度最高不会超过 N,所以 bits 数组的长度定义为 N。

　　若用该算法将例 5.2 中的字符进行编码,可得到字符编码表如图 5.26 所示。

	bits								ch	start
0										
1					0	0	0	1	a	4
2							1	0	b	6
3					1	1	1	0	c	4
4					1	1	1	1	d	4
5						1	1	0	e	5
6							0	1	f	6
7					0	0	0	0	g	4
8						0	0	1	h	5
	0	1	2	3	4	5	6	7		

图 5.26　例 5.2 中字符的编码表内存结构

　　哈夫曼树也可用来译码,即将二进制电文串翻译为字符串。与编码过程相反,译码过程是从哈夫曼树的根节点出发,逐个读入电文中的二进制码,若读入 0,则走向左孩子,否则走向右孩子,一旦达到叶子节点,便译出相应的字符。然后,重新从根节点出发继续译码,直到二进制电文结束。

　　哈夫曼译码算法的 C 函数如下:

```
decode(HufmTree   tree[ ],CodeType   code[ ])
/* 已知哈夫曼树和哈夫曼编码,对输入的 0、1 串进行译码 */
{   int i = M,b;       /* tree[M]中保存的是哈夫曼树的根,i = M 表示从根节点出发进行译码 */
    int endflag = - 1;/* 标识是否结束 */
```

```
    int yiflag;          /*标识是否刚好译出一个字符*/
    scanf("%d",&b);      /*获取输入的第一个01码*/
    while (b!= endflag)  /*分析不断输入的01码,依次输出译出的字符,直到遇到结束符为止*/
    {   yiflag = 0;
        if (b == 0)      i = tree[i].lchild;      /*读入0往左走*/
        else             i = tree[i].rchild;      /*读入1往右走*/
        if(tree[i].lchild == 0)                   /*走到叶子节点,译出字符*/
        {    printf("%c",code[i].ch);
             i = M;                               /*重新从根节点出发,准备译下一个字符*/
             yiflag = 1;
        }
        scanf("%d",&b);
    }
    if(yiflag!= 1)  printf("\nERROR\n");          /*若输入的01码序列不规范,则会提示译码错误*/
}
```

注意: 上述算法中的 endflag 代表输入的二进制序列结束标志(设为 -1),yiflag 代表二进制序列输入结束时是否刚好走到叶子节点,若没有走到叶子节点,则说明输入的二进制序列有错,给出错误信息。

5.5 树和森林

前面对二叉树的存储及遍历运算做了详细讨论,对于一般的树和森林如何进行存储和遍历运算? 如果能找到树和森林与二叉树之间逻辑上的对应关系,就可以先将树和森林从逻辑结构上转换为二叉树,然后利用二叉树的存储及遍历运算来解决树和森林的相关问题。本节重点讨论如何完成树和森林与二叉树之间的转换。

5.5.1 树和森林的遍历定义

遍历是各种数据结构上最基本的操作,树和森林也不例外。但是在树和森林中,一个节点可以有任意棵子树,因此它的遍历不能像二叉树那样,有前序、中序和后序之分。只能根据对树根和子树访问的先后次序,将树的遍历分成先根遍历和后根遍历两种。

树的先根遍历定义为: 先访问根节点,然后从左到右依次先根遍历每棵子树。先根遍历图5.27所示的森林中的第一棵树,可得到遍历序列为: A,B,F,D,C,G,E,H。

树的后根遍历定义为: 先从左到右依次后根遍历每棵子树,最后访问根节点。后根遍历图5.27所示的森林中的第一棵树,可得到遍历序列为: F,B,D,G,H,E,C,A。

显然,树的先根遍历和后根遍历过程都是递归过程。

类似地,可得到森林的两种遍历方法: 先根遍历森林和后根遍历森林。

先根遍历森林定义为: 若森林非空,则首先先根遍历森林中的第一棵树,然后从左到右依次先根遍历除第一棵树外其他树组成的森林。

后根遍历森林定义为: 若森林非空,则首先后根遍历森林中的第一棵树,然后从左到右依次后根遍历除第一棵树外其他树组成的森林。

同样,森林的先根遍历和后根遍历过程也都是递归过程。

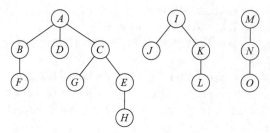

图 5.27　森林的图示

若对图 5.27 中的森林进行先根和后根遍历,可得到遍历序列如下。

先根序列:$A,B,F,D,C,G,E,H,I,J,K,L,M,N,O$。

后根序列:$F,B,D,G,H,E,C,A,J,L,K,I,O,N,M$。

还可以按层次次序进行森林或树的遍历。对图 5.27 中的森林进行层次次序遍历,可得到层次序列为:$A,I,M,B,D,C,J,K,N,F,G,E,L,O,H$。

5.5.2　森林与二叉树的相互转换

1. 森林转换为二叉树

一棵二叉树中包含根节点、左子树、右子树,在转换过程中,能由森林确定出二叉树的根节点和左、右子树即可。

森林转换为二叉树的定义如下。

(1) 若森林为空,则二叉树为空。

(2) 若森林不空,则二叉树的**根**为森林中第一棵树的根;二叉树的**左子树**为第一棵树去掉根之后的森林转换成的二叉树;二叉树的**右子树**为森林除去第一棵树后剩下的树组成的森林转化成的二叉树。

根据森林转换为二叉树的定义,可以采用两种方法将森林转换为二叉树:孩子兄弟法和连线法。

1) 孩子兄弟法

首先讨论树转换为二叉树。对于树中的一个节点,此节点的第一个孩子为转换后二叉树的左孩子,除第一个孩子外的其他孩子成为其左兄弟的右孩子,其结构如图 5.28 所示。该结构与二叉树的结构一样,但意义不同。

图 5.29 所示的树及转换后的二叉树中,节点 A 有三个孩子节点 B、C、D,转换为二叉树时,第一个孩子节点 B 成为 A 的左孩子,C 是 B 的右兄弟,成为 B 的右孩子,D 节点同理成为 C 节点的右孩子。

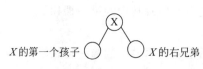

图 5.28　孩子兄弟法的节点关系图示

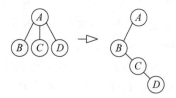

图 5.29　树及转换后的二叉树图示

其次,讨论森林转换为二叉树。森林中多棵树的根,互称为兄弟,第二棵树的根是第一棵树根的右兄弟,以此类推。可以将图 5.27 中的森林转换为一棵二叉树,如图 5.30 所示。

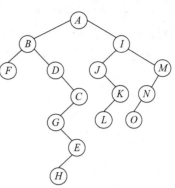

2)连线法

由于将森林转换为二叉树的定义是递归的,因此在理解和应用时都有一定的难度,对定义进行仔细的分析和归纳,可以总结出简单的转换规则。

(1)森林中所有相邻兄弟之间添加一条连线(森林中所有的根节点认为是兄弟)。

(2)保留双亲与第一个孩子之间的连线,去掉双亲与其他孩子之间的连线。

图 5.30　图 5.27 中的森林对应
　　　　 的二叉树

(3)将树中的水平连线和垂直连线顺时针旋转 45°,整理成二叉树中的左、右子树。

图 5.31 给出了从一棵树转换为二叉树的转换过程示意图。显然,只有一棵树的森林转换成二叉树只有根节点和左子树,仅当森林中包含两棵及两棵以上的树时,转换成的二叉树才会有右子树。图 5.27 中的森林转换成的二叉树如图 5.30 所示。从上面的转换过程可以看出,在转换后的二叉树中,左分支上的各节点在原来的树中是父子关系,而右分支上的各节点在原来的树中是兄弟关系。

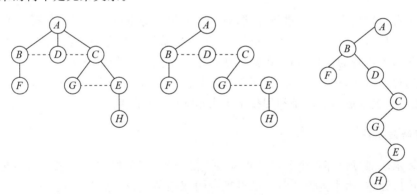

(a) 相邻兄弟加连线　　　(b) 删去双亲与其他孩子的连线　　　(c) 转换后的二叉树

图 5.31　树到二叉树的转换过程

森林与二叉树之间在逻辑结构上存在对应关系。其实,它们的运算之间也存在对应关系。图 5.30 中的二叉树的前序遍历和中序遍历序列,分别如下。

前序序列:$A,B,F,D,C,G,E,H,I,J,K,L,M,N,O$。

中序序列:$F,B,D,G,H,E,C,A,J,L,K,I,O,N,M$。

通过对照,很容易看出它们分别是原森林的先根序列和后根序列。即森林的先根遍历对应于它转换后的二叉树的前序遍历;森林的后根遍历对应于它转换后的二叉树的中序遍历。

2. 二叉树转换为森林

二叉树转换为森林的定义如下。

（1）若二叉树为空，则对应的森林为空。

（2）若二叉树不空，则二叉树的根为森林中第一棵树的根，二叉树的左子树转换为第一棵树根的各个子树；二叉树的右子树转换为森林中其余的树。

这是一个递归过程，同样也可以用简单的连线方法来表示转换过程，如图5.32所示。

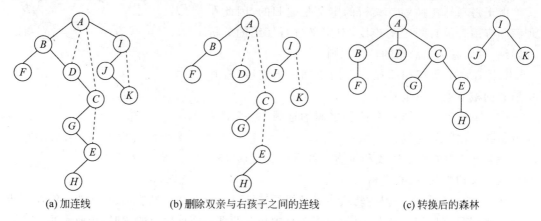

| (a) 加连线 | (b) 删除双亲与右孩子之间的连线 | (c) 转换后的森林 |

图 5.32　二叉树到森林的转换过程

*5.5.3　树的存储

虽然树可以转换为二叉树进行存储和运算，但树本身也可以有多种存储方式，既可以采用顺序存储结构，也可以采用链接存储结构，但无论采用何种存储方式，都要求存储结构不仅能存储各节点本身的数据信息，还能反映树中各节点之间的逻辑关系。下面简单介绍树的几种常用存储方式，这几种方式的区别在于如何表示节点之间的关系，有的是利用双亲来表示的（如双亲表示法），有的是利用孩子来表示的（如孩子链表表示法、二叉链表表示法）。

1. 双亲表示法

双亲表示法通过保存每个节点的双亲节点的位置，表示树中节点之间的结构关系。由树的定义可以知道，树中的每个节点都有唯一的双亲节点，根据这一特性，可用一组连续的存储空间（一维数组）存储树中的各个节点。数组中每个元素存储树中的一个节点，数组元素为结构体类型，其中包括节点本身的信息以及节点的双亲在数组中的序号，树的这种存储方法称为双亲表示法，具体表示如图5.33所示。

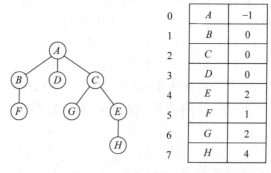

0	A	−1
1	B	0
2	C	0
3	D	0
4	E	2
5	F	1
6	G	2
7	H	4

图 5.33　树的双亲表示法

这种存储方法最简单,但应用范围很有限,只适合于由孩子节点找父节点的操作,在实际应用中很少用到。在树的运算中经常由根节点开始,不断地由父节点向下查找孩子节点,比如树的先根遍历和后根遍历都是如此。因此,这种存储结构就无法完成树的先根遍历和后根遍历操作。为了提高它的应用价值,通常要和下面介绍的孩子链表表示法存储方式结合起来使用,这样在解决实际问题时,既能很容易地向下找到孩子节点,同时也能向上找到父节点。

2. 孩子链表表示法

孩子链表表示法的核心思想是将节点的所有孩子都存储在一个单链表中,没有孩子的节点的单链表为空。树中节点用顺序方式存储在一个长度为 n(n 为树中节点数)的数组中,数组的每一个元素由两个域组成:一个域用来存放节点信息;另一个域用来存放该节点的孩子链表的头指针。孩子链表的结构也由两个域组成:一个存放孩子节点在一维数组中的序号;另一个是指针域,指向下一个孩子节点。孩子链表表示法的存储结构如图 5.34 所示。

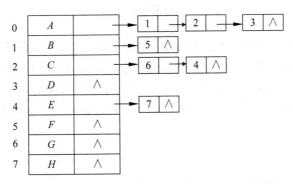

图 5.34 图 5.33 中的树的孩子链表表示法的存储结构

该存储结构容易从父节点寻找到所有的孩子节点,便于实现层序遍历,也可以实现树的先根遍历和后根遍历。

3. 树的二叉链表(孩子—兄弟链)表示法

二叉链表是二叉树最常用的存储结构。用这种存储方法来存储一般的树,实际上就是将树转换为对应的二叉树,然后再采用二叉链表存储结构。将树转换为对应的二叉树后,树中每个节点的第一个孩子对应二叉树中该节点的左孩子,而每个节点的右兄弟对应二叉树中该节点的右孩子,所以该方法又称孩子—兄弟链表示法。在这种存储结构中,每个节点的形式与二叉链表完全相同,即对树中每个节点除其信息域外,再增加两个指针域,分别指向该节点的第一个孩子节点和它的右兄弟节点。例如,对于图 5.35(a)所示的树,对应的二叉树形式如图 5.35(b)所示,它的二叉链表存储结构如图 5.35(c)所示。

有了树的存储结构,就可以实现树上的基本运算。森林的存储和树的存储方法一样,只不过是再增加一个总根节点,将森林中各棵树的根连接到总根节点上,从而将森林转换为一

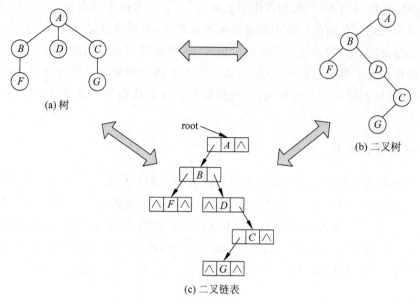

(a) 树

(b) 二叉树

(c) 二叉链表

图 5.35　树的二叉链表表示法

棵树即可。同样,在树和森林上遍历仍然是最重要的运算。比如,在树和森林的二叉链表上实现先根遍历运算,只要在二叉链表上进行前序遍历,就可以得到先根序列;要实现树和森林的后根遍历运算,只要在二叉链表上进行中序遍历,就可以得到后根序列。总之,有了树和森林与二叉树的对应关系,对树和森林的运算都可以转换为二叉树来实现,具体的实现算法这里不再赘述。

小结

本章主要介绍了树形结构这一重要的经典结构,其中重点研究了一种特殊的树形结构——二叉树,包括二叉树的定义、性质、遍历运算定义;常用的存储结构:完全二叉树的顺序存储和一般二叉树的链接存储——二叉链表;在二叉链表上实现遍历运算的递归算法及非递归算法;利用空指针域对二叉链表的改进:线索二叉链表及遍历运算的实现;二叉树的一个典型应用:哈夫曼树及哈夫曼编码和译码。简单讨论了一般树的概念及常用的术语,一般树与二叉树的转换。

本章重点:

(1) 树的定义及逻辑特征,节点的度和树的深度。

(2) 二叉树的前序、中序、后序遍历的定义,三种遍历的序列,由两种遍历的序列转换为对应的二叉树。

(3) 二叉链表存储结构图示及 C 语言描述,二叉链表上实现三种遍历运算的递归算法和非递归算法。

(4) 哈夫曼树的定义,哈夫曼树的建立、编码、译码的方法。

习题

一、名词解释

1. 树

2. 二叉树

3. 满二叉树

4. 完全二叉树

5. 哈夫曼树

二、选择题

1. 设数据结构 $D-S$ 可以用二元组表示为 $D-S=(D,S)$，$r\in S$，其中：

$D=\{A,B,C,D\}$，

$r=\{<A,B>,<A,C>,<B,D>\}$，则数据结构 $D-S$ 是(　　)。

　　A. 线性结构　　　　　B. 树形结构　　　　C. 图形结构　　　　D. 集合

2. 树最适合用来表示(　　)。

　　A. 有序数据元素　　　　　　　　B. 无序数据元素

　　C. 元素之间具有分支层次关系的数据　　D. 元素之间无联系的数据

3. 下列有关二叉树下列说法正确的是(　　)。

　　A. 二叉树是度为 2 的有序树　　　　B. 二叉树中节点的度可以小于 2

　　C. 二叉树中至少有一个节点的度为 2　　D. 二叉树中任何一个节点的度都为 2

4. 深度为 10 的完全二叉树，第 3 层上的节点数是(　　)。

　　A. 15　　　　　　B. 16　　　　　　C. 4　　　　　　D. 32

5. 设一棵树的度为 4，其中度为 1、2、3、4 的节点个数分别为 6、3、2、1，则这棵树中叶子节点的个数为(　　)。

　　A. 8　　　　　　B. 9　　　　　　C. 10　　　　　　D. 11

6. 前序遍历与中序遍历结果相同的二叉树一定为(　　)。

　　A. 只有根节点的二叉树　　　　　　B. 根节点无左孩子的二叉树

　　C. 所有节点只有左子树的二叉树　　D. 所有节点只有右子树的二叉树

7. 在二叉链表上加线索的目的是(　　)。

　　A. 提高遍历效率　　　　　　　　B. 便于插入与删除

　　C. 便于找到双亲节点　　　　　　D. 使遍历结果唯一

8. 对于二叉树来说，第 i 层上最多包含的节点个数为(　　)。

　　A. 2^{i-1}　　　　B. 2^{i+1}　　　　C. 2^i　　　　D. $2i$

9. 树的先根遍历序列等同于与该树对应的二叉树(　　)。

　　A. 前序序列　　　B. 中序序列　　　C. 后序序列　　　D. 层序序列

10. 设森林 F 中有三棵树，三棵树的节点个数分别为 M_1、M_2 和 M_3。与森林 F 对应的二叉树根节点的右子树上的节点个数是(　　)。

　　A. M_1　　　　B. M_1+M_2　　　　C. M_3　　　　D. M_2+M_3

三、填空题

1. 二叉树具有 10 个度为 2 的节点,5 个度为 1 的节点,则度为 0 的节点个数是_____。

2. 包含 n 个节点的二叉树,高度最大为_____,高度最小为_____。

3. 某完全二叉树共有 200 个节点,则该二叉树中有_____个度为 1 的节点。

4. 一棵高度为 10 的满二叉树中的节点总数为_____个,其中叶子节点数为_____。

5. 某完全二叉树节点按层顺序编号(根节点的编号是 1),若 21 号节点有左孩子节点,则它的左孩子节点的编号为_____。

6. 深度为 k 的完全二叉树至少有_____个节点,至多有_____个节点。

7. n 个节点的线索二叉树上含有_____条线索。

四、简答题

1. 一棵二叉树的前序、中序遍历序列分别为 $ABCDEF$ 和 $CBDAFE$:

(1) 画出二叉树逻辑结构的图示。

(2) 画出此二叉树的二叉链表存储结构的图示并给出 C 语言描述。

(3) 画出二叉树的中序线索二叉树。

(4) 画出中序线索二叉链表存储结构图示并给出 C 语言描述。

2. 设有森林如图 5.36 所示。

(1) 画出与该森林对应的二叉树的逻辑结构图示。

(2) 写出该二叉树的前序、中序、后序遍历序列。

(3) 画出该二叉树的中序线索二叉链表的图示并给出

C 语言描述。

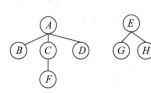

图 5.36　问答题第 2 题图

3. 设有森林 $B=(D,S)$,

$D=\{A,B,C,D,E,F,G,H,I,J\},r\in S$,

$r=\{<A,B>,<A,C>,<A,D>,<B,E>,<F,G>,<G,H>,<G,I>,<I,J>\}$:

(1) 画出与森林对应的二叉树的逻辑结构图示。

(2) 写出此二叉树的前序、中序、后序遍历序列。

(3) 画出此二叉树的二叉链表存储结构的图示并给出 C 语言描述。

4. 假设用于通信的电文由字符集 $\{a,b,c,d,e,f,g,h\}$ 中的字母构成,这 8 个字母在电文中出现的概率分别为 $\{0.07,0.19,0.02,0.06,0.29,0.03,0.21,0.13\}$,试为这 8 个字母进行哈夫曼编码。

(1) 画出哈夫曼树(按根节点权值左小右大的原则)。

(2) 写出依此哈夫曼树对各个字母的哈夫曼编码。

(3) 求出此哈夫曼树的带权路径长度 WPL。

5. 画出 5.37 中的各二叉树对应的森林。

五、完善程序题

设计一个算法,其功能为利用中序线索求节点的中序后继。将代码补充完整。

```c
typedef char DataType;
typedef struct Node
{   DataType data;
    struct Node * lchild,_____;
```

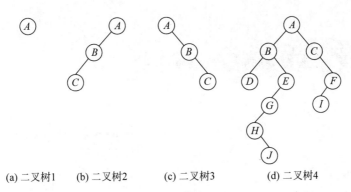

(a) 二叉树1　　(b) 二叉树2　　(c) 二叉树3　　(d) 二叉树4

图 5.37　简答题第 5 题图

```
    int ltag,rtag;
}BiThrTree;
BiThrTree * InOrderNext(BiThrTree * p)        /* 求中序后继 */
{   if(_____) p = p－> rchild;                /* 若节点 * p 无右孩子 */
    else{                                     /* 若节点 * p 有右孩子 */
        _____;
        while(p－> ltag == 0)    _____;
    }
    return_____;
}
```

六、算法设计题

1. 以二叉链表为存储结构，设计一个求二叉树高度的算法。

2. 以二叉链表为存储结构，设计一个求二叉树叶子节点数的算法。

3. 简化层序序列法创建二叉链表的算法，采用数组保存双亲节点的指针。

第 **6**章

图

【学习目标】
- 理解图的基本概念与术语以及图的表示方法。
- 掌握图的邻接矩阵、邻接表以及边集数组存储结构。
- 熟练掌握图的深度优先(DFS)和广度优先(BFS)搜索遍历的算法与实现。
- 掌握图的经典应用——最小生成树、最短路径、拓扑排序、关键路径的概念以及方法。

【思维导图】

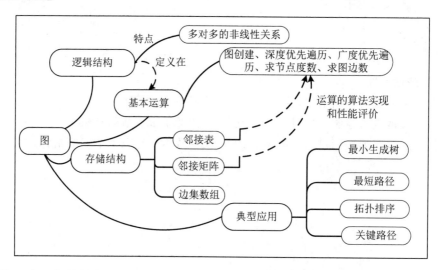

图是三种经典结构中最复杂的数据结构,它也是非线性结构的一种。在所有的经典数据结构中,图的应用最为广泛。

三种经典结构之间既有密切的联系又有明显的区别:线性结构最简单,逻辑特征是有且仅有一个开始节点和一个终端节点,其余的内部节点有且仅有一个前趋,有且仅有一个后继,节点之间关系的限定条件最严格;对线性结构中的节点放宽后继个数的限制,就得到了树形结构,也就是说,树形结构中有且仅有一个开始节点,但可以有若干个终端节点,其余内部节点均有且仅有一个前趋,但可以有若干个后继,所以线性结构是树形结构的一种特殊形式;再对树形结构中的节点放宽前趋个数的限制,就得到了图形结构,树形结构又是图形结构的一种特殊形式。图的逻辑结构限定条件最少,涵盖面也最广。

本章从图的基本概念入手,研究图的逻辑结构、存储结构以及图的运算;然后针对图的四个典型应用——最小生成树、最短路径、拓扑排序及关键路径分别加以介绍。

6.1 图的逻辑结构

1. 图的定义

图（graph）是一种节点之间具有多对多关系的数据结构，它的逻辑特征是：可以有任意个开始节点和任意个终端节点，其余各个节点可以有任意个前趋和任意个后继。图中的节点常称为顶点。

2. 图的表示

图的表示方法有很多，常见的表示方法有图示法和二元组法。

图示法：用圆圈表示图中的顶点，用线段表示图中的边，如图 6.1 所示。

二元组法：图的逻辑结构也可以用**二元组**来表示，记作 Graph$=(V,E)$，其中 V 是顶点（vertex）的集合；E 是边（edge）的集合，图中的边表示两个顶点之间的相互关系。

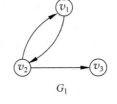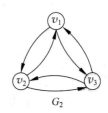

图 6.1　有向图 G_1 和 G_2

图 6.1 中 G_1 的二元组表示如下。

设 $G_1=(V_1,E_1)$，V_1 为顶点集，E_1 为边集，则

$V_1=\{v_1,v_2,v_3\}$

$E_1=\{<v_1,v_2>,<v_2,v_1>,<v_2,v_3>\}$

图 6.1 中 G_2 的二元组表示如下。

设 $G_2=(V_2,E_2)$，V_2 为顶点集，E_2 为边集，则

$V_2=\{v_1,v_2,v_3\}$

$E_2=\{<v_1,v_2>,<v_2,v_1>,<v_1,v_3>,<v_3,v_1>,<v_2,v_3>,<v_3,v_2>\}$

3. 图的基本术语

一般情况下，可设图 $G=(V,E)$。

若有 x、$y\in V$，$<x,y>\in E$，则 $<x,y>$ 代表图 G 中的一条有向边，x 是边的始点，y 是边的终点，若图 G 中的每条边都是有方向的，则称图 G 为**有向图**（digraph）。有向图中，一条有向边是由两个顶点组成的序偶，通常用尖括号 $<>$ 将两个顶点括起来表示有方向。因此在有向图中，$<x,y>$ 和 $<y,x>$ 是两条不同的有向边。有向边通常也称为**弧**（arc），始点 x 称为**弧尾**（tail），终点 y 称为**弧头**（head）。图 6.1 中的 G_1 和 G_2 都是有向图。从有向图的定义可以知道，前面讨论的线性结构和树形结构也都是有向图。

若有向图中两个顶点 x 和 y 之间有边，则既存在一条从 x 到 y 的边 $<x,y>$，同时又存在一条从 y 到 x 的边 $<y,x>$（如图 6.1 中的有向图 G_2），此时可将这两条有向边合并成一条无向边，表示为 (x,y)，即没有方向的边。若图 G 中的每条边都是没有方向的，则称图 G 为**无向图**（undigraph）。无向图中，一条无向边是由两个顶点组成的偶对，通常用圆括号 $()$ 将

两个顶点括起来表示无方向，因此，在无向图中，(x,y) 和 (y,x) 表示的是同一条边。例如，图 6.2 中的 G_3 和 G_4 都是无向图。

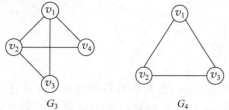

图 6.2　无向图 G_3 和 G_4

图 6.2 中无向图 G_3 的二元组表示如下。

设 $G_3 = (V_3, E_3)$，V_3 为顶点集，E_3 为边集，则

$$V_3 = \{v_1, v_2, v_3, v_4\}$$
$$E_3 = \{(v_1, v_2), (v_1, v_3), (v_1, v_4), (v_2, v_3), (v_2, v_4)\}$$

图 6.2 中无向图 G_4 的二元组表示如下。

$G_4 = (V_4, E_4)$，V_4 为顶点集，E_4 为边集，则

$$V_4 = \{v_1, v_2, v_3\}$$
$$E_4 = \{(v_1, v_2), (v_1, v_3), (v_2, v_3)\}$$

1）简单图

不论是有向图还是无向图，如果满足以下两个条件：一是在图中不允许出现顶点到其自身的边，即若 $<x,y>$ 或 (x,y) 是图 G 中的一条边，则要求 x 和 y 一定是不同的顶点；二是不允许同一条边在图中重复出现，则称其为**简单图**。图 6.1 所示的有向图和图 6.2 所示的无向图都是简单图。本书后面讨论的都是简单图。

2）完全图

如果用 n 表示图 G 中的顶点数，用 e 表示图 G 中的边数。对于简单图，顶点数 n 和边数 e 之间存在着一定的关系。若 G 是有向图，则 $0 \leqslant e \leqslant n(n-1)$，也就是说，包含 n 个顶点的有向图中，边数 e 最多能达到 $n(n-1)$ 条，即从有向图中的任一顶点到其余 $n-1$ 个顶点都有边。把包含 n 个顶点，恰好有 $n(n-1)$ 条边的有向图称为**有向完全图**（directed complete graph）。

若 G 是无向图，则 $0 \leqslant e \leqslant n(n-1)/2$。与有向图相比，无向图中的一条无向边相当于有向图中的两条有向边，所以若无向图中任意两顶点之间都有边，则该图中最多可有 $n(n-1)/2$ 条边。同理，把包含 n 个顶点，恰好有 $n(n-1)/2$ 条边的无向图称为**无向完全图**（undirected complete graph）。

可以看出，完全图是图中任意两个顶点之间都有边的图，因此在具有 n 个顶点的所有图中完全图具有最多的边数。例如，图 6.1 中的 G_2 就是一个具有 3 个顶点的有向完全图，在此图中任意两个顶点之间都有一条来边和一条回边，根据无向图的定义，完全可以将这来回的两条有向边合并成一条无向边，使之成为无向完全图，如图 6.2 中 G_4 所示。一般情况下有向完全图可以转换为无向完全图来进行讨论，因此，我们说的完全图都指的是无向完全图。

当一个图中的顶点数 n 很大而边数 e 很小时，通常称其为**稀疏图**（sparse graph），反之称为**稠密图**（dense graph）。完全图是最稠密的图。

3）邻接点和度

若 $<x,y>$ 是有向图中的一条边，则顶点 x 和顶点 y 称为**邻接点**（adjacent）。由于边 $<x,y>$ 是有方向的，因此称顶点 x 邻接到 y 或顶点 y 邻接于 x；同时称边 $<x,y>$ 是顶点 x 和顶点 y **相关联的边**（incident），并且 $<x,y>$ 是顶点 x 所关联的一条出边，同时又是顶

点 y 所关联的一条入边。有向图中顶点 v 的**出度**(outdegree)是指与顶点 v 相关联的出边的条数,记为 $OD(v)$;顶点 v 的**入度**(indegree)是指与顶点 v 相关联的入边的条数,记为 $ID(v)$。有向图中顶点 v 的**度**(degree)可以定义为该顶点的入度与出度之和,即 $D(v)=ID(v)+OD(v)$。

若 (x,y) 是无向图中的一条边,则顶点 x 和顶点 y 互为邻接点,并且称边 (x,y) 是顶点 x 和顶点 y 相关联的边。无向图中顶点 v 的度是指与该顶点相关联的边的条数,也用 $D(v)$ 表示。

例如,对于图 6.1 所示的有向图 G_1,顶点 v_2 有两条出边 $<v_2,v_1>$、$<v_2,v_3>$ 和一条入边 $<v_1,v_2>$,因此,顶点 v_2 的出度 $OD(v_2)$ 的值为 2,入度 $ID(v_2)$ 的值为 1,其度 $D(v_2)$ 的值为 3;而对于图 6.2 中的无向图 G_3,与顶点 v_1 相关联的边有 (v_1,v_2)、(v_1,v_3) 和 (v_1,v_4) 三条,因此,顶点 v_1 的度 $D(v_1)$ 的值为 3。

无论是有向图还是无向图,边数 e、顶点数 n 和每个顶点的度数之间都有如下关系:

$$e = \sum_{i=1}^{n} D(v_i)/2$$

4) 子图

设图 $G=(V,E)$,若 V' 是 V 的子集 $(V'\subseteq V)$,E' 是 E 的子集 $(E'\subseteq E)$,且 E' 中的边所邻接的点均在 V' 中出现,则 $G'=(V',E')$ 也是一个图,并且称为 G 的**子图**(subgraph)。

5) 路径

例如,图 6.3 给出了图 6.1 中有向图 G_1 的三个子图。图 6.4 为无向图 G_4 的三个子图。

在有向图 $G=(V,E)$ 中,若存在顶点序列 $v_p,v_{i1},v_{i2},\cdots,v_{in},v_q$,使得 $<v_p,v_{i1}>$,$<v_{i1},v_{i2}>,\cdots,<v_{in},v_q>$ 均是图中的边,则称此序列是从顶点 v_p 到 v_q 的一条**路径**(path)。路径上所有的边都是有方向的,因此路径也是有方向的。**路径的长度**是该路径上边的条数。在无向图中由于边是没有方向的,因此路径也是没有方向的。无向图中的边 $(v_p,v_{i1}),(v_{i1},v_{i2}),\cdots,(v_{in},v_q)$ 构成的顶点序列 $v_p,v_{i1},v_{i2},\cdots,v_{in},v_q$ 是从顶点 v_p 到 v_q 的一条路径,同时也是从顶点 v_q 到 v_p 的一条路径。若一条路径上除了第一个顶点和最后一个顶点可以相同外,其余顶点均不相同,则称此路径为一条**简单路径**。第一个顶点和最后一个顶点相同 $(v_p=v_q)$ 的简单路径称为**回路**或**环**(cycle)。

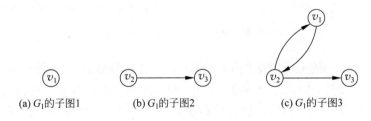

(a) G_1 的子图1   (b) G_1 的子图2   (c) G_1 的子图3

图 6.3 有向图 G_1 的子图

例如,在图 6.2 的无向图 G_3 中,顶点序列 v_3,v_2,v_1,v_4 是一条从顶点 v_3 到顶点 v_4 的路径,并且是简单路径;顶点序列 v_3,v_2,v_1,v_3,v_2,v_4 也是一条从顶点 v_3 到顶点 v_4 的路径,但不是简单路径,因为顶点序列中有重复的顶点;顶点序列 v_3,v_2,v_1,v_3 是一条首尾相同的简单路径,因此是一个环(回路)。

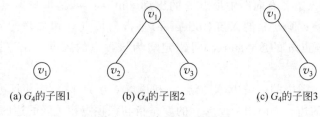

(a) G_4的子图1　　　(b) G_4的子图2　　　(c) G_4的子图3

图 6.4　无向图 G_4 的子图

6) 有根图

在一个有向图或无向图中,若存在一个顶点 v,从该顶点到其余各个顶点都有路径,则称此图为**有根图**,顶点 v 称为图的根。图 6.1 中的有向图 G_1 就是一个有根图。由于顶点 v_1 到 v_2 和 v_3 都有路径,因此顶点 v_1 是图的根;同样,顶点 v_2 到 v_1 和 v_3 也都有路径,所以顶点 v_2 也是图的根。

7) 连通

在无向图中,若从顶点 x 到顶点 y 有路径(当然从 y 到 x 也一定有路径),则称顶点 x 和顶点 y 是**连通**的。若无向图 G 中任意两个不同的顶点 x 和 y 都连通(即有路径),则称无向图 G 为**连通图**(connected graph)。无向图 G 的极大连通子图称为 G 的**连通分量**(connected component)。关于连通图和子图的概念已经很清楚了,但何谓极大呢? 就是在一个连通的子图中再增加顶点和边就不是连通的子图了,称其为极大。如果一个无向图是连通图,则它的连通分量是其本身;若无向图不是连通图,则它可有若干个连通分量。因为极大的概念并不是指子图中顶点数多,也不是指子图中边数多,而是子图中再增加点和边就不连通了,所以图的连通分量可以有多个。图 6.2 中 G_3 就是一个连通图,它只有一个连通分量是其自身;而图 6.5 中的 G_5 是一个非连通图,它有两个连通分量,分别为图 6.5(b) 和图 6.5(c)。

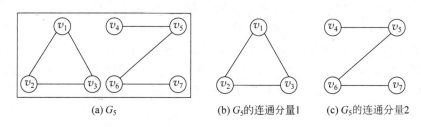

(a) G_5　　　　(b) G_5的连通分量1　　(c) G_5的连通分量2

图 6.5　非连通图 G_5 和它的两个连通分量

下面仔细分析求非连通图的连通分量的方法。从连通分量的定义可知,无向图 G 的连通分量必须满足三个条件:极大的、连通的、子图。可以对这三个条件逐一进行分析。以图 6.5 为例,可以找到 G_5 的一个子图,如图 6.6(a)所示,显然它是 G_5 的一个连通子图。如果在此子图的基础上加入顶点 v_3 和边(v_2,v_3),如图 6.6(b)所示,它仍然是 G_5 的一个连通子图,由此可知图 6.6(a)不满足极大这个条件,所以它不是连通分量;同样地,可以在图 6.6(b)的基础上加入边(v_1,v_3),如图 6.6(c)所示,它仍然是 G_5 的一个连通子图,因此图 6.6(b)也不满足极大这个条件,它也不是连通分量;在图 6.6(c)的基础上加入顶点 v_4,如图 6.6(d)所示,它是 G_5 的一个子图,但却不是连通图,在此基础上若再加入边(v_1,v_4),如图 6.6(e)

所示,虽然图 6.6(e) 是一个连通图,但却不再是 G_5 的子图。可见,无论在图 6.6(c) 中加入顶点或者边,它都不再是连通的子图,所以图 6.6(c) 满足极大这个条件。根据上述分析可知图 6.6(c) 满足连通分量的三个条件,因此它是 G_5 的一个连通分量。

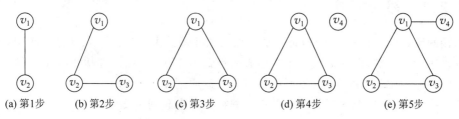

(a) 第1步	(b) 第2步	(c) 第3步	(d) 第4步	(e) 第5步

图 6.6　　连通分量的求解分析

对于有向图 G,若从顶点 x 到 y 有路径,同时从顶点 y 到顶点 x 也有路径,则称顶点 x 和 y 是强连通的。若 G 中任意两个顶点都是强连通的,则称图 G 是强连通图。有向图 G 的极大强连通子图称为 G 的强连通分量。很显然,强连通图的强连通分量只有一个,就是其自身;反之,非强连通图的强连通分量可以有若干个。例如,图 6.1 中的有向图 G_1 不是强连通图,因为从顶点 v_3 到 v_2 没有路径,它有两个强连通分量,如图 6.7 所示。

8) 网络

通常在实际应用中,图的每条边上可以赋予一个有某种意义的数值。如在道路交通网络中,每条边可以代表一条道路,那么边上赋予的数值可以表示这条道路的长度或者在该道路上的通行时间、运费或者修建此路的花费等。通常将这个数值称为边上的**权值**(weight),而这种边上带权的图称为**网络**(network)。图 6.8 就是一个无向网络的例子。

(a) G_1 的强连通分量1　　(b) G_1 的强连通分量2

图 6.7　G_1 的两个强连通分量

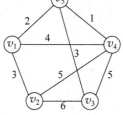

图 6.8　无向网络示例

6.2　图的存储结构及实现

在线性表和树的存储中主要使用了顺序存储和链接存储两种方式。图的存储同样可以采用顺序方式和链接方式,但是在实际应用中与线性表和树的存储相比也有一定的区别。在线性表和树中,节点表示待处理的数据,而边只表示节点之间的关系,所以在存储时,通常只存储待处理的数据,而节点之间的关系可以用位置隐含,也可以附加指针域来表示关系;而在图形结构中,边和点同样具有实际意义,都包含了将要处理的数据。因此,在图的存储中需要对图的顶点和边分别进行存储。对于顶点的存储,通常采用最简单的顺序存储方式,而对于边的存储可以有多种方法,本书重点讨论三种方法:邻接矩阵法、邻接表法以及边集数组法。至于具体选择哪一种存储方法来存储图，取决于待解决的实际问题。下面对这三种存储方法进行详细讨论。

6.2.1 邻接矩阵

邻接矩阵（adjacency matrix）是表示顶点之间邻接关系的矩阵。在这种方法中，对图中的顶点采用顺序存储，因此需要一个顺序表来存储各个顶点，而用邻接矩阵来存储各条边。为了顺序存储图中的各个顶点，需要将顶点按任意原则排成一个序列，由此每个顶点在此序列中就有一个序号，这个序号将在存储边的邻接矩阵中起到重要的作用。

设图 $G=(V,E)$，顶点集 V 中包含 n 个顶点，则 G 的邻接矩阵是一个 n 阶方阵 A，A 中元素 a_{ij} 的值可以定义为：

$$a_{ij}=\begin{cases}1, & <v_i,v_j> \text{ 或}(v_i,v_j)\text{ 是 } E \text{ 中的边} \\ 0, & <v_i,v_j> \text{ 或}(v_i,v_j)\text{ 不是 } E \text{ 中的边}\end{cases}$$

图 6.9(a)所示的有向图采用邻接矩阵来存储，给定图中顶点序列为 v_1,v_2,v_3,v_4,v_5，对应的序号为 1,2,3,4,5。可以采用一维数组顺序存储顶点，存储结构如数组 r_1 所示，存储边的邻接矩阵如 A_1 所示。同样也可以用邻接矩阵来存储图 6.9(b)中的无向图，首先将图中的顶点排成序列 A,B,C,D，对应序号为 1,2,3,4。顶点的存储结构如数组 r_2 所示，存储边的邻接矩阵如 A_2 所示。

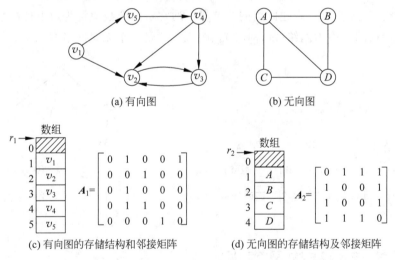

(a) 有向图   (b) 无向图

(c) 有向图的存储结构和邻接矩阵   (d) 无向图的存储结构及邻接矩阵

图 6.9 有向图 1 及邻接矩阵存储和无向图及邻接矩阵存储

从图的邻接矩阵存储表示中可以看出，矩阵中的每个"1"都表示图中的一条边，而对角线上一定都是"0"。例如，有向图的邻接矩阵 A_1 中元素 a_{23} 的值为 1，表示图中从序号为 2 的顶点 v_2 到序号为 3 的顶点 v_3 的边 $<v_2,v_3>$。无向图的邻接矩阵 A_2 中元素 a_{12} 的值为 1，表示图中序号为 1 的顶点 A 与序号为 2 的顶点 B 相关联的边 (A,B)，而元素 a_{21} 表示的也是此边。有向图中每个"1"仅代表一条有向边，所以"1"的个数就是图中边的条数，第 i 行上"1"的个数就是序号为 i 的顶点的出度，而第 j 列上"1"的个数就是序号为 j 的顶点的入度。对无向图而言，每条边在邻接矩阵中出现两次，即两个对称位置上的"1"代表同一条边，所以无向图的邻接矩阵是对称的,"1"的个数则是图中边的条数的 2 倍。第 i 行或第 i 列上"1"的个数都是序号为 i 的顶点的度。

若图 $G=(V,E)$ 是网络,则邻接矩阵可定义为:

$$a_{ij} = \begin{cases} w_{ij}, & i \neq j \text{ 且} < v_i, v_j > \text{或}(v_i, v_j) \text{ 是 } E \text{ 中的边} \\ \infty, & i \neq j \text{ 且} < v_i, v_j > \text{或}(v_i, v_j) \text{ 不是 } E \text{ 中的边} \\ 0, & i = j \end{cases}$$

其中,w_{ij} 表示边上的权值;∞ 表示一个计算机允许的、大于所有边上权值的极大数。例如,图 6.8 中无向网络的邻接矩阵如 $\boldsymbol{A}_3$ 所示。

$$\boldsymbol{A}_3 = \begin{bmatrix} 0 & 3 & \infty & 4 & 2 \\ 3 & 0 & 6 & 5 & \infty \\ \infty & 6 & 0 & 5 & 3 \\ 4 & 5 & 5 & 0 & 1 \\ 2 & \infty & 3 & 1 & 0 \end{bmatrix}$$

网络中边上的权值通常代表边的长度,具有实际意义,需要对其进行存储,因此网络的邻接矩阵与一般图的邻接矩阵略有不同。对于一般的图,如果图中两顶点之间有边,矩阵中对应的元素就存 1,无边矩阵中存 0;对于网络,如果图中两顶点之间有边,矩阵中对应的元素就存边上的权值,无边则存"∞"(即认为两个顶点之间的边长极大);但是对角线上元素值仍存 0(可认为顶点到自身的边长为 0),根据上述讨论可将邻接矩阵存储结构用 C 语言描述。

邻接矩阵存储结构的 C 语言描述如下:

```
#define  N  5                 /* 图的顶点数 */
#define  E  6                 /* 图的边数 */
#define  MAX  10000           /* 设置一个极大数表示无穷大 */
typedef  char VexType;        /* 顶点类型 */
typedef  int  AdjType;        /* 权值类型 */
typedef struct
{   VexType  vertex[N+1];     /* 顶点数组 */
    AdjType  edge[N+1][N+1];  /* 邻接矩阵 */
}AdjMatrix;
```

在上述存储结构中,顶点信息存储在一维数组 vertex[] 中,而边的信息存储在二维数组 edge[][] 中。为了使顶点序号与其下标一致,将 vertex[0] 闲置不用,顶点的下标从 1 开始。为了与一维数组对应,二维数组 edge[][] 的行、列下标也都是从 1 开始的。本章讨论的所有内容都是采用同样的原则。

显然,无向图或者无向网络的邻接矩阵一定是一个对称矩阵,可以用第 4 章介绍的方法对其进行压缩存储,只存储上三角或者下三角元素。而稀疏图的邻接矩阵必是稀疏矩阵,对稀疏矩阵同样可以采用压缩存储。

如果要在邻接矩阵上实现图的运算,就必须先在内存中建立邻接矩阵存储结构。建立方法比较简单,只要从键盘依次输入各个顶点的信息,就可以建立顶点表的一维数组,然后根据输入的顶点次序得到顶点的序号,由顶点序号排列出各条边序号的序偶(有向图)或偶对(无向图),依次输入即可建立邻接矩阵的二维数组。例如,建立图 6.9(b)所示无向图的邻接矩阵存储结构,首先从键盘输入顶点信息:A、B、C、D,建立顶点表的一维数组;然后根据 A、B、C、D 的序号 1、2、3、4 排列出各条边的偶对(1,2)、(1,3)、(1,4)、(2,4)、(3,4),依次从键盘输入建立邻接矩阵的二维数组。

建立无向图邻接矩阵存储结构的 C 函数如下:

```
void creatAdj(AdjMatrix * adj)              /* 无向图中包含 N 个顶点,E 条边 */
{   int i,j,k;
    printf("请输入顶点信息:");
    for (i = 1;i <= N;i++)
        adj -> vertex[i] = getchar();
    printf("请输入各边:\n");
    for (i = 1;i <= N;i++)                                   /* 初始化邻接矩阵 */
        for (j = 1;j <= N;j++)
            adj -> edge[i][j] = 0;
    for (k = 1;k <= E;k++)
    {   scanf("% d % d ",&i,&j);                             /* 依次读入边 */
        adj -> edge[i][j] = adj -> edge[j][i] = 1;           /* 对称元素赋值 1 */
    }
}
```

很显然,该算法的执行时间是 $n+n^2+e$,其中用 n^2 的时间来完成矩阵的初始化操作,通常 $e<n^2$,所以算法的时间复杂度是 $O(n^2)$。

建立有向图的邻接矩阵存储结构和无向图类似,区别只是输入边的序偶时,不用给位置对称元素赋值。而建立网络的邻接矩阵时,输入边的同时还要输入权值,将矩阵中对应元素值由 1 改为权值即可。

6.2.2 邻接表

邻接表(adjacency list)是图的一种链接存储结构。在这种方法中,顶点仍然采用顺序方式进行存储,而用 n(n 为图中顶点数)个单链表来存储图中的边。其中,第 i 个单链表中存放的是图中所有与序号为 i 的顶点相关联的边,称此单链表为第 i 个顶点的**边表**,边表中的每个节点称为**边表节点**。在存储顶点的顺序表中,每个节点增加一个指针域用来存放各个边表的头指针,称此顺序表为**顶点表**,而顺序表中的节点称为**顶点表节点**。顶点表和各顶点的边表一起组成图的邻接表。

邻接表中每个顶点表节点应包含两个域:一个是顶点域(vertex),用来存放顶点 v_i 的信息;另一个是指针域(link),用来存放顶点 v_i 的边表头指针。而每个边表节点都存储图中的一条边,如何设计边表节点的结构来存储一条边并且将各条边链接成单链表? 首先,必须设计一个指针域(next)来建立单链表;其次,讨论如何存储一条边的信息更合适。假设与顶点 v_i 相关联的一条边为 (v_i,v_j),最简单的方法是在边表中直接存放两个顶点 v_i 和 v_j,此时边表节点需要有三个域来存放顶点 v_i 的信息(vertex-i)、顶点 v_j 的信息(vertex-j)和指针域(next),但是顶点 v_i 和 v_j 的信息在顶点表已经存放过,如果在边表节点中再次存放则出现数据的重复存储,浪费存储空间。其实边表中只存储顶点 v_i 和 v_j 的序号 i 和 j 即可。由于顶点表中第 i 个节点既存放了顶点 v_i 的信息,又存放了第 i 个边表的头指针,因此边表中的序号 i 也不用存储了,只存储序号 j 即可。因此,可以设边表节点有两个域:一个是邻接点域(adjvex),用来存放与 v_i 相关联的边 (v_i,v_j) 中顶点 v_j 的序号 j;另一个是指针域(next),用来存放与 v_i 相关联的下一条边的指针。顶点表节点和边表节点存储结构如图 6.10 所示。

由于顶点信息及各个顶点的边表头指针均存储在顶点表中,因此有了顶点表,就可以实现对图的访问。

1. 有向图的邻接表

对于有向图,顶点 v_i 的边表中,每个边表节点都对应 v_i 的一条出边,因此,有向图的邻接表通常称为**出边表**。在出边表中第 i 个边表中节点的个数即为顶点 v_i 的出度。图 6.9(a) 中有向图的邻接表存储结构如图 6.11 所示。从图 6.11 中可以看出顶点 v_1 对应的第 1 个出边表中有两个边表节点,其中第一个边表节点 adjvex 域的值为 2,表示从顶点 v_1 到序号为 2 的顶点 v_2 的有向边 $<v_1,v_2>$;而 v_1 的第二个边表节点 adjvex 域的值为 5,表示从顶点 v_1 到序号为 5 的顶点 v_5 的有向边 $<v_1,v_5>$。

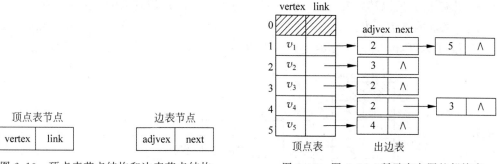

图 6.10 顶点表节点结构和边表节点结构　　　图 6.11 图 6.9(a)所示有向图的邻接表

注意:在有向图中的边表节点中 adjvex 域的值为顶点序号,并非顶点信息。因为所有顶点信息在顶点表中已经存储过,且顶点的信息量通常较大,顶点的序号(整型)所占的存储空间一般会远远小于顶点信息所占的空间,因此在边表节点中只存储顶点的序号,实际上此序号也是指向该顶点的指针。

2. 无向图的邻接表

无向图中的边都是没有方向的,因此任一顶点 v_i 的边表中,每个边表节点都对应一条与 v_i 相关联的边,所以边表中节点的个数是与 v_i 相关联的边的条数,即为顶点 v_i 的度。如图 6.12 所示,顶点 A 的边表中有三个边表节点,其中第一个边表节点中 adjvex 域的值为 2,表示从顶点 A 到序号为 2 的顶点 B 的无向边 (A,B);第二个边表节点中 adjvex 域的值为 3,表示从顶点 A 到序号为 3 的顶点 C 的无向边 (A,C);第三个边表节点中 adjvex 域的值为 4,表示从顶点 A 到序号为 4 的顶点 D 的无向边 (A,D)。因此,顶点 A 的度为 3。

无向图中的一条边在邻接表中对应两个边表节点。例如,在图 6.12 中顶点 A 的边表中第一个节点和顶点 B 的边表中第一个节点表示的是同一条边 (A,B),所有顶点的边表中节点总数为图中边的条数的 2 倍。

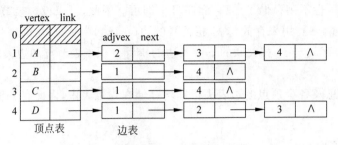

图 6.12　图 6.9(b)所示无向图的邻接表

3. 有向图的逆邻接表

由于有向图的邻接表中存储的都是出边,因此任一顶点的出边表中节点的个数只是该顶点的出度。如果想要求顶点的入度,则必须遍历整个邻接表。既然边表节点能存储图中的出边,同样也可以存储图中的入边。当各个顶点的边表中存储的都是与该顶点相关联的入边时,称为有向图的**逆邻接表**。图 6.9(a)中有向图的逆邻接表存储结构如图 6.13 所示,其中 v_1 没有入边,所以其边表为空;在 v_2 的入边表中,adjvex 域的值分别为 1、3 和 4,表示与顶点 v_2 相关联的三条入边:$<v_1,v_2>$、$<v_3,v_2>$ 和 $<v_4,v_2>$。而每个边表中节点的个数就是对应顶点的入度,v_1 的入度为 0,v_2 的入度为 3,v_3 的入度为 2,v_4 和 v_5 的入度都为 1。

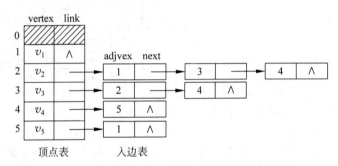

图 6.13　图 6.9(a)所示有向图的逆邻接表

4. 邻接表的创建与算法实现

根据上面分析的邻接表存储结构中包含的相关信息,结合有向图和无向图邻接表存储结构的示例,可以得到邻接表存储结构的 C 语言描述如下:

```
typedef struct node
{    int adjvex;              /* 邻接点域 */
     struct node * next;      /* 指针域 */
}EdgeNode;                     /* 定义边表节点 */
typedef struct
{    VexType vertex;          /* 顶点域 */
     EdgeNode * link;         /* 指针域 */
}VexNode;                      /* 定义顶点表节点 */
```

讨论清楚了图的邻接表存储结构的图示和 C 语言描述,下面给出建立图的邻接表存储结构的算法。以图 6.9(b)中的无向图为例,建立邻接表存储结构。先键盘输入顶点信息:A、B、C、D,建立顶点表数组中的顶点域(vertex)的值,指针域(link)全部初始化为 NULL;然后根据 A、B、C、D 的序号 1、2、3、4 排列出各条边的偶对(1,2)、(1,3)、(1,4)、(2,4)、(3,4),依次从键盘输入各边建立边表对应的单链表。对于无向图每输入一条无向边,需要在两个边表中各插入一个节点。比如,输入无向边(1,2),需要在邻接表的第 1 个边表中插入一个邻接点域(adjvex)值为 2 的节点,同时要在第 2 个边表中插入一个邻接点域(adjvex)值为 1 的节点。为了实现插入操作简单方便,采用头插法建立单链表。

建立无向图的邻接表存储结构的 C 函数如下:

```
#define N 10
VexNode adjlist[N+1];
void creatAdjList()                      /* 头插法建立邻接表的边表节点 */
{    int i,j,k;
     EdgeNode * s;
     printf("请输入顶点信息: \n");
     for(i=1;i<=N;i++)                    /* 顶点下标从 1 开始 */
     {    adjlist[i].vertex = getchar();
          adjlist[i].link = NULL;         /* 边表指针初始为空 */
     }
     printf("请输入各边: \n");
     for(k=1;k<=E;k++)                     /* 建立边表 */
     {    scanf("%d%d",&i,&j);            /* 读入边(vi,vj)的顶点序号 i 和 j */
     s = (EdgeNode *)malloc(sizeof(EdgeNode)); /* 生成 vi 的边表节点,邻接点序号为 j */
     s->adjvex = j;
     s->next = adjlist[i].link;           /* 头插法插入到顶点 vi 的边表中 */
     adjlist[i].link = s;
     s = (EdgeNode *)malloc(sizeof(EdgeNode)); /* 生成 vj 的边表节点,邻接点序号为 i */
     s->adjvex = i;
     s->next = adjlist[j].link;           /* 头插法插入到顶点 vj 的边表中 */
     adjlist[j].link = s;
     }
}
```

算法中,首先需要建立顶点表。顶点表的 vertex 域存入顶点信息,并将各个边表的头指针置空。然后依次读入各条边,显然,为了对应无向图中的一条边,需要在邻接表中建立两个边表节点。当读到某一条边的顶点对序号(i,j)时,先在顶点 v_i 的边表中用头插法插入一个 adjvex 域的值为 j 的边表节点,然后在顶点 v_j 的边表中用头插法插入一个 adjvex 域的值为 i 的边表节点。建立有向图的邻接表与此类似,不同的是每读入一个顶点对序号$<i,j>$时,仅需生成一个邻接点序号为 j 的边表节点,将其链入 v_i 的出边表即可。若建立网络的邻接表,则需在边表的每个节点中再增加一个权值域,用来存储边上的权。

显然,采用邻接表存储结构建立一个无向图的算法的时间复杂度是 $O(n+e)$。

6.2.3 边集数组

图的**边集数组法**(edgeset array)是图的一种顺序存储方式,利用一维数组来存储图中所有的边。通常用边集数组法来存储网络,当网络中的顶点排成序列后,可以将网络中的每一条边表示为一个三元组：（始点序号，终点序号，权值），把所有的边排成任意序列，存放到一维数组中，数组中的每个元素用来存储网络中的一条边，即得边集数组存储结构。边集数组只是存储图中所有边的信息，如果需要存储顶点，同样需要一个长度为 n 的一维数组。一般情况下，各条边在数组中的次序是任意的，但在实际问题中可根据具体情况而定。

例如，图 6.14(a)所示的无向网络，其对应的边集数组存储结构如图 6.14(b)所示。

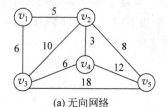

	0	1	2	3	4	5	6	7	8
始点		1	1	2	2	2	3	3	4
终点		2	3	3	4	5	4	5	5
权值		5	6	10	3	8	6	18	12

(a) 无向网络　　(b) 无向网络对应的边集数组存储结构

图 6.14　无向网络及其边集数组

边集数组存储结构的 C 语言描述如下：

```
#define   E 10
typedef struct edge
{    int fromvex;                 /*边的始点域*/
     int endvex;                  /*边的终点域*/
     int weight;                  /*边的权值域*/
}EdgeSetArray;                     /*定义边集数组类型*/
EdgeSetArray ge[E+1];              /*边集数组*/
```

建立无向网络边集数组存储结构的 C 函数如下：

```
void createEdgesetArray()
{    int i,j,k,w;
     printf("请输入各边：");
     for (k=1;k<=E;k++)
     {    scanf("%d%d%d",&i,&j,&w);   /*读入(vi,vj)的顶点序号i和j及边上的权值w*/
          ge[k].fromvex = i;         /*始点序号i*/
          ge[k].endvex = j;          /*终点序号j*/
          ge[k].weight = w;          /*边上权值w*/
     }
}
```

如果边集数组中省略权值域，就可以存储不带权的一般图，数组中每个元素只包含边的始点序号和终点序号即可。对于无向图，边是没有方向的，因此边集数组中的始点序号域和终点序号域的值可以互换，也就是说，无向图中的一条边在边集数组中也只存储一次。由此可知，在边集数组存储结构中无法区分有向图或无向图，这点在使用时应注意到。

6.2.4　图的各种存储结构的比较

下面对邻接矩阵、邻接表和边集数组这三种常用的图的存储结构进行比较，以便在实际应用时选择一种合适的存储结构。以下主要从存储表示的唯一性、空间效率、时间效率三方面来分析研究。

1. 表示的唯一性

当图中的顶点序列确定后,图的邻接矩阵存储结构是唯一的,但邻接表和边集数组的存储结构不唯一。这是因为在邻接表存储表示中,各边表节点的链接次序取决于建立邻接表的算法(头插法或尾插法)以及边的排列次序;而在边集数组存储表示中同样取决于边的排列次序。

2. 空间效率

对于一个具有 n 个顶点 e 条边的图 G,用邻接矩阵存储图中的边,所用的空间为 $O(n^2)$;若用邻接表来存储图中的边,所用的空间为 $O(n+e)$。若 G 是一个稀疏图,图中边的数目 $e \ll n^2$,此时的邻接矩阵一定是一个稀疏矩阵,用邻接表比用邻接矩阵更节省存储空间,而邻接表可以看成是稀疏矩阵的压缩存储(类似十字链表中只有行链表);同样,边集数组也比较适合存储稀疏图,同样可以看成是稀疏矩阵的压缩存储(类似三元组的顺序表)。对于稠密图,由于 e 接近于 n^2,考虑到邻接表中还要附加指针域,则应选取邻接矩阵存储结构才能有更好的空间效率。

3. 时间效率

在无向图中求某个顶点的度,邻接矩阵及邻接表两种存储结构都很容易实现。邻接矩阵中第 i 行(或第 i 列)上非零元素的个数即为顶点 v_i 的度;而在邻接表中顶点 v_i 的度则是第 i 个边表中的节点个数。在有向图中求某个顶点的度,采用邻接矩阵表示比邻接表更方便,邻接矩阵中第 i 行上非零元素的个数是顶点 v_i 的出度 $OD(v_i)$,第 i 列上非零元素的个数是顶点 v_i 的入度 $ID(v_i)$,顶点 v_i 的度即是二者之和;而在邻接表中,第 i 个边表(即出边表)上的节点个数是顶点 v_i 的出度,求 v_i 的入度较困难,需遍历邻接表中每个顶点的边表,即将 n 个单链表都遍历一遍才能求出。若有向图采用逆邻接表存储,则与邻接表刚好相反,求顶点的入度容易,而求顶点出度较难。

在邻接矩阵存储结构中,很容易判定 $<v_i, v_j>$ 或 (v_i, v_j) 是否是图中的一条边,只要判断矩阵中的第 i 行第 j 列上的那个元素值是否为零即可(可以随机存取);但是在邻接表存储结构中,需扫描第 i 个边表(只能顺序存取),最坏情况下耗费的时间为 $O(n)$。

在邻接矩阵中求边的数目 e,必须扫描整个矩阵,所耗费的时间是 $O(n^2)$,与 e 的大小无关;而在邻接表中,只要对各个边表的节点个数进行计数即可求得 e,所耗费的时间是 $O(e)$。因此,当 $e \ll n^2$ 时,采用邻接表存储更节省时间。

在边集数组中求一个顶点的度或查找一条边都需要扫描整个数组。边集数组适合那些对所有边进行处理的运算,不适合对某个顶点及相关联的各条边的运算。

总之,图的邻接矩阵、邻接表和边集数组三种存储结构各有利弊,具体应用时,要根据图的稀疏程度以及运算的要求进行合理选择。

6.3 图的遍历

图的遍历与树的遍历类似,**图的遍历**(traversing graph)是从图中某一个顶点出发,沿着某条搜索路径对图中每个顶点都访问一次,且仅访问一次。图的遍历运算是图中最基本的运算,是研究的图的典型应用的基础。

图形结构比树形结构逻辑特征更复杂,因此图的遍历比树的遍历也要复杂得多,因为图中任一顶点都可能与其余顶点相邻,故在访问了某个顶点之后,可能顺着某条搜索路径又回到了该顶点。为了避免某一顶点被重复访问,在图的遍历过程中,必须采取某种方法来记录每个顶点是否被访问过。为此,可以设一个辅助数组,数组的初始值均设为"假",一旦某个顶点被访问过,则将辅助数组中相应的值置为"真"。

根据搜索路径方向的不同,有两种常用的图的遍历方法:深度优先搜索遍历和广度优先搜索遍历,下面分别来进行讨论。

6.3.1　深度优先搜索算法与实现

深度优先搜索(depth-first search)遍历类似于树的先根遍历。对于给定的图 $G=(V,E)$,假设初始时所有顶点均未被访问过,则可从 V 中任选一顶点 v_i 作为初始出发点。**深度优先搜索**可定义为:访问出发点 v_i,置访问标记为1,然后找到 v_i 的一个邻接的未被访问过的点 v_j,从 v_j 出发,继续进行深度优先搜索。很显然,图的深度优先搜索过程是递归的,当找不到 v_i 邻接的未被访问过的点时,递归返回。它的特点是尽可能先对图向纵深方向进行搜索,故称为深度优先搜索。

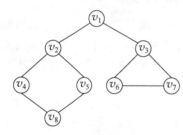

图 6.15　无向图示例

以图 6.15 为例,假设从顶点 v_1 出发,进行深度优先搜索过程:先访问顶点 v_1,然后找到 v_1 的邻接点 v_2,因为 v_2 未被访问过,则从 v_2 出发进行深度优先搜索,进行递归调用;访问 v_2 后,由 v_2 找到与之邻接的未被访问过的顶点 v_4,重复递归调用;以此类推,再由 v_4 到 v_8,v_8 到 v_5;在访问了顶点 v_5 之后,由于 v_5 的所有邻接点都已经访问过,递归调用返回,搜索退回到 v_8。同样的原因,继续递归调用返回,再由 v_8 退回到 v_4,然后退回到 v_2,直至 v_1。此时由于 v_1 的另一个邻接点 v_3 未被访问过,则以 v_3 作为新的出发点继续深度优先搜索,依次经过 v_6,v_7,直至图中所有的顶点都被访问过为止。

对图进行深度优先搜索遍历时,按访问点的先后次序所得到的顶点序列,称为该图的深度优先搜索遍历序列,简称 DFS **序列**。在对图 6.15 按照上述过程进行深度优先搜索时得到的 DFS 序列为:$v_1,v_2,v_4,v_8,v_5,v_3,v_6,v_7$。

将得到此 DFS 序列时所经过的边按顺序连接起来,便会得到图 6.15 的一个子图,如图 6.16 所示。从图 6.16 中可以看出,该子图包含了原图中的所有顶点,边数为顶点数减 1,而且是一个无回路的连通图。从图论中的定义可知,无回路的连通图是一棵树,所以该子图是一棵树。连通图 G 的一个子图如果是一棵包含 G 的所有顶点的树,则该子图称为 G 的**生成树**(spanning tree)。由于 n 个顶点的连通图至少有 $n-1$ 条边,而包含 $n-1$ 条边及 n 个

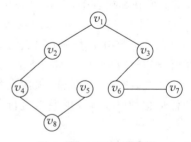

图 6.16　　DFS 生成树

顶点的连通图都是无回路的树,因此生成树是连通图的极小连通子图。所谓极小是指边数最少,若在生成树中去掉任何一条边,都会使之变为非连通图;若在生成树上任意添加一条边,就必定出现回路。

由深度优先搜索得到的生成树称为**深度优先搜索生成树**,简称 DFS **生成树**。图 6.16 就

是图 6.15 的一棵 DFS 生成树。它是和 DFS 序列 $v_1, v_2, v_4, v_8, v_5, v_3, v_6, v_7$ 对应的生成树。

分析遍历过程可知,即使选择的初始出发点相同,图的 DFS 序列也不一定唯一。因为,当寻找某个顶点未被访问过的邻接点时,可能同时存在若干个,此时选择的邻接点不同,得到的序列就不相同。由于生成树与遍历序列一一对应,因此序列不唯一导致生成树也不唯一。但是,当图的存储结构以及遍历算法确定后,得到的 DFS 序列一定是唯一的,也就是说,从实现算法得到的运行结果是确定的。

因为深度优先搜索的定义是递归的,故很容易写出其递归算法,为了实现 DFS 遍历算法,可以分别采用邻接矩阵和邻接表作为图的存储结构。无向图 6.15 的邻接矩阵 A_4 和邻接表存储结构如图 6.17 所示。

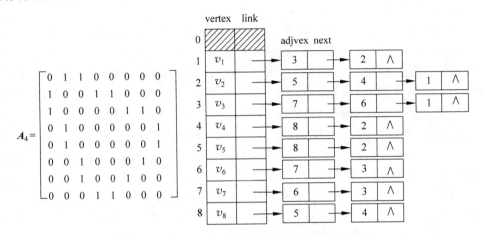

图 6.17 图 6.15 所示无向图的邻接矩阵和邻接表

关于邻接矩阵和邻接表存储结构的建立算法在前面已经介绍过。当图中的顶点序列确定后,邻接矩阵存储结构是唯一的,而邻接表存储结构不唯一。若利用 6.2.2 节的函数 creatAdjList() 来建立图 6.15 的邻接表,由于建立每个边表对应的单链表时采用的是头插法,若将邻接矩阵中表示的各条边按优先顺序输入,则各个边表中的邻接点序号一定是从大到小排列的,从而得到如图 6.17 所示的邻接表。下面分别讨论在邻接矩阵和邻接表存储结构上实现 DFS 遍历的算法。

以邻接矩阵作为存储结构实现 DFS 遍历的 C 函数如下:

```
#define N 10
int visited[N+1];        /* 全局变量标志数组 */
AdjMatrix * adj;         /* 全局变量邻接矩阵 */
void DFS(int i)          /* 从序号为 i 的顶点出发进行深度优先搜索,用邻接矩阵 adj 存储图 */
{    int j;
     printf("访问第%d个点: %c\n",i,adj->vertex[i]);    /* 访问顶点 vi */
     visited[i] = 1;              /* 标记 vi 已经访问过 */
     for (j = 1;j <= N;j++)       /* 依次搜索 vi 邻接的未被访问的点 vj */
     if((adj->edge[i][j])&&(!visited[j]))
         DFS(j);                  /* 递归调用,从 vj 出发继续进行深度优先搜索 */
}
```

下面分析在邻接矩阵上 DFS 遍历算法的实现过程。由于 DFS 遍历是递归算法,因此结合栈中数据的变化来理解算法的执行过程。对图 6.15 所示的连通图,在其邻接矩阵

(A_4)存储结构上实现 DFS 算法时,栈中数据的变化如图 6.18 所示。

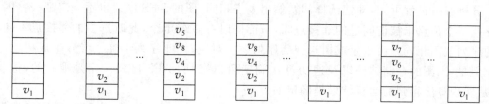

(a) 栈的状态1　(b) 栈的状态2　(c) 栈的状态3　(d) 栈的状态4　(e) 栈的状态5　(f) 栈的状态6　(g) 栈的状态7

图 6.18　DFS 遍历时栈的状态变化

具体的执行过程如下。

(1) 设初始出发点是 v_1,第一次非递归调用 DFS(1),保留非递归调用现场,v_1 进栈,栈的状态如图 6.18(a)所示,然后访问 v_1,将标记数组 visited[1]的值置为 1。

(2) 从 v_1 搜索到第 1 个邻接点 v_2,因 v_2 未被访问过,故递归调用 DFS(2)。此时,保留递归调用的现场,v_2 进栈,栈的状态如图 6.18(b)所示,然后执行递归调用 DFS(2),同样先访问 v_2,并将 visited[2]的值置为 1。

(3) 接着找到 v_2 的第 1 个邻接点 v_1,因 v_1 已经访问过,继续寻找,找到 v_2 的第 2 个邻接点 v_4,v_4 未曾访问过,调用 DFS(4)。类似地,访问 v_4 后执行递归调用 DFS(8),访问 v_8 后执行递归调用 DFS(5),此时栈的状态如图 6.18(c)所示。

(4) 执行 DFS(5)时,在访问 v_5 并做标记后,从 v_5 搜索到的两个邻接点依次是 v_2 和 v_8,因为它们均已访问过,所以 DFS(5)执行结束返回,v_5 出栈,回溯到 v_8,栈的状态如图 6.18(d)所示。又因为 v_8 的所有邻接点都已访问过,故 DFS(8)也结束调用返回,v_8 出栈,回溯到 v_4。类似地,由 v_4 回溯到 v_2,v_2 回溯到 v_1,此时栈中只有 v_1,如图 6.18(e)所示。

(5) 继续搜索得到 v_1 的下一个邻接点 v_3,因为 v_3 尚未访问过,因此调用 DFS(3)。类似地,依次调用 DFS(6)和 DFS(7),栈的状态如图 6.18(f)所示。然后由 v_7 回溯到 v_6,由 v_6 回溯到 v_3,v_3 出栈后栈中只剩下 v_1,如图 6.18(g)所示。此时,再继续搜索 v_1 的下一个未被访问过的邻接点,已经不存在未被访问过的邻接点,故 DFS(1)执行完毕,第一次非递归调用返回,栈为空,遍历结束。

在邻接矩阵上实现遍历算法的过程比较复杂,为了大家进一步理解算法的实现过程,给出了图 6.19(a)所示的图解供参考。

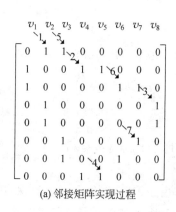

(a) 邻接矩阵实现过程

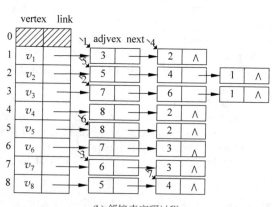

(b) 邻接表实现过程

图 6.19　DFS 算法实现过程的图解

按照上述算法的执行过程,得到的 DFS 序列是 $v_1,v_2,v_4,v_8,v_5,v_3,v_6,v_7$,对应的 DFS 生成树如图 6.16 所示。

以邻接表作为存储结构实现 DFS 遍历的 C 函数如下:

```
VexNode adjlist[N+1];        /*全局变量邻接表*/
void DFSL(int i)             /*从序号为 i 的顶点出发进行深度优先搜索,用邻接表 adjlist 存储图*/
{   EdgeNode * p;
    printf("访问第%d个点: %c\n",i,adjlist[i].vertex);      /*访问顶点 vi*/
    visited[i] = 1;          /*标记 vi 已经访问过*/
    p = adjlist[i].link;     /*p 为 vi 的边表头指针*/
    while (p)                /*依次搜索 vi 邻接的未被访问的点 vj*/
    {   if(!visited[p->adjvex])
            DFSL(p->adjvex);  /*递归调用,从 vj 出发继续进行深度优先搜索*/
        p = p->next;
    }
}
```

有了前面对邻接矩阵上实现 DFS 算法的分析,对在邻接表存储结构上实现 DFS 算法的分析过程就简单了。对图 6.15 所示的连通图,在其邻接表(图 6.17)存储结构上执行 DFSL 算法的过程与在邻接矩阵上 DFS 算法很相似。所不同的是,寻找邻接点的操作不是在矩阵的一行上完成的,而是在一个单链表中进行的。关于在顺序表上查找与在单链表上查找的区别在第 2 章已经详细介绍过。在图 6.17 的邻接表上实现 DFS 遍历的过程可以结合图 6.19(b)来理解。

在图 6.17 的邻接表上实现 DFS 遍历得到的 DFS 序列为 $v_1,v_3,v_7,v_6,v_2,v_5,v_8,v_4$,读者可以自己画出此 DFS 序列对应的生成树,并比较与图 6.16 所示的 DFS 生成树的联系和区别。可以看出,对同一个连通图,在初始出发点相同的情况下,在邻接表(图 6.17)上实现 DFS 遍历和在邻接矩阵(A_4)上实现 DFS 遍历得到的序列及生成树是不同的。

对于具有 n 个顶点 e 条边的连通图,用邻接矩阵存储图时,算法 DFS 的时间复杂度为 $O(n^2)$。用邻接表存储图时,算法 DFSL 的时间复杂度为 $O(n+e)$。算法 DFS 和 DFSL 所用的辅助空间都是标志数组和实现递归所用的栈,故它们的空间复杂度均为 $O(n)$。

6.3.2 广度优先搜索算法与实现

广度优先搜索(breadth-first search,BFS)遍历类似于树的层序遍历。对于给定的图 $G=(V,E)$,假设初始时所有顶点均未被访问过,可从 V 中任选一顶点 v_i 为初始出发点。广度优先搜索(BFS)遍历可定义为:首先访问出发点 v_i,接着依次访问 v_i 的所有未被访问过的邻接点 $w_1,w_2,\cdots,w_t$,然后依次访问与 $w_1,w_2,\cdots,w_t$ 相邻接的未被访问过的顶点。以此类推,直至图中所有和初始出发点 v_i 有路径相通的顶点都已被访问为止。显然,此方法的特点是尽可能先对图从横向进行搜索,故称为广度优先搜索。

为了实现广度优先搜索遍历算法,除了需要记录图中的顶点是否被访问以外,还要保存顶点访问的序列,并且此序列在广度优先搜索遍历的过程中是按照"先进先出"原则使用的,也就是说,在图的广度优先搜索遍历过程中需要用一个队列来辅助实现(与图的深度优先搜索遍历过程中栈的作用类似)。实现广度优先搜索遍历时,按照访问顶点的次序也可以得到 BFS **序列**和与之对应的 BFS **生成树**。

　　下面分析算法的实现过程。有了队列作为辅助结构,广度优先搜索遍历算法的实现过程比较简单。首先,访问初始出发点 v_i 并将其序号入队,然后重复以下操作:队头元素出队,找到出队元素的所有的未被访问过的邻接点,依次访问,同时将其序号入队,队空遍历过程结束。下面分别用邻接矩阵和邻接表存储结构来实现广度优先搜索遍历的算法。

　　以邻接矩阵作为存储结构实现 BFS 算法的 C 函数如下:

```
#define N 10
SeQueue * sq;              /* 指针变量 sq 指向队列 */
AdjMatrix * adj;           /* 邻接矩阵 adj */
void BFS(int k)            /* 从序号为 k 的顶点出发进行广度优先搜索,用邻接矩阵 adj 存储图 */
{   int i,j;
    sq = initSeQueue();               /* 置空队列 */
    printf("访问第%d个点: %c\n", k,adj->vertex[k]);     /* 访问出发点 */
    visited[k] = 1;                   /* 标记顶点 vk 已经访问过 */
    enSeQueue(sq,k);                  /* 已经访问过的顶点序号入队 */
    while (!emptySeQueue(sq))         /* 队列非空 */
    {   i = deSeQueue(sq);            /* 队头元素顶点序号出队赋给变量 i */
        for (j=1;j<=N;j++)            /* 找到第 i 个顶点邻接的未被访问过的所有点,依次访问 */
            if((adj->edge[i][j])&&(!visited[j]))    /* j 为邻接的未被访问过的顶点序号 */
            {   printf("访问第%d个点: %c\n",j,adj->vertex[j]);
                visited[j] = 1;
                enSeQueue(sq,j);
            }
    }
}
```

　　以图 6.15 为例,在邻接矩阵 A_4 上实现 BFS 算法的过程为:从顶点 v_1 出发进行广度优先搜索,在访问了 v_1 之后,依次访问 v_1 的所有未被访问过的邻接点 v_2 和 v_3,然后依次访问 v_2 的所有未被访问过的邻接点 v_4 和 v_5,以及 v_3 所有未被访问过的邻接点 v_6 和 v_7,最后访问 v_4 的所有未被访问过的邻接点 v_8,至此所有和初始出发点 v_1 有路径相通的顶点都被访问过。按照此过程进行广度优先搜索遍历时得到的 BFS 序列为 $v_1,v_2,v_3,v_4,v_5,v_6,v_7,v_8$。

　　将此序列所经过的边按顺序连接起来,就可以得到对应的生成树,如图 6.20 所示。

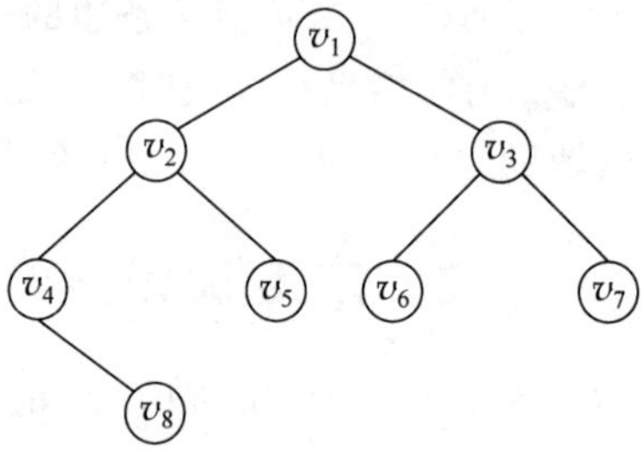

图 6.20　无向图 6.15 的 BFS 生成树

　　以邻接表作为存储结构实现 BFS 算法的 C 函数如下:

```
VexNode adjlist[N+1];/* 全局变量邻接表 */
void BFSL(int k)         /* 从序号为 k 的顶点出发进行深度优先搜索,用邻接表 adjlist 存储图 */
{   int i;
    EdgeNode * p;
    sq = initSeQueue();
    printf("访问第%d个点: %c\n",k,adjlist[k].vertex);    /* 访问出发点 vk */
    visited[k] = 1;                 /* 标记 vk 已经访问过 */
    enSeQueue(sq,k);                /* 顶点 vk 的序号 k 入队 */
    while(!emptySeQueue(sq))        /* 队列非空 */
```

```
    {    i = deSeQueue(sq);        /*队头元素顶点序号出队赋给变量 i*/
         p = adjlist[i].link;      /*设边表头指针 p*/
         while (p!= NULL)          /*找到第 i 个顶点邻接的未被访问过的所有点,依次访问*/
         {   if(!visited[p->adjvex])
             {   printf("访问第%d个点: %c\n",p->adjvex,adjlist[p->adjvex].vertex);
                 visited[p->adjvex] = 1;
                 enSeQueue(sq,p->adjvex);
             }
             p = p->next;
         }
    }
}
```

有了前面对邻接矩阵上实现 BFS 算法的分析,对在邻接表存储结构上实现 BFS 算法的分析过程就容易多了,读者可自己完成。对图 6.15 在其邻接表(图 6.17)上实现 BFS 遍历得到的 BFS 序列为 $v_1,v_3,v_2,v_7,v_6,v_5,v_4,v_8$,读者可以自己画出此 BFS 序列对应的生成树,并比较与图 6.20 所示的 BFS 生成树的联系和区别。可以看出,对同一个连通图,在初始出发点相同的情况下,在邻接矩阵(A_4)上实现 BFS 遍历和在邻接表(图 6.17)上实现 BFS 遍历得到的序列及生成树是不同的。利用队列来实现广度优先搜索的过程要比利用栈进行深度优先搜索简单得多。读者可以用图 6.15 为例,自己分析在邻接矩阵(A_4)和邻接表(见图 6.17)存储结构上实现广度优先搜索时,队列中元素的变化情况。

与图的深度优先搜索遍历一样,广度优先遍历得到的 BFS 序列也是不唯一的,它与初始出发点的选择、图的存储结构以及实现遍历的算法均有关系,同样 BFS 生成树与 BFS 序列一一对应。

对于具有 n 个顶点和 e 条边的连通图,算法 BFS 的时间复杂度为 $O(n^2)$。算法 BFSL 的时间复杂度为 $O(n+e)$。而 BFS 和 BFSL 算法所用的辅助空间都是队列和标志数组,故它们的空间复杂度为 $O(n)$。

从上面讨论的 DFS 遍历和 BFS 遍历算法中,可以得到 DFS 序列和 BFS 序列。而每一个序列都可以对应一棵生成树。那么如何在 DFS 遍历和 BFS 遍历的算法的实现过程中求得对应的生成树呢?

通过生成树的定义可知,连通图的一棵生成树一定是原图的子图,因此可以在进行图的遍历过程中,把得到顶点序列时经过的边直接标识在原图上。例如,从一个已访问过的顶点 v_i 搜索到一个未曾访问过的邻接点 v_j,必定要经过 G 中的一条边 (v_i,v_j),此时,就可以在邻接矩阵或邻接表中表示此边的数值前加一个负号,从而将此边标识出来。其实,图 6.19(a) 和图 6.19(b)中的所有小箭头指的就是生成树中的 $n-1$ 条边,而箭头上的标号是各条边在生成树中出现的次序。当然也可以单独设计存储结构来存放生成树,后面介绍最小生成树时将有详细讨论。

前面讨论图的遍历时,针对的是一个无向图,同样可以对有向图进行深度优先搜索遍历和广度优先搜索遍历,此时的搜索路径一定要按照边的方向前行。例如,图 6.21(a)是一个有向图,假设从 v_1 出发,对其进行深度优先搜索遍历,可以得到 DFS 序列 v_1,v_2,v_3,v_4,对应的 DFS 生成树如图 6.21(b)所示;若对有向图 6.21(a)进行广度优先搜索遍历,可以得到 BFS 序列 v_1,v_2,v_3,v_4,对应的 BFS 生成树如图 6.21(c)所示。

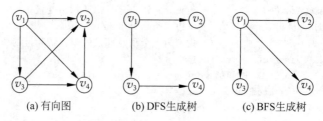

(a) 有向图　　　　(b) DFS生成树　　　　(c) BFS生成树

图 6.21　有向图及其生成树

对于有根图从根出发进行图的遍历,便可访问到图中所有的顶点,从而得到包含图中所有顶点的遍历序列及对应的一棵生成树。图 6.21(a)就是一个有根图,其中 v_1 是一个根,所以从 v_1 出发进行遍历,可以得到包含所有顶点的 DFS 或 BFS 序列,每个序列都有对应的一棵生成树。

对于一个连通图(见图 6.15),从任意顶点出发进行图的深度优先遍历或者广度优先遍历,必定可得到包含图中所有顶点的遍历序列及对应的一棵生成树。接下来探讨非连通图的遍历。

6.3.3　非连通图的遍历

如果一个无向图是非连通,则从图中任意一个顶点出发进行深度优先搜索或广度优先搜索都不能访问到图中所有顶点,只能访问到包含初始出发点的连通分量中的所有顶点。若要访问其他顶点,还需要从另一个未被访问过的顶点开始,重新进行遍历。如此下去,当每个连通分量中都选取了一个顶点作为出发点完成遍历后,便可访问到整个非连通图中所有的顶点,从而得到一个遍历序列。由于非连通图中的一个连通分量遍历时会对应一棵生成树,有几个连通分量,则对应几棵生成树,由此就构成了**生成森林**。所以非连通图的遍历序列并非对应一棵生成树,而是对应一个生成森林。由此可知,非连通图的遍历必须多次调用深度优先搜索或广度优先搜索算法。

非连通图深度优先搜索遍历算法的 C 函数如下:

```
void TDFS()                    /*深度优先搜索遍历非连通图 G,G 用邻接矩阵 adj 存储*/
{   for (int i = 1;i <= N;i++)
    {   if(!visited[i])        /*初始时,标志数组中的值均为 0*/
            DFS(i);
        printf("一个连通分量完成!\n");
    }
}
```

此算法同样适用于广度优先搜索遍历,只要将 DFS 调用换成 BFS 调用即可。

若在算法 TDFS 中只调用了一次 DFS(或 BFS)就完成了遍历过程,则表示图是连通的;否则,调用了几次就表示图中有几个连通分量。例如,对图 6.5 所示的非连通图 G_5,由于它有两个连通分量,因此执行算法 TDFS 时需要两次调用 DFS 算法,算法 DFS 中又递归调用自己,总的执行次数为 n,因此,算法的时间复杂度为 $O(n^2)$。

以上讨论的各种遍历算法虽以无向图为例,但算法本身对有向图也适用。例如,对非连通的有向图 6.22(a)进行深度优先搜索遍历可以得到它的生成森林,如图 6.22(b)所示。

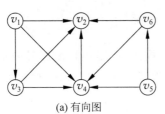
(a) 有向图

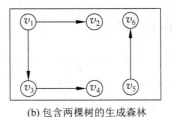
(b) 包含两棵树的生成森林

图 6.22 有向图的遍历及其生成森林

6.4 图的经典应用——最小生成树

通过前面介绍的图的遍历运算可以知道,图的生成树不一定是唯一的,但当存储结构确定后,从某一确定的顶点出发可以得到一棵确定的生成树。对于包含 n 个顶点的连通图,即使存储结构已经确定,但是从不同的顶点出发进行遍历也会得到不同的生成树,这些生成树中都包含 n 个顶点和 $n-1$ 条边,而且 n 个顶点都相同,是原图顶点集的全集,所不同的是,每一棵生成树中包含的 $n-1$ 条边的边集可能不一样。当图中的每条边上都带有权值时,即 $G=(V,E)$ 是一个连通网络,由于生成树中包含的 $n-1$ 条边不同,边上的权值和也会不同,由此引出了最小生成树问题。把连通网络的所有生成树中边上权值之和最小的生成树称为**最小生成树**(minimum spanning tree)。

最小生成树有很多重要应用。例如,要在 n 个城市之间建立通信网络,可以用图的顶点表示城市,边表示连接两个城市间的通信线路,边上的权值可以表示建立这条通信线路的花费。在任意两个城市之间都可以设置一条线路,相应的要付出一定的经济花费。而 n 个城市之间最多可以设置 $n(n-1)/2$ 条线路。实际上,要想使 n 个城市之间实现通信连接,仅需要 $n-1$ 条通信线路即可。如何在最节省花费的前提下建立起这个通信网络,也就是如何从所有可能的通信线路中选出 $n-1$ 条线路,使得建立起来的通信网络总花费最小,这就是一个典型的求最小生成树的问题。

构造最小生成树可以有多种算法,而大多数算法都利用了最小生成树具有的一种性质,称为 **MST 性质**:假设 $G=(V,E)$ 是一个连通网络,U 为顶点集 V 的一个非空子集,若边 (u,v) 是所有的一个端点在 U 中(即 $u \in U$),而另一个端点不在 U 中(即 $v \in V-U$)的边中权值最小的一条,则边 (u,v) 一定在 G 的一棵最小生成树中。

MST 性质可以用反证法加以证明:假设 G 的任意一棵最小生成树中都不含边 (u,v),如果 T 是 G 的一棵最小生成树,则应不包含边 (u,v)。由于 T 是一棵树,显然 T 是连通的。因此有一条从 u 到 v 的路径,且该路径上必有一条连接两个顶点集 U 和 $V-U$ 的边 (u',v'),其中 $u' \in U,v' \in V-U$,否则 u 和 v 不连通。当把边 (u,v) 加入生成树 T 时,得到一个含有边 (u,v) 的回路,删去边 (u',v'),上述回路即被消除。由此得到另一棵生成树 T',T' 和 T 的区别仅在于用边 (u,v) 取代了边 (u',v')。由 MST 性质可知,(u,v) 的权小于或等于 (u',v') 的权,故 T' 的权小于或等于 T 的权,因此 T' 也是 G 的一棵最小生成树,且包含边 (u,v),与假设矛盾。

利用 MST 性质,本节将介绍两种典型的求最小生成树的方法:**普里姆**(Prim)算法和**克鲁斯卡尔**(Kruskal)算法。

6.4.1 Prim算法

假设 $G=(V,E)$ 是一个连通网络，为了方便描述，可用顶点的序号表示顶点集合，即顶点集合 $V=\{1,2,\cdots,n\}$。设所求的最小生成树为 $T=(U,TE)$，其中 U 为最小生成树 T 的顶点集合，TE 为 T 中 $n-1$ 条边的集合。

Prim 算法的**基本思想**：

（1）从连通网络中任选一点 u_0 加进生成树中，此时 $U=\{u_0\}$，$TE=\{\}$，也就是最小生成树中只有一个顶点 u_0，没有边。

（2）在所有的一个点在生成树中（$u\in U$），而另一个点不在生成树中（$v\in V-U$）的边中，找到一条权值最小的边 (u,v)，将此边加入到生成树中，即在 TE 中加入边 (u,v)，而在 U 中加入点 v，使得边集 TE 中增加一条边，顶点集 U 中增加一个点。

（3）重复 $n-1$ 次上述第（2）步的操作后，就会选出 $n-1$ 条边，这 $n-1$ 条边既保证了 n 个顶点的连通性，同时又保证了权值之和最小。此时 TE 中必然包含选出的 $n-1$ 条边（$TE\subseteq E$），而顶点集 U 是图 G 中顶点集 V 的全集，即 $U=V$。

MST 性质也保证了 $T=(U,TE)$ 必然是图 G 的一棵最小生成树。由于图中可能出现权值相等的多条边，当它们都满足 MST 性质时，可以从中任选一条边加进生成树，因此，一个连通网络的最小生成树可能不唯一，但所有最小生成树的边上权值之和均相等。图 6.23 为一个连通网络和它的最小生成树，由于连通网络中所有边上的权值都不相等，因此此连通网络的最小生成树是唯一的。

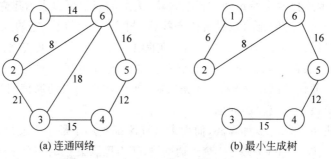

(a) 连通网络　　　　　　　　　(b) 最小生成树

图 6.23　一个连通网络和它的最小生成树

连通网络（图 6.23(a)）的最小生成树的求解过程如下。

（1）根据 Prim 算法的基本思想，先从连通网络中任选一顶点（选择顶点 1）加进生成树 T，此时生成树中只有一个顶点而没有边，即 $U=\{1\}$，$TE=\{\}$，如图 6.24(a)所示。

（2）从一个顶点在生成树而另一个顶点不在生成树的两条边 (1,2,6) 和 (1,6,14) 中选取权值最小的边 (1,2,6) 加进生成树，此时生成树中有两个顶点和一条边，即 $U=\{1,2\}$，$TE=\{(1,2,6)\}$，如图 6.24(b)所示。

（3）重复一次上述过程，再从一个顶点在生成树而另一个顶点不在生成树的所有边 (1,6,14)、(2,3,21) 和 (2,6,8) 中选取权值最小的边 (2,6,8) 进生成树，此时 $U=\{1,2,6\}$，$TE=\{(1,2,6),(2,6,8)\}$，如图 6.24(c)所示。

（4）继续多次重复上述过程，依次选取边 (6,5,16)、(5,4,12) 和 (4,3,15) 分别进入生成树，最终得到 $U=\{1,2,6,5,4,3\}$，$TE=\{(1,2,6),(2,6,8),(6,5,16),(5,4,12),(4,3,15)\}$，如

图 6.24(d)～图 6.24(f)所示。其中图 6.24(f)就是最终求出的连通网络的最小生成树 $T=(U,\mathrm{TE})$，显然它就是图 6.23(b)。

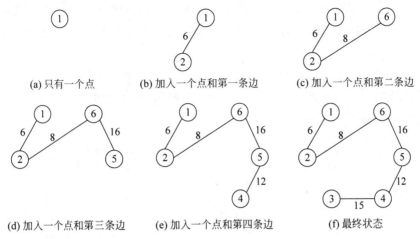

(a) 只有一个点　　(b) 加入一个点和第一条边　　(c) 加入一个点和第二条边

(d) 加入一个点和第三条边　　(e) 加入一个点和第四条边　　(f) 最终状态

图 6.24　根据 Prim 算法求最小生成树的过程

作为图形结构的一个非常典型的应用——最小生成树问题，前面的讨论已经给出了逻辑结构及定义在逻辑结构上的运算，即要"做什么"已经清楚了，下面讨论"怎么做"，也就是存储结构及实现在存储结构上的运算。

为了实现 Prim 算法，首先要考虑采用哪种图的存储结构来存储连通网络效率更高。从算法的基本思想可知，求最小生成树的关键是如何找到连接 U 和 $V-U$ 的权值最小的边（以下称为最短边）来扩充最小生成树 T。

从上面具体例子中可以看出，在选择最短边时，所有可供选择的边（以下称为可选边）的两个端点序号很容易知道（一个端点都在 U 中，另一个端点都在 $V-U$ 中），主要是如何根据一条边的两个端点序号来取得边上的权值，然后将这些权值进行比较找到最小值。显然，在邻接矩阵存储结构上，由一条边的两个端点序号来取得边上的权值是一种随机存取的操作，不需要查找，效率较高；而在邻接表存储结构上实现此操作，必须在边表上进行顺序查找，效率较低。因此，选择邻接矩阵作为图的存储结构能够获得更好的运算效率。图 6.23(a)所示连通网络的邻接矩阵如 $\mathbf{A}_6$ 所示。

$$\mathbf{A}_6 = \begin{bmatrix} 0 & 6 & \infty & \infty & \infty & 14 \\ 6 & 0 & 21 & \infty & \infty & 8 \\ \infty & 21 & 0 & 15 & \infty & 18 \\ \infty & \infty & 15 & 0 & 12 & \infty \\ \infty & \infty & \infty & 12 & 0 & 16 \\ 14 & 8 & 18 & \infty & 16 & 0 \end{bmatrix} \qquad \mathbf{A}_6' = \begin{bmatrix} 0 & \underline{6} & \infty & \infty & \infty & 14 \\ 6 & 0 & 21 & \infty & \infty & \underline{8} \\ \infty & 21 & 0 & \underline{15} & \infty & 18 \\ \infty & \infty & 15 & 0 & \underline{12} & \infty \\ \infty & \infty & \infty & 12 & 0 & \underline{16} \\ 14 & 8 & 18 & \infty & 16 & 0 \end{bmatrix}$$

连通网络的邻接矩阵存储结构 C 语言描述如下：

```
#define N 10
typedef int AdjType;           /* 权值类型 */
AdjType matrix[N+1][N+1];       /* 邻接矩阵 */
```

在算法实现中,除了需要存储已知的连通网络外,还需要对求得的最小生成树进行存储。一种方法是直接将最小生成树标识到邻接矩阵上,因为最小生成树也是图的子图。例如,将图 6.23(b)所示的最小生成树标识在矩阵 A_6 上,如矩阵 A_6' 所示,其中用下画线标注的边即为最小生成树中的边。用此方法来存储最小生成树,读者可以自己考虑如何写出求最小生成树的算法。

除了可以在邻接矩阵上标识最小生成树外,也可以采用边集数组来存储最小生成树。同样以邻接矩阵 A_6 来存储图 6.23(a)所示的连通网络,采用边集数组存储它的最小生成树,其存储结构如图 6.25 所示。

$$A_6 = \begin{bmatrix} 0 & 6 & \infty & \infty & \infty & 14 \\ 6 & 0 & 21 & \infty & \infty & 8 \\ \infty & 21 & 0 & 15 & \infty & 18 \\ \infty & \infty & 15 & 0 & 12 & \infty \\ \infty & \infty & \infty & 12 & 0 & 16 \\ 14 & 8 & 18 & \infty & 16 & 0 \end{bmatrix}$$

	始点	终点	权值
0	////	////	////
1	1	2	6
2	2	6	8
3	6	5	16
4	5	4	12
5	4	3	15

图 6.25　最小生成树的边集数组

下面讨论的求最小生成树的算法是采用边集数组作为最小生成树的存储结构。边集数组存储结构的 C 语言描述如下:

```
#define N 10
typedef struct edge
{    int fromvex;          /*边的始点域*/
     int endvex;           /*边的终点域*/
     AdjType weight;       /*边的权值域*/
}EdgeSetArray;             /*定义边集数组类型*/
EdgeSetArray   T[N];
```

从图 6.25 的边集数组中可以看出,最小生成树中的 $n-1$ 条边是按照进入生成树的先后次序排列的。在算法实现过程中,最小生成树的边集数组需要不断进行变化调整,每一次调整都会在边集数组中增加一条最小生成树中的边。因此,边集数组除了存储已求出的最小生成树中的边以外,还存储了求下一条最短边时的一些可选边。下面以图 6.23(a)所示的连通网络为例,用边集数组存储最小生成树,分析用 Prim 算法求最小生成树的实现过程。

(1)初始化。取顶点 1 加入生成树 T 中。此时,$U=\{1\}$,$V-U=\{2,3,4,5,6\}$。边集数组中的始点域存储的是在生成树中的点(1),终点域存储的是不在生成树中的点(2,3,4,5,6),数组的权值域存储了从顶点 1 到其余各顶点的边的权值。当从顶点 1 到某个顶点无边时,可认为权值为 ∞,初始化后生成树 T 的边集数组如图 6.26(a)所示。此时边集数组中存储的 5 条边就是求第一条最短边时的所有可选边。

(2) 调整边。从边集数组中选择权值最小的边(1,2,6),即求权值域的最小值,得到 $T[1]$,与数组中的第一个元素交换($T[1]\longleftrightarrow T[1]$),交换后的边用√做标记,表示第一条最短边进生成树 T,如图 6.26(b)所示。此时,顶点 2 进入生成树 T,$U=\{1,2\}$,$V-U=\{3,4,5,6\}$。而边集数组中除了 $T[1]$ 是已选出的一条最短边外,剩余的四个元素存储了进行下一次选择时的四条可选边,除此之外,由于新的顶点 2 加入 U 后,从已在生成树中的顶点 2 到不在生成树中的点,还有四条可选边(2,3,21)、(2,4,∞)、(2,5,∞)和(2,6,8)没有存储在数组中。

为了使算法中每次循环处理过程都相同(即求数组中权值域的最小值),应该把还不在边集数组中的四条可选边也放进边集数组中,如何在数组的四个元素中表示八条边呢?这是实现算法中的重点。

处理方法:对数组中存放可选边的元素 $T[i]$,让它总是存放在生成树(属于集合 U)中的每个点到不在生成树(属于集合 $V-U$)中的一个点的所有边中权值最小的边。

如何实现呢?当有新点 u 进入 U 时,需要调整 $T[i]$ 的值。设 v 是 $T[i]$ 终点域的值,当 $T[i]$ 中的权值大于边 (u,v) 的权值时,用边 (u,v) 及其权值替换 $T[i]$ 即可。当新点 $u=2$ 加入 U 后,$U=\{1,2\}$,$V-U=\{3,4,5,6\}$,此时需要调整存储可选边的数组元素 $T[2]$、$T[3]$、$T[4]$ 和 $T[5]$。例如,$T[2]$ 中应存放 U 中的点$\{1,2\}$到 $V-U$ 中的顶点 3 的两条边(1,3)和(2,3)中权值最小的一条。此时 $v=3$,由于 $T[2]$.weight 已经存放了边(1,3)的权值∞,而边(2,3)的权值 21 比∞小,所以用(2,3,21)替换数组中元素 $T[2]$。对 $T[3]$、$T[4]$ 和 $T[5]$ 都做如此处理,通常称这个过程为调整边。对各边调整后的边集数组如图 6.26(c)所示。

(3) 重复(2)的过程。除了已选出的最小边 $T[1]$ 外,在剩余的可选边 $T[2]$、$T[3]$、$T[4]$ 和 $T[5]$ 中求权值域值最小的边(2,6,8),即 $T[5]$,与数组中的第二个元素 $T[2]$ 进行交换($T[2]\longleftrightarrow T[5]$),交换后的边用√做标记,表示第二条最短边进生成树 T,如图 6.26(d)所示。然后对剩下的边 $T[3]$、$T[4]$ 和 $T[5]$ 进行调整,调整后的边集数组如图 6.26(e)所示。

(4) 继续重复(2)的过程。从可选边 $T[3]$、$T[4]$ 和 $T[5]$ 中求权值域值最小的边(6,5,16),即 $T[4]$,与数组中的第三个元素交换($T[3]\longleftrightarrow T[4]$),交换后的边用√做标记,表示第三条最短边进生成树 T,如图 6.26(f)所示。然后对剩下的边 $T[4]$ 和 $T[5]$ 进行调整,调整后的边集数组如图 6.26(g)所示。

(5) 继续重复(2)的过程。从可选边 $T[4]$ 和 $T[5]$ 中求权值域值最小的边(5,4,12),即 $T[4]$,与数组中的第四个元素交换($T[4]\longleftrightarrow T[4]$),交换后的边用√做标记,表示第四条最短边进生成树 T,如图 6.26(h)所示。然后对剩下的边 $T[5]$ 进行调整,调整后的边集数组如图 6.26(i)所示。此时,边集数组中只剩下一条可选边,直接进入生成树即可。

(6) 算法结束后,得到所求得的最小生成树,如图 6.23(b)所示。

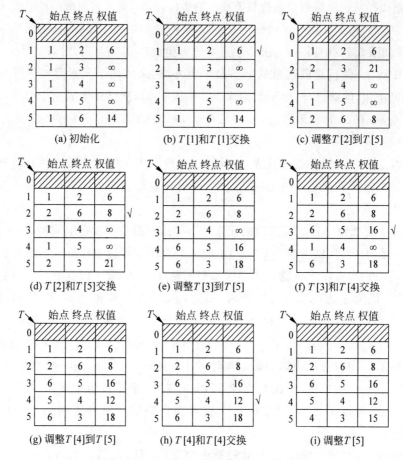

图 6.26　生成树 T 的边集数组变化过程

在边集数组上,存储结构定义如下:

```
#define N 10
#define MAX 32767
typedef int AdjType;              /* 权值类型 */
typedef struct edge
{   int fromvex;                  /* 边的始点域 */
    int endvex;                   /* 边的终点域 */
    AdjType weight;               /* 边的权值域 */
}EdgeSetArray;
AdjType matrix[N+1][N+1];         /* 邻接矩阵 */
EdgeSetArray  T[N];               /* 边集数组 */
```

Prim 算法的 C 函数如下:

```
void prim()
{   int i,j,w,min,minest;
    EdgeSetArray edtemp;
    for (i=1;i<=N-1;i++)          /* 构造初始边集数组 */
    {   T[i].formvex = 1;         /* 始点 */
```

```
        T[i].endvex = i + 1;                    /* 终点 */
        T[i].weight = matrix[1][i + 1];         /* 权值 */
        }
        for (i = 1;i <= N - 1;i++)              /* 求生成树中的第 i 条边 */
        {   min = MAX;
        for(j = i;j <= N - 1;j++)
            if (T[j].weight < min)
            {   min = T[j].weight;minest = j;
            }                                   /* T[minest]是当前最短的边 */
            if(i!= minest)
            {   edtemp = T[minest];  T[minest] = T[i]; T[i] = edtemp;  }
            for(j = i + 1;j <= N - 1;j++)       /* 调整边集数组 */
            {   w = matrix[T[i].endvex][T[j].endvex];
                if(w < T[j].weight)
            {   T[j].weight = w;
                    T[j].formvex = T[i].endvex;
            }
            }
        }
}
```

分析以上算法,若连通网络有 n 个顶点,则该算法的时间复杂度为 $O(n^2)$,它更适用于边数较多的稠密图。而对于稀疏图,用下面介绍的 Kruskal 算法更为适合。

注意:当连通网络中某些边上权值相同时,根据 Prim 算法的基本思想求得的最小生成树可能不唯一;但当存储结构和实现的算法都确定后,从程序运行结果得到的生成树则必定是唯一的。

6.4.2 Kruskal 算法

构造最小生成树的另一种算法是 Kruskal 算法。

Kruskal 算法的**基本思想**:

(1) 对一个包含 n 个顶点的连通网络 $G=(V,E)$,求最小生成树 T 时的初始状态是只包含 n 个顶点,不包含边的非连通图 $T=(V,\phi)$,T 中每个顶点都自成一个连通分量,也是一棵只有根节点的树,因此 T 是一个包含 n 棵树的森林。

(2) 依次从 E 中选取权值最小的边,加入到森林 T 中,但需要保证每加入一条边都不会使 T 中出现回路,即保证 T 始终是森林,否则舍去此边,继续依次选取下一条权值最小的边。

(3) 按此方法,每加入一条边都会使森林中减少一棵树,直到森林中只有一棵树时,这棵树就是所求的最小生成树。

对图 6.23(a)所示的连通网络,按 Kruskal 算法构造最小生成树,其实现过程如图 6.27所示。为了方便实现依次从 E 中选取权值最小的边,将此连通网络中的边按权值递增的顺序排列为(1,2,6),(2,6,8),(4,5,12),(1,6,14),(3,4,15),(5,6,16),(3,6,18),(2,3,21)。

初始时,生成树中只有 6 个顶点,各自成一个连通分量,如图 6.27(a)所示。然后加入

第 1 条最短边(1,2,6)、第 2 条最短边(2,6,8)和第 3 条最短边(4,5,12),都不会使 T 中出现回路,如图 6.27(b)~ 图 6.27(d)所示,此时森林中还剩三棵树。而当加入第 4 条最短边(1,6,14)时,因为该边的两个端点在同一个连通分量上,即在森林的同一棵树中,若加入此边到 T 中,将会出现回路,故舍去这条边。然后再继续选择当前最短边(3,4,15),将其加入 T,如图 6.27(e)所示。接着选择当前最短边(5,6,16),该边的两个端点不在同一个连通分量上,将其加入 T,可以得到如图 6.27(f)所示的单个连通分量 T(一棵树),它就是所求的最小生成树。

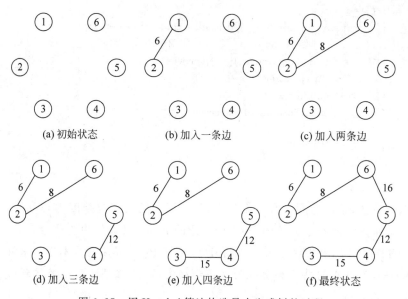

图 6.27   用 Kruskal 算法构造最小生成树的过程

为了实现 Kruskal 算法,对于连通网络和其最小生成树都采用边集数组进行存储。

图 6.23 所示的连通网络及其最小生成树的边集数组存储结构如图 6.28(a)和图 6.28(b)所示。

	0	1	2	3	4	5	6	7	8
始点		1	2	4	1	3	5	3	2
终点		2	6	5	6	4	6	6	3
权值		6	8	12	14	15	16	18	21

(a) 连通网络的边集数组

	0	1	2	3	4	5
始点		1	2	4	3	5
终点		2	6	5	4	6
权值		6	8	12	15	16

(b) 最小生成树的边集数组

图 6.28   图 6.23 中连通网络及它的最小生成树的边集数组

实现 Kruskal 算法的 C 函数如下:

```
#define N 10
EdgeSetArray  T[N];                /* 最小生成树的边集数组 */
void kruskal(EdgeSetArray ge[])    /* 求图的边集数组 ge 的最小生成树,存于 T 中 */
{    int i,j,k=1,d=1;              /* k 表示生成树中的边数,d 表示 ge 中待扫描边下标 */
     int m1,m2;                    /* m1 和 m2 分别保存一条边的两个顶点所在集合的序号 */
```

```
int s[N + 1][N + 1] = {0};        /* s 的每一行表示森林中一棵树的顶点集,初始化为 0 */
for(i = 1;i < = N;i++)  s[i][i] = 1;  /* 将每个顶点赋予对应的集合 */
while(k < N)                      /* 进行 n - 1 次循环,得到最小生成树中的 n - 1 条边 */
{   for(i = 1;i < = N;i++)        /* 求出边 ge[d]的两个顶点所在集合的序号 m1 和 m2 */
    {   if(s[i][ge[d].fromvex] == 1)  m1 = i;
        if(s[i][ge[d].endvex] == 1)    m2 = i;
    }
    if(m1 != m2)                  /* 若两集合序号不等,则表明 ge[d]是生成树中的一条边 */
    {   T[k] = ge[d];             /* 将它加入数组 T 中 */
        k++;
        for(j = 1;j < = N;j++)    /* 合并两个集合,并将另一个置为空集 */
        {   s[m1][j] = s[m1][j] || s[m2][j];
            s[m2][j] = 0;
        }
    }
    d++;                          /* d 后移一个位置,以便扫描 ge 中的下一条边 */
}
}
```

6.5 图的经典应用——最短路径

最短路径问题是图论中研究的一个经典问题,旨在寻找带权图中两顶点之间的最短路径。例如,某交通网络可以用一个带权图来表示,如图 6.29 所示。图 6.29 中顶点表示城市,边表示两城市间的道路,而边上的权值表示两城市间道路的长度(具体可指城市间的距离、交通费用或通行时间等)。针对一个交通网络,经常可以提出这样的问题:两城市之间是否有路相通? 在有多条通路的情况下,哪一条路最短? 这就是在带权图中求最短路径的问题。这里路径长度不再是路径上边的数目,而是路径上所有边的权值之和。图 6.29 所示的交通网络,假设某位旅客要从 A 城到 Q 城,可以有多条路径,但是每一条路径上边的权值

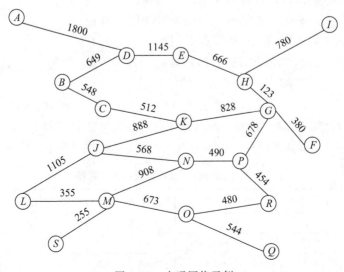

图 6.29 交通网络示例

之和不尽相同,这样就可以从中选出边上权值之和最小的一条路径,即**为最短路径**。因此,最短路径问题通常是指如何从图中某一顶点(称为源点)到达另一顶点(称为目标或终点)的多条路径中,找到一条路径,使得此路径上经过的各边上的权值总和达到最小。

最短路径问题通常可以分成以下四种不同的情况。

- 从图中某一顶点到达另一顶点的最短路径,即单源点、单目标点最短路径问题。
- 从图中某一顶点到达其余各个顶点的最短路径,即单源点、多目标点最短路径问题。
- 从图中任意顶点到达某个顶点的最短路径,即多源点、单目标点最短路径问题。
- 从图中任意顶点到达其他任意顶点的最短路径,即多源点、多目标点最短路径问题。

本书仅讨论最短路径问题中较常见的两种情况：单源最短路径和任意两点间最短路径。

单源最短路径是求从图中某一顶点到达其余各个顶点的最短路径,即单源点、多目标点最短路径问题。

任意两点间最短路径是求从图中任意顶点到达其他任意顶点的最短路径,即多源点、多目标点最短路径问题。

6.5.1　单源最短路径

单源最短路径问题,即单源点、多目标点的情况,需要求出从图中某一顶点到达其余各个顶点的最短路径。对于给定的有向网络 $G=(V,E)$ 和单个源点 v,也就是求从源点 v 出发到 G 的其余各顶点的最短路径。

例如,在图 6.30 所示的有向网络中,假定顶点 1(为了方便,顶点 v_i 用序号 i 表示)作为源点,则单源最短路径问题就是求从源点 1 到其余各顶点的最短路径。

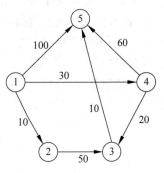

图 6.30　有向网络示例

从图 6.30 可知,从源点 1 到目标点 2 只有一条路径(1,2),路径长度为10,因此,路径(1,2)就是从源点 1 到目标点 2 的一条最短路径；从源点 1 到目标点 3 有两条不同的路径：(1,2,3)和(1,4,3),路径长度分别为 60 和 50,因此,路径(1,4,3)是从 1 到 3 的最短路径；从源点 1 到目标点 4 只有路径(1,4),路径长度为 30,因此,路径(1,4)是从 1 到 4 的最短路径；从源点 1 到目标点 5 有四条不同路径：(1,5)、(1,4,5)、(1,4,3,5)和(1,2,3,5),路径长度分别为 100、90、60 和 70,因此,路径(1,4,3,5)为从源点 1 到目标点 5 的最短路径。源点到自身的最短路径为 NULL(0),路径长度可以认为是 0。根据上述分析,则从源点 1 到各顶点的最短路径如表 6.1 所示。

表 6.1　从源点 1 到各顶点的最短路径

目标点	路径长度	路径	目标点	路径长度	路径
1	0	0	4	30	1→4
2	10	1→2	5	60	1→4→3→5
3	50	1→4→3			

　　如何求得这些路径及长度？ **迪杰斯特拉**（Dijkstra）经过研究提出了一个按照路径长度递增的次序逐步产生最短路径的算法。该算法的**基本思想**是：对于一个给定的有向网络 $G=(V,E)$，设置一个逐步扩充的集合 S，S 中存放已经求出最短路径的顶点，那么尚未求出最短路径的顶点集合为 $V-S$。很显然，算法的初始状态是集合 S 中只有源点，以后的每一步都是按照最短路径长度递增的顺序，逐个将 $V-S$ 中已经求出最短路径的顶点加入到集合 S 中，从而扩充 S。若从源点到 $V-S$ 中某个顶点的路径不存在，此时可以认为从源点到该顶点有一条路径长度为无穷大的虚拟路径。在这样的假设条件下，不断扩充 S 直到 $S=V$ 时算法结束。

　　现在需要考虑的问题是：如何在集合 $V-S$ 中选择一个点，使得此点的最短路径长度是集合 $V-S$ 所包含的顶点中最小的，并将此点加入 S，以扩充集合 S。为了解决此问题，给图中的每个顶点定义一个距离值：集合 S 中点的距离值就是它的最短路径长度；而集合 $V-S$ 中点的距离值为只经过 S 中的点到达此点的最短路径长度。因为集合 S 中的点会不断被扩充，所以，每个 $V-S$ 中点的距离值只是该点当前的最短路径长度，不一定是该点最终的最短路径长度。当每次扩充集合 S 后，都需要对 $V-S$ 中的点的距离值进行修正。可以证明，当前 $V-S$ 中的距离值最小的顶点，一定是集合 $V-S$ 所包含的顶点中最短路径长度最小的点，其距离值就是它的最短路径长度，而此点正是要选出来扩充集合 S 的点。

　　经过上面的分析，可以将单源最短路径算法的实现过程描述如下。

　　（1）初始化。集合 S 中只有一个源点，其余顶点都在集合 $V-S$ 中。此时，S 中源点的距离值（最短路径）为 0；$V-S$ 中各个顶点的距离值为只经过源点到达该顶点的当时最短路径，即从源点到达该顶点的边长（无边时，距离值为 ∞）。当某点的距离值不等于 ∞ 时，可以得到该点的路径（一条边）。

　　（2）从 $V-S$ 中选择一个距离值最小的顶点 v，将其加入 S 中，扩充集合 S。此时该点的距离值就是最短路径长度。

　　（3）对集合 $V-S$ 中剩余顶点的距离值进行修正。方法是：假设 u 是 $V-S$ 中的一个顶点，u 点当前的距离值为 len_u，而新加入 S 的点 m 的最短路径 len_m 加上边 $<u,m>$ 的长度为 L，若 $L<$len_u，则 u 点当前的距离值修正为 len_u$=L$。同时修正路径，即在 m 点的路径后面加上 u 点即可。

　　（4）重复（2）、（3）步，直到所有顶点全部进入集合 S，即 $V=S$ 为止。

　　以图 6.30 所示的有向网络为例，按照上述方法求出各个顶点的最短路径过程如下。

　　（1）初始化：$S=\{1\}$，$V-S=\{2,3,4,5\}$。各点的距离值及路径如下。

　S 中的点：$\{1\}$ 　　　　　　$V-S$ 中的点：$\{2\ \ 3\ \ 4\ \ 5\}$

　　距离值：0 　　　　　　　　距离值：10　∞　30　100

　　　路径：1→1 　　　　　　　　路径：1→2　1→3　1→4　1→5

　　（2）从 $V-S$ 中选择距离值最小的顶点 2，加入 S 中。此时 $S=\{1,2\}$，$V-S=\{3,4,5\}$。然后对 $V-S$ 中各点的距离值进行修正，修正后各点的距离值及路径如下。

　S 中的点：$\{1\ \ 2\}$ 　　　　　　$V-S$ 中的点：$\{3\ \ 4\ \ 5\}$

　　距离值：0　10 　　　　　　　距离值：60　30　100

　　　路径：1→1　1→2 　　　　　　路径：1→2→3　1→4　1→5

　　（3）从 $V-S$ 中选择距离值最小的顶点 4，加入 S 中。此时 $S=\{1,2,4\}$，$V-S=\{3,5\}$。然后对 $V-S$ 中各点的距离值进行修正，修正后各点的距离值及路径如下。

S 中的点：{1　2　4}　　　　　　　　$V-S$ 中的点：{3　5}
　　距离值：0　10　30　　　　　　　　　　距离值：50　90
　　　路径：1→1　1→2　1→4　　　　　　　　路径：1→4→3　1→4→5

（4）继续从 $V-S$ 中选择距离值最小的顶点 3，加入 S 中。此时 $S=\{1,2,3,4\}$，$V-S=\{5\}$。然后对 $V-S$ 中各点的距离值进行修正，修正后各点的距离值及路径如下。

S 中的点：{1　2　3　4}　　　　　　　$V-S$ 中的点：{5}
　　距离值：0　10　50　30　　　　　　　　距离值：60
　　　路径：1→1　1→2　1→4　1→4→3　　　　路径：1→4→3→5

（5）从 $V-S$ 中选择距离值最小的顶点 5，加入 S 中。此时 $S=\{1,2,3,4,5\}$，$V-S=\{\}$，算法结束，得到的结果与表 6.1 相一致。

S 中的点：{1　2　3　4　5}
　　距离值：　0　10　50　30　60　　　　　　　　　$V-S$ 中的点：{}
　　　路径：　1→1　1→2　1→4　1→4→3　1→4→3→5

为了实现求单源最短路径的算法，就需要考虑采用何种存储结构来存储有向网络 $G=(V,E)$。根据上述算法的实现过程可知，为了求出各个顶点的距离值，要根据顶点 u 和顶点 v 的序号来取得边 $<u,v>$ 的长度。要完成此操作，用邻接矩阵作为有向网络的存储结构比邻接表更方便，在邻接矩阵存储结构上，由一条边的两个顶点序号来取得边上的权值是一种随机存取的操作，不需要查找，效率较高；而在邻接表存储结构上实现此操作，必须在边表上进行顺序查找，效率较低。因此，选择邻接矩阵作为存储结构能够获得更好的运算效率。图 6.30 中有向网络的邻接矩阵如矩阵 $\boldsymbol{A}_7$ 所示。

$$\boldsymbol{A}_7 = \begin{bmatrix} 0 & 10 & \infty & 30 & 100 \\ \infty & 0 & 50 & \infty & \infty \\ \infty & \infty & 0 & \infty & 10 \\ \infty & \infty & 20 & 0 & 60 \\ \infty & \infty & \infty & \infty & 0 \end{bmatrix}$$

选择了图的存储结构后，仍需考虑如何存储所求得的最短路径有以下两种存储方式。

（1）最短路径的链接存储结构。各个顶点的最短路径不但包括路径的长度，还包括最短路径上所经过的边。对于存储路径长度，可以定义一维数组 pathlength[]，其中数组元素 pathlength[i] 存储的是从源点到顶点 i 的最短路径的长度；而最短路径上所经过的点则构成一个顶点序列，这些顶点之间的路径可以考虑采用单链表来存储。用这种方法存储表 6.1 中各顶点的最短路径，其存储结构如图 6.31 所示。

单链表中各个节点的 data 域存储路径上依次经过的顶点序号。例如，顶点 3 的最短路径长度是 50，其路径是从源点 1 经过 4 到达 3，即 1→4→3。采用此种方式的优点是可以直观看出从源点到终点的路径上经过的各个顶点，但是需要增加单链表的存储空间保存路径上各个顶点的序号。

（2）最短路径的顺序存储方式。其实，可以选择另一种更节省存储空间的方法，即采用"存前点序号"的方式来存储源点到某顶点的路径。此时可设一维数组 prenode，数组元素 prenode[i] 存储的是顶点 i 的最短路径上，到达顶点 i 的前点序号。例如，顶点 5 的路径为

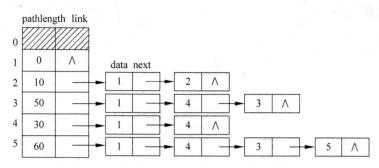

图 6.31 表 6.1 中最短路径的链接存储结构图示

1→4→3→5,则 prenode[5]中存储到达顶点 5 的前点序号 3。用此方法对表 6.1 中的最短路径进行存储,存储结构如图 6.32 所示。

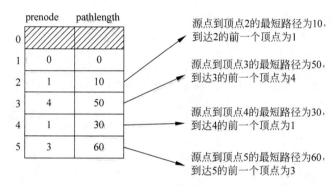

图 6.32 表 6.1 的"存前点序号"方式存储路径的结构

采用"存前点序号"方式来存储最短路径时,存储结构用 C 语言描述如下:

```
#define N 10
typedef struct
{    int prenode;
     int pathlength;
}ShortestPath;
ShortestPath sp[N + 1];
```

在这种存储结构上如何得到某个顶点的最短路径上所经过那些顶点呢? 例如,要得到顶点 5 的最短路径,可以从 sp[5].prenode 中取出到达 5 的前点序号为 3,即有路径 3→5;然后从 sp[3].prenode 中取出到达 3 的前点序号为 4,即有路径 4→3→5;继续从 sp[4].prenode 中取出到达 4 的前点序号为 1,即有路径 1→4→3→5;当从 prenode[1]中取出 0 (与 NULL 相当)时,说明已经无前点,由此得到顶点 5 的最短路径上所经过的顶点为:1→4→3→5。显然,对每个顶点只存储路径上的前点序号,完全可以存储各条路径,它比用单链表存储路径更节省存储空间。

无论采用何种存储方式,算法在执行过程中都需要一个标志数组 flag,其中 flag[i]表示顶点 i 是否已经求出最短路径,即是否在集合 S 中。如果某个顶点 i 已在 S 中,相应的 flag[i]置 1,反之置 0。初始化时,源点 v 的标志 flag[v]为 1,其余点的标志均为 0。

存储结构定义如下：

```
#define N 10
#define  MAX  32767              /* MAX 代表 ∞ */
AdjType matrix[N+1][N+1];        /* 全局量邻接矩阵 */
typedef struct
{   int prenode;
    int pathlength;
}ShortestPath;
ShortestPath sp[N+1];
int flag[N+1];
```

Dijkstra 算法求最短路径的 C 函数如下：

```
void dijkstra(int v)                 /* 求源点 v 到其余顶点的最短路径及其长度 */
{   int i,j,m,k,min;
    int flag[N+1] = {0};             /* 初始化标志数组 */
    flag[v] = 1;                     /* 源点 v 进集合 S */
    for(i=1;i<=N;i++)                /* 初始化存储路径长度及路径的数组 sp */
    {   sp[i].pathlength = matrix[v][i];  /* 置距离值 */
    if((sp[i].pathlength!=0)&&(sp[i].pathlength!=MAX))
        sp[i].prenode = v;           /* 置前点序号 */
    }
    for (i=1;i<=N;i++)
    {   min = MAX;
        for (j=1;j<=N;j++)           /* 从集合 V-S 中选取距离值最小的点 */
        {   if((flag[j]==0)&&(sp[j].pathlength<min))
        {   min = sp[j].pathlength;  m = j;  }  /* m 点距离值最小 */
        }
        flag[m] = 1;                 /* m 点加入 1 组 */
        for (k=1;k<=N;k++)           /* 修改边集数组,调整距离值 */
    {   if ((flag[k]==0)&& (sp[m].pathlength + matrix[m][k]) < sp[k].pathlength)
            {   sp[k].pathlength = sp[m].pathlength + matrix[m][k];
                sp[k].prenode = m;
            }
        }
    }}
```

为了帮助读者理解算法,下面以图 6.30 所示的有向网络为例,通过 C 函数中各变量值的变化情况,来分析用 Dijkstra 算法是如何求得单源最短路径的。

初始化：源点 1 进集合 S,其余的点均在集合 $V-S$ 中。此时 flag[1]的值为 1,其余均为 0。源点 1 的最短路径长度为 0,即 sp[1].pathlength 的值为 0,其余点的距离值为经过顶点 1 到达各顶点的路径长度,即边长,因此 sp[2].pathlength～sp[5].pathlength 分别是 10、MAX、30、100。实际上,数组 pathlength 的初值是从邻接矩阵 A_6 的第一行获得的。因为从源点 1 到自身是没有路径的,所以,将 sp[1].prenode 的值置为 0(空链表 NULL),其余点的前点序号为：源点到此点有边则值为 1,无边(sp[i].pathlength==MAX,即无路径)值为 0。初始化后数组 flag、prenode、pathlength 的值如图 6.33(a)所示。

第一步：从 flag[i]的值为 0 的各行中找 sp[1].pathlength 的最小值,此时最小值的下标为

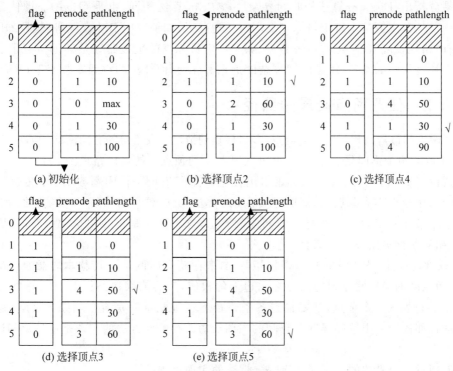

图 6.33 Dijkstra 算法在存储结构上值的变化过程

$m=2$,即顶点 2 的距离值最小,将顶点 2 加入 S,flag[2]的值置为 1。由于顶点 2 加入了 S,需要对 $V-S$ 中点的距离值进行修正:因为顶点 2 的最短路径 10 加上边$<2,3>$的长度 50 小于顶点 3 的当前最短路径 MAX,则 sp[3].pathlength = sp[2].pathlength + matrix[2][3] = 60,同时修改前点序号 sp[3].prenode 为 2;而 sp[4].pathlength、sp[5].pathlength 的值经过比较后不用修改。修正后数组 flag、prenode、pathlength 的值如图 6.33(b)所示。

第二步:重复第一步的操作。此时 $m=4$,即顶点 4 的距离值最小,将顶点 4 加入 S,并且将标志数组中 flag[4]的值置为 1,同时对 $V-S$ 中点的距离值进行修正:因为 sp[4].pathlength + matrix[4][3] < sp[3].pathlength,需要修改距离值 sp[3].pathlength = sp[4].pathlength + matrix[4][3] = 50,同时修改前点序号 sp[3].prenode 的值为 4;又因为 sp[4].pathlength + matrix[4][5] < sp[5].pathlength,需要修改距离值 sp[5].pathlength = sp[4].pathlength + matrix[4][5] = 90,同时修改前点序号 sp[5].prenode 为 4。修正后数组 flag、prenode、pathlength 的值如图 6.33(c)所示。

第三步:继续重复第一步的操作,此时 $m=3$,即顶点 3 的距离值最小,将顶点 3 加入 S,flag[3]的值置为 1。对 $V-S$ 中点的距离值进行修正:因为 sp[3].pathlength + matrix[3][5] < sp[5].pathlength,需要修改距离值 sp[5].pathlength = sp[3].pathlength + matrix[3][5] = 60,同时修改前点序号 sp[5].prenode 为 3。修正后数组 flag、prenode、pathlength 的值如图 6.33(d)所示。

第四步:重复第一步的操作,此时 $m=5$,将顶点 5 加入 S,flag[5]的值置为 1。至此数组 flag 中的所有值均为 1,集合 $V-S$ 为空,算法结束。最终数组 flag、prenode、pathlength 的值如图 6.33(e)所示,同图 6.32 表示的结果一样。

容易分析出,Dijkstra 算法的时间复杂度和 Prim 算法相同,也是 $O(n^2)$。即使是只需要求出一条从源点到某个特定目标点之间的最短路径,如果应用 Dijkstra 算法,那么必须先求出所有"路径长度"比它短的最短路径,除非特定目标点的最短路径是其他所有顶点的最短路径中长度最短的路径,否则时间复杂度仍是 $O(n^2)$,而算法的空间复杂度是 $O(n)$。

6.5.2 任意两点间最短路径

任意两点间最短路径问题即多源点、多目标点的情况。设给定的有向网络为 $G=(V,E)$,对 G 中任意的两个不同顶点 u 和 v,求出从顶点 u 到顶点 v 的最短路径。

在讨论了 Dijkstra 算法之后,不难得出任意两点间最短路径问题的求法:依次将有向网络中的每个顶点作为源点,重复执行 Dijkstra 算法 n 次,便可求出每一对顶点之间的最短路径。本小节要介绍另外一种解决此问题的算法,这个算法是由弗洛伊德(Floyd)提出来的,称为**弗洛伊德算法**(Floyd 算法)。

Floyd 算法仍然是采用带权的邻接矩阵 A 来存储有向网络。其**基本思想**是:初始化时,任意两点间的最短路径即为两点之间边上的权值,然后依次在路径上加入各个顶点 1,$2,3,\cdots,n$。每加入一个顶点,都要检查各条路径上经过此点后是否会使路径变短,这样就可以保证在邻接矩阵中始终保存两点间的当前最短路径。此方法的实现是通过矩阵迭代来完成的。

下面通过一个具体的例子说明 Floyd 算法的实现过程。

图 6.34(a)是一个有向网络,它的邻接矩阵如图 6.34(b)所示。实现 Floyd 算法的矩阵迭代的过程如图 6.35 所示。

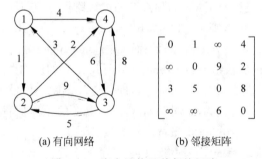

(a) 有向网络   (b) 邻接矩阵

图 6.34 有向网络及其邻接矩阵

首先,迭代的初始矩阵为 $A^{(0)}$,即图 6.34(b)所示的邻接矩阵。以后每次迭代中对角线的值都不变,因为顶点到自身的路径长度可看作是 0。

第一步:将顶点 1 加入各条路径,并检查是否会使各条路径变短。由于矩阵的第一行和第一列中已经包含了顶点 1,因此这部分值不会变化。而其余的值是否会改变,要看经过顶点 1 后路径能否变短。例如,顶点 2 到顶点 3 的原路径长度为 $A[2][3]=9$,经过顶点 1 后路径长度为 $A[2][1]+A[1][3]=\infty$,不比原来的更短,所以 $A[2][3]$ 的值不变。同样的原因,$A[2][4]$、$A[4][2]$、$A[4][3]$ 的值都不变。而顶点 3 到顶点 2 的原路径长度为 $A[3][2]=5$,经过顶点 1 后路径长度为 $A[3][1]+A[1][2]=4$,比原来的更短,所以 $A[3][2]$ 的值改变为 4,同样 $A[3][4]$ 的值改变为 7。第一次迭代结果如图 6.35 所示的 $A^{(1)}$。

	$A^{(0)}$				$A^{(1)}$				$A^{(2)}$				$A^{(3)}$				$A^{(4)}$			
	1	2	3	4	1	2	3	4	1	2	3	4	1	2	3	4	1	2	3	4
1	0	1	∞	4	0	1	∞	4	0	1	10	3	0	1	10	3	0	1	9	3
2	∞	0	9	2	∞	0	9	2	∞	0	9	2	12	0	9	2	11	0	8	2
3	3	5	0	8	3	4	0	7	3	4	0	6	3	4	0	6	3	4	0	6
4	∞	∞	6	0	∞	∞	6	0	∞	∞	6	0	9	10	6	0	9	10	6	0

	$Path^{(0)}$				$Path^{(1)}$				$Path^{(2)}$				$Path^{(3)}$				$Path^{(4)}$			
	1	2	3	4	1	2	3	4	1	2	3	4	1	2	3	4	1	2	3	4
1	0	1	0	1	0	1	0	1	0	1	2	2	0	1	2	2	0	1	4	2
2	0	0	2	2	0	0	2	2	0	0	2	2	3	0	2	2	4	0	4	2
3	3	3	0	3	3	1	0	1	3	1	0	2	3	1	0	2	3	1	0	2
4	0	0	4	0	0	0	4	0	0	0	4	0	3	3	4	0	3	3	4	0

图 6.35 矩阵迭代的过程

第二步：在第一次迭代的基础上加入顶点 2，矩阵中各个值的改变原则与第一步相同。例如，顶点 3 到顶点 1 的原路径长度为 $A[3][1]=3$，经过顶点 2 后路径长度为 $A[3][2]+A[2][1]=\infty$，不比原来的更短，所以 $A[3][1]$ 的值不变。同样的原因，$A[4][1]$、$A[4][3]$ 的值都不变。而顶点 1 到顶点 3 的原路径长度为 $A[1][3]=\infty$，经过顶点 2 后路径长度为 $A[1][2]+A[2][3]=10$，比原来的更短，所以 $A[1][3]$ 的值改变为 10。同样的原因，$A[1][4]$ 的值改变为 3，$A[3][4]$ 的值改变为 6。第二次迭代结果如图 6.35 所示的 $A^{(2)}$。

第三步：在第二次迭代的基础上加入顶点 3，矩阵中各个值的改变原则仍与第一步相同。具体的过程读者可模仿第一步和第二步自己完成。第三次迭代结果如图 6.35 所示的 $A^{(3)}$。

第四步：在第三次迭代的基础上加入顶点 4，通过前几步介绍的原则将矩阵中的某些值改变后，得到最终迭代结果如图 6.35 所示的 $A^{(4)}$。

显然，矩阵 A 中保存了任意两点间的最短路径长度。同 Dijkstra 算法一样，在求得最短路径长度的同时，也可以把路径求出来，存储在矩阵 **Path** 中。矩阵 **Path** 的值是随着矩阵 **A** 的变化过程而迭代出来的，如图 6.35 所示。

那么矩阵 **Path** 是如何表示任意两点间最短路径的呢？我们来分析最终的结果 **Path**$^{(4)}$。以顶点 2 到顶点 1 的路径为例：从 $A^{(4)}$ 可知，顶点 2 到顶点 1 的最短路径长度为 $A[2][1]=11$，其最短路径 $Path[2][1]=4$，说明源点 2 必定经过顶点 4 而最后到达终点 1；由于 $Path[4][1]=3$，又说明顶点 4 必定经过顶点 3 而最后到达终点 1；而 $Path[3][1]=3$，则说明顶点 3 没有经过任何其他顶点而直接到达终点 1。从后往前读取路径为：$2\to4\to3\to1$，路径长度为 $<2,4>+<4,3>+<3,1>=2+6+3=11$，即 $A[2][1]$。其他顶点间的路径可以用同样的方法得到。

Floyd 算法的 C 函数如下：

```c
void floyd()
{   int A[N+1][N+1];        /* A[i][j]是顶点 i 和 j 之间的最短路径长度 */
    int path[N+1][N+1];     /* path[i][j]是相应路径上顶点 j 的前点序号 */
    int i,j;
    for (i=1;i<=N;i++)           /* 矩阵 A 与 path 初始化 */
```

```
for (j = 1;j <= N;j++)
{    A[i][j] = matrix[i][j];
     if (i!= j && A[i][j]< MAX)    path[i][j] = i;  /* i 到 j 有路径 */
     else      path[i][j] = 0;                      /* i 到 j 无路径 */
}
for (k = 1;k <= N;k++)                              /* 产生 A(k)及 path(k) */
    for (i = 1;i <= N;i++)
        for (j = 1;j <= N;j++)
          if (A[i][k] + A[k][j] < A[i][j])
          {    A[i][j] = A[i][k] + A[k][j];
               path[i][j] = path[k][j];
          }                                        /* 缩短路径长度,绕过 k 到 j */
}
```

本节给出的求解任意两点间最短路径的算法不仅适用于带权有向图,对带权无向图也同样适用。因为带权无向图可以看作有往返二重边的有向图,只要在顶点 i 与 j 之间存在无向边 (i,j),就可以看成是在这两个顶点之间存在权值相同的两条有向边 $<i,j>$ 和 $<j,i>$。

Floyd 算法的时间复杂度为 $O(n^3)$,空间复杂度为 $O(1)$。

6.6　图的经典应用——拓扑排序

拓扑排序是有向无环图(directed acycline graph)上一个重要的运算。拓扑排序的目的是将有向无环图中所有的顶点排成一个线性序列,通常称为**拓扑序列**。拓扑序列必须满足如下条件:对一个有向无环图 $G=(V,E)$,有顶点 v_i、$v_j \in V$,若 v_i 到 v_j 有路径,则在此线性序列中,顶点 v_i 必定排列在顶点 v_j 之前。

拓扑排序有着广泛的应用价值。项目规划、施工过程、生产流程等都可以看成是一项"工程",而一个大的工程往往需要划分为若干个较小的子工程来完成,这些子工程称作**活动**。完成一项工程的各个活动之间通常是有先后次序关系的,这样可将实际问题抽象为一个有向图。一般情况下,可用图中的顶点表示活动,顶点之间的有向边表示活动之间的先后次序关系,称这样的有向图为**顶点活动网**(activity on vertex network),简称为 **AOV 网**。通过拓扑排序可以将 AOV 网中的各个活动排成一个拓扑序列,当按拓扑序列依次完成工程中的各个活动后,整个工程也就结束了。

例如,一个软件工程专业的学生必须学习一系列的必修课程才能获得学位,学习每一门课程都可看成是一个活动。某些课程可以并行学习,而另一些课程则要求必须有先修课,此时,课程之间就存在着先后次序关系。例如,软件工程专业的必修课程之间的先修后续关系如表 6.2 所示。

表 6.2　软件工程专业的必修课程之间的先修后续关系

课 程 编 号	课 程 名 称	先 修 课 程
C_1	高等数学	无
C_2	程序设计基础	无
C_3	普通物理	C_1

续表

课 程 编 号	课 程 名 称	先 修 课 程
C_4	线性代数	C_1
C_5	离散数学	C_1,C_2
C_6	计算机高级语言	C_2
C_7	数据结构	C_5,C_6
C_8	计算机组成原理	C_3
C_9	操作系统	C_7,C_8
C_{10}	编译原理	C_6,C_7

根据表6.2中课程之间的先后关系,可以将其转换为 AOV 网,如图 6.36 所示。在 AOV 网中,如果活动 v_i 必须在活动 v_j 之前进行,则必定存在有向边 $<v_i,v_j>$。AOV 网中不能出现环(回路),如果出现了环,则意味着某项活动要以自己作为先决条件,这是不可能的。一个有环的有向图是不能进行拓扑排序的。假设 v_i 和 v_j 是环中的两个顶点,如果 v_i 到 v_j 有路径,则 v_j 到 v_i 也有路径,因此无法进行拓扑排序,例如,在图 6.37 所示的有向图中存在有向环 v_1,v_2,v_3,v_1,因此无法把图中所有的顶点排成满足拓扑序列条件的线性序列。

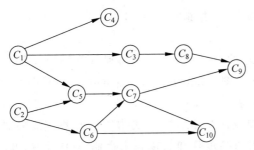

图 6.36 表示课程之间优先关系的有向图

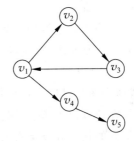

图 6.37 有环的有向图

对给定的有向图,可以通过它的拓扑序列来判断图中是否存在环。当所有顶点都排入一个拓扑序列中,此图一定是无环图;当拓扑序列中不能包含所有的顶点,说明未出现在拓扑序列中的顶点一定在环中,此图一定是有环图。例如,对于图 6.36 所示的 AOV 网进行拓扑排序,可以得到拓扑序列 $C_1,C_2,C_3,C_4,C_5,C_6,C_7,C_8,C_9,C_{10}$ 和 $C_2,C_6,C_1,C_5,C_7,C_{10},C_4,C_3,C_8,C_9$。

显然,除此之外,还有很多其他的拓扑序列,也就是说,一个 AOV 网上的拓扑序列可能有很多种。若某个学生每学期只学一门课程,为了保证学习任何一门课程时,其他先修课程都已经学过,则必须按照某个拓扑序列来进行课程的安排。

对一个无环的 AOV 网,如何进行拓扑排序呢?拓扑序列中的开始点一定是 AOV 网中其他的所有点到此点都没有路径,也就是说,开始点的入度一定为0。当然 AOV 网中入度为0的点可能有多个,因此导致了拓扑序列不唯一。当选定了一个入度为0的点后,将其输出到拓扑序列中,同时该点对其后面顶点的限定将被解除,后面各点表示的活动就可以进行了。通过上述分析可以得出拓扑排序算法的实现步骤:

(1) 从 AOV 网中选择一个入度为0的顶点并将其输出。

(2) 删除 AOV 网中与该顶点相关联的所有出边。

(3) 重复执行(1)、(2)两步,直到所有入度为 0 的顶点都被输出为止。

此时,如果序列中包含了 AOV 网中的所有顶点,即得到了拓扑序列;若序列中没有包含 AOV 网中的所有顶点,说明仍有顶点未输出,未被输出的顶点的入度都不为 0,这时 AOV 网中必定存在回路,不能进行拓扑排序。

以图 6.38(a)所示的有向图为例,根据上述方法进行拓扑排序的过程如下。

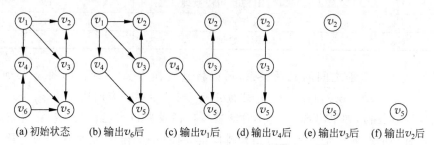

图 6.38　AOV 网求拓扑序列的过程

(1) 图中顶点 v_1 和顶点 v_6 入度均为 0,可任选一个输出。假设先输出顶点 v_6。

(2) 删除 v_6 的出边 $<v_6,v_4>$ 和 $<v_6,v_5>$,此过程结束后得到图 6.38(b)。

(3) 只有顶点 v_1 的入度为 0,输出顶点 v_1 并删除 v_1 的出边 $<v_1,v_2>$、$<v_1,v_3>$ 和 $<v_1,v_4>$,完成此过程后得到图 6.38(c)。

(4) 以此类推,输出顶点 v_4 并删除 v_4 的出边 $<v_4,v_5>$,得到图 6.38(d);输出顶点 v_3 并删除 v_3 的出边 $<v_3,v_2>$、$<v_3,v_5>$,得到图 6.38(e);最后,输出顶点 v_2(见图 6.38(f))和 v_5,完成整个拓扑排序。得到的拓扑序列为 v_6,v_1,v_4,v_3,v_2,v_5。

如何在计算机上实现此过程? 首先要设计存储结构,实现拓扑排序算法的关键是要找到入度为 0 的顶点并删除此点的出边,用邻接矩阵和邻接表来存储 AOV 网都可以实现。例如,在邻接矩阵上求入度为 0 的点,就是查找全 0 的列,而删除出边就是将对应的行清 0。具体的实现算法很简单,读者可自己完成。

下面讨论在邻接表上如何实现拓扑排序。考虑到每次都需要查找入度为 0 的顶点并删除出边,在邻接表上删除出边很容易,而要查找入度为 0 的顶点需要遍历所有的单链表,较麻烦。为此,增加一个存放顶点入度的域(id),先将每个顶点的入度求出后依次存放在该域中。例如图 6.38(a)所示的 AOV 网,其邻接表存储结构如图 6.39 所示。

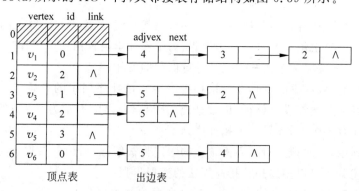

图 6.39　图 6.38 所示 AOV 网的邻接表

带入度域的邻接表存储结构的 C 语言描述如下：

```
typedef struct
{    VexType vertex;                /* 顶点域 */
     int id;                       /* 入度域 */
     EdgeNode * link;              /* 指针域 */
} VexNodeId;                        /* 定义顶点表节点 */
VexNodeId vexlist[N + 1];
```

在实现拓扑排序算法过程中，为了避免每次查找入度为 0 的顶点都要扫描一遍 id 域，可以将值为 0 的各个 id 域链接成一个静态的单链栈。初始时，对顶点表的 id 域扫描一遍，将所有入度为 0 的点都入栈，以后要选择入度为 0 的点就可以直接从栈顶取出。而删除出边的操作，就是将栈顶顶点对应的边表中各个邻接点的入度减 1，若减 1 后使得某个点的入度为 0，将其入栈。显然，此单链栈并不需要分配额外的存储空间，只增加一个栈顶指针即可。这是此算法中的重要技巧，请读者关注。

根据上面的分析，可以将拓扑排序算法实现的过程描述如下。

（1）建立入度为 0 的顶点的单链栈。

（2）当栈不空时，重复执行以下各操作。

① 栈中一个顶点出栈，并输出。

② 将输出顶点对应的边表中各个邻接点的入度减 1。

③ 减 1 后将入度为 0 的点压栈。

（3）如果输出的顶点个数少于 AOV 网的顶点个数，则提示 AOV 网中存在环。

拓扑排序算法的 C 函数如下：

```
void topologicalSort()
{    int i, j, num = 0, top = - 1;
     EdgeNode  * p;
     for (i = 1; i < = N; i++)                    /* 入度为 0 的顶点栈初始化 */
          if (vexlist[i].id == 0)                 /* 入度为 0 的顶点入栈 */
          {    vexlist[i].id = top; top = i; }
     while(top!= - 1)                             /* 栈非空 */
     {    i = top; top = vexlist[top].id;         /* 栈顶元素出栈 */
          printf(" % c\n", vexlist[i].vertex);    /* 输出栈顶顶点 */
     num++;                                       /* 记录输出的顶点个数 */
     p = vexlist[i].link;
     while(p)
     {    j = p - > adjvex;
          vexlist[j].id-- ;                       /* 邻接点的入度减 1 */
               if (!vexlist[j].id)                /* 入度为 0 则顶点进栈 */
          {    vexlist[j].id = top; top = j; }
          p = p - > next;
     }
     }
     If (num < N)   printf("网中有回路!\n");
}
```

对图 6.39 所示的邻接表进行拓扑排序时,顶点表的 id 域变化过程如图 6.40 所示。

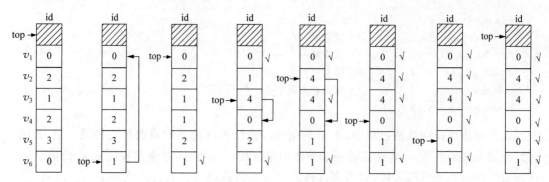

(a) 初始化　(b) v_1 和 v_6 入栈后　(c) 输出 v_6 后　(d) 输出 v_1 后　(e) 输出 v_3 后　(f) 输出 v_2 后　(g) 输出 v_4 后　(h) 输出 v_5 后

图 6.40　拓扑排序过程中单链栈(id 域)的变化过程

初始化:图 6.40(a)为初始状态,扫描所有顶点表的 id 域,将 id 域(入度)为 0 的点 v_1 和 v_6 全部进栈,建立初始的单链栈,如图 6.40(b)所示。

第一步:弹出并输出栈顶元素 v_6(用√表示),将相应边表中的邻接点 v_4 和 v_5 的 id 域值减 1,此时栈中只有顶点 v_1,修改后的 id 域的值如图 6.40(c)所示。

第二步:弹出并输出栈顶元素 v_1,相应地,将邻接点 v_4、v_3 和 v_2 的 id 域值减 1,此时,顶点 v_4 和 v_3 的入度域均为 0,将 v_4 和 v_3 先后压栈,修改后的 id 域的值如图 6.40(d)所示。

第三步:弹出并输出栈顶元素 v_3,相应地将邻接点 v_5 和 v_2 的 id 域值减 1,此时,顶点 v_2 的入度为 0,将顶点 v_2 压栈,修改后的 id 域的值如图 6.40(e)所示。

第四步:弹出并输出栈顶元素 v_2,修改后的 id 域的值如图 6.40(f)所示。

第五步:弹出并输出栈顶元素 v_4,将邻接点 v_5 的 id 域值减 1,此时,顶点 v_5 的入度为 0,将顶点 v_5 压栈,修改后的 id 域的值如图 6.40(g)所示。

第六步:弹出并输出栈顶元素 v_5,此时所有顶点都已经被输出,栈为空,算法结束,如图 6.40(h)所示。

对于 n 个顶点 e 条边的有向图来说,上述拓扑排序算法的时间复杂度为 $O(n+e)$。

*6.7　图的经典应用——关键路径

拓扑排序是 AOV 网上的重要运算,而关键路径则是 **AOE 网**(activity on edge network),即边表示活动的网上的典型运算。在实际应用中,AOE 网通常可以表示一个工程的网络计划图,是一个带权的有向无环图。在 AOE 网中,有且仅有一个开始的顶点,代表工程的开始,称为**源点**;有且仅有一个终端的顶点,代表工程的结束,称为**汇点**。图中的顶点表示事件,有向边表示活动,边上的权值表示活动的持续时间。顶点所表示的事件实际上代表了它的入边所表示的活动均已完成,而出边表示活动可以开始的一种状态。也就是说,AOE 网中的事件(顶点)和活动(边)存在着相互制约的关系:某事件前面的活动已经完成,该事件就发生了;而该事件发生后,其后面的活动才可以开始。这样,事件和活动就成为彼此的限定条件。

通常,可以用 AOE 网来估算某项工程的完成时间。例如,图 6.41 所示的有向无环图就是一个包括 8 个事件 $v_1,v_2,\cdots,v_8$ 和 10 项活动 $a_1,a_2,\cdots,a_{10}$ 的 AOE 网。其中,v_1 表示整个工程的开始,v_8 表示整个工程的结束。而其他事件都表示它前面的活动已经结束,它后面的活动可以开始。例如,事件 v_4 表示活动 a_3 和 a_4 已经完成,而活动 a_6 和 a_7 可以开始。假设边上权值表示完成活动所需要的天数,则活动 a_1 的完成时间是 6 天,活动 a_2 的完成时间是 10 天等。整个工程一经开始,活动 a_1 和 a_2 可以并行执行,而活动 a_3 和 a_4 只有当事件 v_2 和 v_3 分别发生后才可以开始,仅当活动 a_{10} 完成后整个工程才能完成。

AOE 网在估算某项工程的完成时间方面非常实用。通常 AOE 网上所研究的问题是:

(1) 完成整个工程至少需要多少时间?

(2) 为缩短完成工程所需的时间,应当加快哪些活动?

在 AOE 网中有些活动可以并行进行,所以整个工程的最短完成时间取决于从源点到汇点的最长路径的长度。把从源点到汇点的最长路径称为**关键路径**(critical path),而关键路径上包含的活动称为**关键活动**(critical activity)。只有适当地加快关键活动,才能缩短整个工期。

在图 6.41 中,$(v_1,v_2,v_4,v_6,v_7,v_8)$ 就是一条关键路径,长度为 40,说明工程至少需要 40 天才能完成,而活动 a_1,a_3,a_7,a_9,a_{10} 则是这条关键路径上的关键活动。一个 AOE 网的关键路径可能不止一条,同样在图 6.41 中,(v_1,v_3,v_6,v_7,v_8) 也是一条关键路径,长度同样是 40,而关键活动则是 a_2,a_5,a_9,a_{10}。

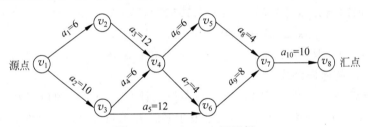

图 6.41　一个 AOE 网示例

为了寻找关键活动,确定关键路径,首先需要了解几个与计算关键活动有关的量。

(1) 事件 v_i 可能的最早发生时间 $\mathrm{Ve}(i)$。假设源点为 v_1,则 $\mathrm{Ve}(i)$ 就是从源点 v_1 到顶点 v_i 的最长路径的长度。

(2) 事件 v_i 允许的最迟发生时间 $\mathrm{Vl}(i)$。在保证汇点 v_n 在 $\mathrm{Ve}(n)$ 时刻完成的前提下,事件 v_i 允许的最迟发生时间。

(3) 活动 a_k 可能的最早开始时间 $e(k)$。设活动 a_k 在边 $<v_i,v_j>$ 上,则 $e(k)$ 是从源点 v_1 到顶点 v_i 的最长路径的长度。因此,$e(k)=\mathrm{Ve}(i)$。

(4) 活动 a_k 允许的最迟开始时间 $l(k)$。在不会引起时间延误的前提下,该活动允许的最迟开始时间。$l(k)=\mathrm{Vl}(j)-\mathrm{dur}(<i,j>)$。其中,$\mathrm{dur}(<i,j>)$ 是完成 a_k 所需的时间。

(5) 时间剩余量 $l(k)-e(k)$。表示活动 a_k 的最早可能开始时间和最迟允许开始时间的时间剩余量。当 $l(k)==e(k)$ 时,表示活动 a_k 是没有时间剩余量的,也就是关键活动。

经过上面的分析可知,辨别关键活动就是要计算出所有活动 a_k 的最早开始时间 $e(k)$ 和最迟开始时间 $l(k)$。为求得 AOE 网中的 $e(k)$ 与 $l(k)$,需要先求得事件的最早发生时间

Ve(i)和事件的最迟发生时间 Vl(i)。

(1) 求 Ve(i)的递推公式。

Ve(i)的计算是从源点 v_1 开始,从左到右依次计算各个事件的最早发生时间 Ve(1),Ve(2),$\cdots$,Ve(n)。通常认为源点 v_1 的最早发生时间为 0。对于事件 v_i,只有当其所有前趋事件 v_j 都已经发生,而且所有由边<v_j,v_i>表示的活动均已经完成时才可能发生。因此 Ve(i)的递推公式可以表示为:

$$Ve(1)=0$$
$$Ve(i)=\max\{Ve(j)+dur(<j,i>)\}$$

其中,<j,i>为 AOE 网中边的权值,i 的取值范围是[2..n]。

按照这个递推公式可以计算出图 6.41 中各个事件的最早发生时间:

$$Ve(1)=0$$
$$Ve(2)=Ve(1)+dur(<1,2>)=0+6=6$$
$$Ve(3)=Ve(1)+dur(<1,3>)=0+10=10$$
$$Ve(4)=\max\{Ve(2)+dur(<2,4>),Ve(3)+dur(<3,4>)\}$$
$$=\max\{18,16\}=18$$
$$Ve(5)=Ve(4)+dur(<4,5>)=18+6=24$$
$$Ve(6)=\max\{Ve(4)+dur(<4,6>),Ve(3)+dur(<3,6>)\}$$
$$=\max\{22,22\}=22$$
$$Ve(7)=\max\{Ve(5)+dur(<5,7>),Ve(6)+dur(<6,7>)\}$$
$$=\max\{28,30\}=30$$
$$Ve(8)=Ve(7)+dur(<7,8>)=30+10=40$$

(2) 求 Vl(i)的递推公式。

Vl(i)的计算是从汇点 v_n 开始,从右向左依次计算各个事件的最迟发生时间 Vl(n),Vl($n-1$),$\cdots$,Vl(1)。因为源点 v_1 的最早发生时间为 0,可以令汇点事件 v_n 的最早发生时间 Ve(n)与最迟发生时间 Vl(n)相等,即 Ve(n)=Vl(n)。事件 v_i 的最迟发生时间 Vl(i)不能晚于其后继事件 v_j 的最迟发生时间 Vl(j)与活动<i,j>的持续时间之差。因此 Vl(i)的递推公式可以表示为:

$$Vl(n)=Ve(n)$$
$$Vl(i)=\min\{Vl(j)-dur(<i,j>)\}$$

按照这个递推公式可以计算出图 6.41 中各个事件的最迟发生时间:

$$Vl(8)=Ve(8)=40$$
$$Vl(7)=Vl(8)-dur(<7,8>)=40-10=30$$
$$Vl(6)=Vl(7)-dur(<6,7>)=30-8=22$$
$$Vl(5)=Vl(7)-dur(<5,7>)=30-4=26$$
$$Vl(4)=\min\{Vl(5)-dur(<4,5>),Vl(6)-dur(<4,6>)\}$$
$$=\min\{20,18\}=18$$
$$Vl(3)=\min\{Vl(4)-dur(<3,4>),Vl(6)-dur(<3,6>)\}$$
$$=\min\{12,10\}=10$$
$$Vl(2)=Vl(4)-dur(<2,4>)=18-12=6$$

$$Vl(1) = \min\{Vl(3) - dur(<1,3>), Vl(2) - dur(<2,3>)\}$$
$$= \min\{2,0\} = 0$$

利用 Ve 和 Vl 的公式和计算出来的值,就可以求出各个活动 a_i 的最早开始时间 $e(i)$ 和最迟开始时间 $l(i)$。对图 6.41 所示的 AOE 网计算结果如表 6.3 所示。

表 6.3 图 6.41 所示的 AOE 网计算结果

顶点	Ve(i)	Vl(i)	活动	$e(i)$	$l(i)$	$l(i)-e(i)$
v_1	0	0	a_1	0	0	0
v_2	6	6	a_2	0	0	0
v_3	10	10	a_3	6	6	0
v_4	18	18	a_4	10	12	2
v_5	24	26	a_5	10	10	0
v_6	22	22	a_6	18	20	2
v_7	30	30	a_7	18	18	0
v_8	40	40	a_8	24	26	2
			a_9	22	22	0
			a_{10}	30	30	0

根据上述算法可知,求出 AOE 网中所有关键活动后,只要删去 AOE 网中所有的非关键活动,即可得到 AOE 网的关键路径。这时从源点到汇点的所有路径都是关键路径。如将图 6.41 所示的 AOE 网中非关键活动删去,则可以得到图 6.42。图中有两条关键路径分别为 $(v_1, v_2, v_4, v_6, v_7, v_8)$ 和 $(v_1, v_3, v_6, v_7, v_8)$,它们的路径长度都是 40。

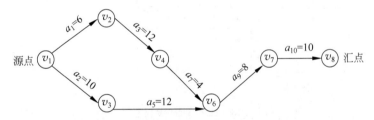

图 6.42 图 6.41 所示 AOE 网的关键路径

当一个 AOE 网的关键路径不止一条时,仅仅加快某一条关键路径上的某个关键活动并不一定能够缩短整个工期。例如,加快关键活动 a_3 的速度,使之由 12 天缩短为 10 天,此时 v_6 的最早开始时间并不能缩短为 20,仍然为 22,这是因为另一条关键路径 $(v_1, v_3, v_6, v_7, v_8)$ 上不包含活动 a_3。如果加快活动 a_{10} 的速度,使之由 10 天缩短为 8 天,则能提高整个工程的完成时间,因为两条关键路径上均包含活动 a_{10}。所以,为了提高效率,需要提高所有关键路径均包含的关键活动的速度。

通过上述分析可以得到如下结论。

(1) 求关键路径必须在拓扑排序的前提下进行,有环图不能求关键路径。

(2) 只有缩短关键活动的时间才有可能缩短工期。

(3) 若一个关键活动不在所有的关键路径上,减少它的时间并不能缩短工期。

(4) 只有在不改变关键路径的前提下,缩短所有关键路径均包含的关键活动才能缩短整个工期。

由上述讨论可以得到求关键活动算法的基本步骤如下。

(1) 对 AOE 网进行拓扑排序,按拓扑序列求出各事件的最早发生的时间:令 $Ve(0)=0$,$Ve(i)=\max\{Ve(j)+dur(<j,i>)\}$　$2\leqslant i\leqslant n,j\in T$。其中,$T$ 是以 v_i 为尾的所有弧的头顶点的集合。

(2) 按拓扑序列的逆序求出各事件的最迟发生时间 Vl:令 $Vl(n)=Ve(n)$,$Vl(i)=\min\{Vl(j)-dut(<i,j>)\}1\leqslant j\leqslant n-1,i\in S$,其中 S 是以 v_j 为头的所有弧的尾顶点集合。

(3) 根据各顶点事件的 Ve 值和 Vl 值,求出各活动 $a_i(1\leqslant i\leqslant n)$ 的最早开始时间 $e(i)$ 和最迟开始时间 $l(i)$。若 $e(i)=l(i)$,则 a_i 为关键活动。

为了实现关键路径的算法,可以选择带权邻接表作为 AOE 网的存储结构。首先要对 AOE 网中顶点进行拓扑排序。图 6.41 的一个拓扑序列为 $v_1,v_2,v_3,v_4,v_5,v_6,v_7,v_8$,所以无须再对顶点重新排序。图 6.41 的带权邻接表存储结构如图 6.43 所示。

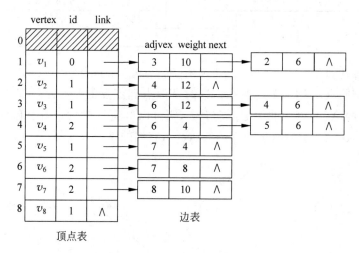

图 6.43　图 6.41 的带权邻接表

带权邻接表存储结构 C 语言描述如下:

```
typedef struct node          /*定义边表表节点*/
{    int adjvex;             /*邻接点域*/
     DataType weight;        /*权值*/
     struct node *next;      /*指针域*/
}EdgeNode;                   /*边表节点*/
typedef struct
{    VexType vertex;         /*顶点域*/
     int id;                 /*入度域*/
     EdgeNode *link;         /*边表头指针*/
}VexNodeId;                  /*定义顶点表节点*/
VexNodeId vexlist[N+1];      /*全程量邻接链表*/
```

在 AOE 网上求各关键活动的算法的 C 函数如下:

```
void criticalPath()                              /* vexlist[N+1]是全局量带权邻接链表 */
    {   int   i,e,l;
        int   Ve[N+1], Vl[N+1];
        EdgeNode * q;
        for (i=1;i<=N;i++)  Ve[i]=0;             /* 各事件 vi 的最早发生时间置初值 0 */
        for (i=1;i<=N;i++)                       /* 顺序计算各事件 vi 的最早发生时间 */
        {   q = vexlist[i].link;
            while (q)
            {   if (Ve[i] + q->weight > Ve[q->adjvex])
                        Ve[q->adjvex] = Ve[i] + q->weight;
                q = q->next;
            }
        }
        for (i=1;i<=N;i++)  Vl[i] = Ve[N];       /* 各事件 vi 的最迟发生时间置初值 Ve[N] */
        for (i=N;i>=1;i--)                       /* 逆顺序计算各事件 vi 的最迟发生时间 */
        {   q = vexlist[i].link;
            while (q)
            {   if (Vl[q->adjvex] - q->weight < Vl[i])
                        Vl[i] = Vl[q->adjvex] - q->weight;
                q = q->next;
            }
        }
        for (i=1;i<=N;i++)                       /* 逐个顶点求各活动的 e[k]和 l[k] */
        {   q = vexlist[i].link;
            while (q)
            {   e = Ve[i];
                    l = Vl[q->adjvex] - q->weight;
                if (l == e)  printf("<%d,%d>是关键活动\n",i,q->adjvex);
                q = q->next;
                }
        }
    }  /* criticalPath */
```

从上面算法可以看出,求关键路径的时间复杂度为 $O(n+e)$。

利用 AOE 网进行工程管理是现代管理和系统工程中常用的一种系统管理方法,这种技术称为计划评审技术(program evaluation and review technique,PERT)。它从最佳地完成整个计划的角度出发,对时间、资源、技术进行综合平衡,运用网络技术和系统分析的方法合理地安排计划和进度,并在执行过程中进行评审和控制,从而达到预定目标。其特点是可以预测计划网络中的关键活动和关键路径。

小结

本章主要探讨了图这一最复杂的经典数据结构。首先给出了图的定义和逻辑结构及一系列与图相关的概念术语。然后重点介绍了图的三种存储结构:邻接矩阵、邻接表和边集数组,并对三种存储结构的特点做了系统的比较。接着给出图的遍历运算的定义:DFS 和 BFS 及算法实现。图的应用十分广泛,本章最后围绕图的四大典型应用:最小生成树、最短路径、拓扑排序和关键路径进行了详细的分析和讨论。

本章重点：

（1）图的逻辑特征及相关概念：完全图、子图、连通图、连通分量。

（2）图的存储结构：邻接矩阵、邻接表存储结构图示和 C 语言描述，这两种存储结构之间的联系和区别。

（3）遍历运算：深度优先搜索(DFS)、广度优先搜索(BFS)的定义及遍历序列和对应的生成树；在邻接矩阵和邻接表上实现该算法。

（4）求解连通网络的最小生成树的方法。

（5）在 AOV 网上求拓扑序列的方法。

习题

一、名词解释

1. 完全图

2. 子图

3. 连通图

4. 连通分量

5. 网络

6. 最小生成树

二、选择题

1. n 个顶点的有向图中有向边的数目最多为（　　）。

　　A. $n-1$　　　　　　B. n　　　　　　　C. $n(n-1)/2$　　　D. $n(n-1)$

2. 有 9 个顶点的无向连通图至少有（　　）条边。

　　A. 7　　　　　　　B. 8　　　　　　　　C. 9　　　　　　　D. 10

3. 有 9 个顶点的有向完全图有（　　）条边。

　　A. 18　　　　　　B. 36　　　　　　　C. 72　　　　　　D. 144

4. 广度优先搜索类似于二叉树的（　　）。

　　A. 前序遍历　　　B. 中序遍历　　　　C. 后序遍历　　　D. 层序遍历

5. 下面（　　）方法可以判断出一个有向图是否有环(回路)。

　　A. 深度优先遍历　　B. 求最短路径　　　C. 拓扑排序　　　D. 广度优先遍历

三、填空题

1. 某有向图的邻接矩阵如下所示，则该图中有_____条边，有_____个顶点。

$$A = \begin{bmatrix} 0 & 1 & 0 & 1 & 1 & 1 \\ 1 & 0 & 1 & 0 & 1 & 1 \\ 0 & 1 & 0 & 0 & 0 & 1 \\ 1 & 0 & 0 & 0 & 1 & 1 \\ 0 & 1 & 0 & 1 & 0 & 0 \\ 1 & 1 & 0 & 1 & 0 & 0 \end{bmatrix}$$

2. 在无向图的邻接矩阵存储结构中，第 i 列上非 0 元素的个数是顶点 v_i 的_____，而在有向图的邻接矩阵中,第 i 列上非 0 元素的个数是顶点 v_i 的_____。

3. 若无向图采用邻接矩阵存储,则存储空间的大小只与图中_____的个数有关。

4. 对于一个具有 n 个顶点和 e 条边的连通图,其生成树中的顶点数和边数分别为_____和_____。

四、简答题

1. 设一个有向图为 $G=(V,E)$,其中 $V=\{v_1,v_2,v_3,v_4,v_5\}$, $E=\{<v_2,v_1>,<v_2,v_3>,<v_4,v_1>,<v_1,v_4>,<v_4,v_2>,<v_5,v_4>\}$。

(1) 画出该有向图,求出每个顶点的入度和出度。

(2) 画出该图的邻接矩阵存储结构图示。

(3) 对(2)中的邻接矩阵,给出从顶点 v_2 出发的 DFS 序列和 DFS 生成树。

(4) 对(2)中的邻接矩阵,给出从顶点 v_2 出发的 BFS 序列和 BFS 生成树。

2. 对图 6.44 所示的无向图,依次输入边 (v_1,v_2)、(v_1,v_4)、(v_2,v_3)、(v_3,v_4)、(v_3,v_5)。

(1) 写出该无向图的二元组表示。

(2) 画出该图的邻接表(头插法建表)存储结构图示。

(3) 对(2)中的邻接表,给出从顶点 v_1 出发的 DFS 序列和 DFS 生成树。

(4) 对(2)中的邻接表,给出从顶点 v_1 出发的 BFS 序列和 BFS 生成树。

3. 画出图 6.45 中所有可能的最小生成树。

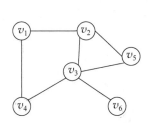

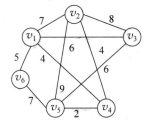

图 6.44 简答题第 2 题图   图 6.45 简答题第 3 题图

4. 求出图 6.46 从顶点 v_1 到其他各顶点之间的最短路径。

5. 给出图 6.47 的三种不同的拓扑序列。

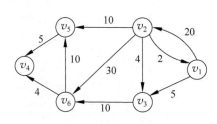

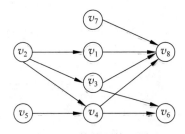

图 6.46 简答题第 4 题图   图 6.47 简答题第 5 题图

五、算法设计题

1. 设计一个算法将一个无向图的邻接矩阵转换为邻接链表。

2. 以邻接矩阵作为图的存储结构,试写出图的非递归的深度优先搜索算法。

3. 修改 Prim 算法,使之能在邻接表存储结构上实现求图的最小生成树,并分析其时间复杂度。

4. 以邻接表作为图的存储结构,试写出从源点到其他各顶点的最短路径的 Dijkstra 算法。

5. 有向图采用邻接矩阵存储,设计算法求图中出度为 0 的顶点数。

6. 有向图采用邻接表存储,设计算法求图中每个顶点的出度。

7. 有向图采用邻接表存储,设计算法求图中每个顶点的入度。

8. 设计算法将邻接表转换为邻接矩阵。

9. 连通图采用邻接表存储,设计算法采用深度优先搜索求顶点 i 到顶点 j 所经过的边的条数。

10. 非连通图采用邻接表存储,设计算法利用广度优先搜索求该图连通分量的个数。

第 **7** 章

排序

【学习目标】

- 理解排序的相关概念。
- 掌握插入排序、交换排序、选择排序、归并排序的基本思想和算法实现及其性能分析。
- 熟练掌握各种排序算法的特点和适用情况,能够在实际应用中选择适合的排序算法。
- 了解基数排序的基本思想和特点。

【思维导图】

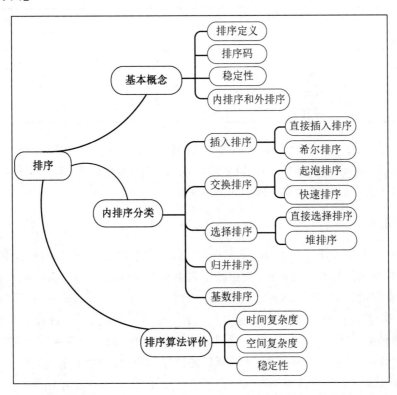

排序(sorting)是数据处理中的一种重要操作,其功能是将数据元素的任意序列,按某种要求排列成有序序列。排序是很多问题能够获得快速求解的前提,如用在某些查找中可以提高查找的效率等。

　　排序在现实生活中的应用很普遍。我们常用的手机中都存储着大量的信息,如微信的通讯录、电话联系人等,为了方便查找,手机系统都自动把这些信息按照某种特定顺序进行了排列,如按照拼音、英文字母、数字从小到大等顺序排列。按照这样的规律,很快就会找到所需要的信息,节省了查找时间。如何把这些杂乱无章的记录排列成有序的序列? 这就是本章主要研究的问题——排序算法。

7.1 排序的相关概念

1. 排序码

　　在研究排序问题时,通常将数据元素称为记录。如表 7.1 所示的学生成绩表,表中的每一行是一个记录(数据元素),它由学号、姓名、年龄等数据项组成。对学生成绩表中的记录进行排序,需要选择一个排序依据。记录中的任何一个数据项都可以作为排序依据,可以按照姓名排序,也可以按照成绩排序,或者按照某些数据项的组合(年龄+性别)进行排序,具体选取哪个数据项作为排序依据要根据问题的需求而定。通常把作为排序依据的数据项称为**排序项**,把该数据项的每一个值(它与一个记录对应)称为**排序码**。

表 7.1　学生成绩表

学　　号	姓　　名	年　　龄	性　　别	成　　绩
201208001	王玉美	19	女	85
201208002	李林	20	男	99
201208003	张明	18	男	85
201208004	赵亚兰	20	女	74
201208005	马有义	19	男	85

　　例如,对表 7.1 中的记录按照学号进行排序,排序码为(201208001,201208002,201208003,201208004,201208005);如果按照成绩排序,排序码为(85,99,85,74,85)。显然,不同记录的排序码可能会存在值相同的情况。

2. 排序定义

　　设待排序的一组记录序列为 $\{R_1,R_2,\cdots,R_n\}$,选取对应的排序码为 $\{K_1,K_2,\cdots,K_n\}$,这些排序码相互之间具有可比较性,按照排序码由小到大(或由大到小)次序,将待排序记录调整成一个有序的序列 $\{Rp_1,Rp_2,\cdots,Rp_n\}$,其中序列 $p_1,p_2,\cdots,p_n$ 是对序列 $1,2,\cdots,n$ 的一种重排列,它使得所有排序码满足 $Kp_1 \leqslant Kp_2 \leqslant \cdots \leqslant Kp_n$,这个过程称为**排序**。习惯上,若按排序码由小到大(非递减)次序排列,得到的排序序列称为"**正序**"或"**升序**",反之,称为"**逆序**"或"**降序**"。若无特殊说明,本章所说的排序都是指按照"正序"排序。

　　不难看出,表 7.1 已经按照排序码"学号"进行了排序,是一个正序结果。如果对表 7.1 中的记录按照"成绩"由高到低进行排序,结果如表 7.2 所示,它是一个逆序结果。

　　当排序码出现相同值时,一般还需要有其他约定,如在成绩相同的情况下按学号由小到大排序,或者保持原有次序不变等。

表 7.2 按成绩排序的学生成绩表

学　　号	姓　　名	年　龄	性　　别	成　绩
201208002	李林	20	男	99
201208001	王玉美	19	女	85
201208003	张明	18	男	85
201208005	马有义	19	男	85
201208004	赵亚兰	20	女	74

3. 排序方法分类

根据待排序对象的存储位置,排序方法分为内排序和外排序两大类。若待排序对象全部位于内存中,则对这些记录所进行的排序操作称为"**内排序**"。通常,待排序对象都是以文件形式存储在外部存储器(简称"外存")中,而排序操作只能在内存中进行,所以需要将存储在外存上的数据分批读入到内存中进行排序,排序后的结果还需要写入外存中,这种利用内、外存数据交换,实现对外部存储器上的记录进行排序的操作,称为"**外排序**"。由于外排序操作是基于内排序操作进行的,因此本章着重介绍内排序方法。

根据内排序算法是否基于排序码的比较,可将内排序分为基于比较的排序算法和不基于比较的排序算法。基于比较的排序算法主要包括插入排序、交换排序、选择排序、归并排序等;而基数排序是不基于比较的排序算法,它依据构成排序码的位信息,对无序序列中的记录,反复进行"分配"和"收集"操作,最终将全体记录排好序。

4. 排序算法的稳定性

对于给定的待排序记录的初始序列,经过排序操作后往往会改变记录的排列顺序。由于允许待排序记录的排序码出现相同值,因此针对同一组待排序记录,其排序结果是不唯一的。

对于排序码相同的任意两个记录,若排序之后的前后位置关系与原始位置顺序一致,则称这样的排序方法是**稳定的**,否则称为**不稳定的**。

排序算法的稳定性是针对所有输入实例而言的,在所有可能的输入实例中,只要有一个实例使得排序算法不满足稳定性要求,则相应的排序算法就是不稳定的。

例如,一组记录的排序码为{23,15,27,10,15,9,15},其中,排序码为 15 的记录有 3 个。为了区分,用下画线进行标记,并表示三者的初始顺序。

若排序结果为(9,10,15,15,15,23,27),则相应的排序方法是稳定的。

若排序结果为(9,10,15,15,15,23,27),或(9,10,15,15,15,23,27),或(9,10,15,15,15,23,27)等,则相应的排序算法都是不稳定的。

5. 排序算法的性能分析

除基数排序外,其余四类排序方法都包含两个基本操作:①比较排序码;②移动记录的位置。因此,分析排序算法的时间性能时,一般着重分析这两种操作的重复次数(基数排序算法的时间性能与排序码的结构有关)。另外,算法的时间性能还与算法实现时所采用的存储结构以及待排序记录的初始状态有关。

算法的空间性能主要关注算法实现过程中所使用的辅助空间的大小。

6. 待排序记录的存储结构

为了讨论方便,设待排序记录的排序码为整型,记录的其他数据项记为 others,类型为 DataType,待排序记录采用顺序存储结构,即采用一维数组实现。由于排序过程针对排序码进行,因此后面的叙述中常常略去 others 数据项。

待排序记录的顺序存储结构 C 语言描述如下:

```
#define  N  20
typedef  struct
{  int  key;          /*定义排序码*/
   DataType  others;  /*定义其他数据项*/
} RecType;            /*记录的类型*/
RecType  R[N+1];
```

其中,N 为待排序记录的个数,一维数组 $R[]$ 用于存放待排序记录,长度为 $N+1$,$R[0]$ 闲置。$R[0]$ 不存放记录的原因有两个:一是让数组下标和记录序号一一对应;二是将 $R[0]$ 当作监视哨,或作为交换记录的辅助空间。

待排序记录的存储结构多采用顺序方式,但有些情形可能采用链式结构更适合。

7.2 插入排序

一般而言,待排序记录序列可分成有序序列(有序表)和无序序列(无序表)两部分。由于一个记录总是有序的,因此开始排序前,有序序列中只包含一个记录。

插入排序(insertion sort)的基本思想:将无序序列中的一个记录,按照排序码的大小关系,插入有序序列的适当位置中,使插入后的序列仍然有序。重复这个操作,直到所有记录都插入有序序列中。典型的插入排序主要有直接插入排序和希尔(Shell)排序。

7.2.1 直接插入排序

直接插入排序(straight insertion sort)是最简单的排序方法之一。直接插入排序的基本思想:假设待排序的 n 个记录存放在数组 $R[1]\sim R[n]$ 中,将数组 $R[]$ 看成两个表:一个是有序表;另一个是无序表。排序开始前,有序表中只有一个记录 $R[1]$,无序表中含有 $n-1$ 个记录 $R[2]\sim R[n]$。排序过程中,每一次都从无序表中取出一个记录,将它插入有序表的适当位置,得到新的有序表。重复这样的操作 $n-1$ 次,无序表变成空表,而有序表则包含了全部 n 个记录,排序算法结束。

【例 7.1】 已知待排序序列有 8 个记录,保存在数组元素 $R[1]\sim R[8]$ 中,排序码初始序列为(78,38,32,97,78,30,29,17),给出用直接插入排序方法的排序过程。

直接插入排序的过程如图 7.1 所示,其中"[]"括起来的排序码是有序表。

如图 7.1 所示,排序开始时,将第 1 个记录看成是有序的,即有序表为[78],其余的记录组成无序表。然后,从无序表中取出记录 38 插入有序表中,形成新的有序表[38,78],将一

$R[1]$	$R[2]$	$R[3]$	$R[4]$	$R[5]$	$R[6]$	$R[7]$	$R[8]$	
[78]	38	32	97	<u>78</u>	30	29	17	（初始状态）
[38	78]	32	97	<u>78</u>	30	29	17	（第 1 趟插入 38 后）
[32	38	78]	97	<u>78</u>	30	29	17	（第 2 趟插入 32 后）
[32	38	78	97]	<u>78</u>	30	29	17	（第 3 趟插入 97 后）
[32	38	78	<u>78</u>	97]	30	29	17	（第 4 趟插入 <u>78</u> 后）
[30	32	38	78	<u>78</u>	97]	29	17	（第 5 趟插入 30 后）
[29	30	32	38	78	<u>78</u>	97]	17	（第 6 趟插入 29 后）
[17	29	30	32	38	78	<u>78</u>	97]	（第 7 趟插入 17 后）

图 7.1　直接插入排序的过程

个记录插入有序表的过程称为一趟直接插入排序。把无序表中的记录逐个插入有序表中，直到全部记录有序，排序算法结束。8 个记录排序一共需要做 7 趟直接插入排序。一般而言，待排序记录有 n 个记录时，一共需要 $n-1$ 趟直接插入排序。

如何将一个记录 $R[i]$ 插入有序表 $R[1]\sim R[i-1]$ 的适当位置？通常有两种方法：一是首先在有序表 $R[1]\sim R[i-1]$ 中查找 $R[i]$ 的插入位置 $k(1\leqslant k\leqslant i-1)$，然后将 $R[k]\sim R[i-1]$ 中的记录顺次向后移动一个位置，然后将 $R[i]$ 插入第 k 个位置；二是将查找 $R[i]$ 的插入位置与记录后移结合在一起同时进行。具体做法：将待排序记录 $R[i]$ 的排序码，从后向前，依次与有序表中记录 $R[j](j=i-1,i-2,\cdots,1)$ 的排序码做比较，若 $R[i]$ 的排序码小于 $R[j]$ 的排序码，则将 $R[j]$ 后移一个位置。如此重复，直到 $R[i]$ 的排序码大于或等于 $R[j]$ 的排序码时找到插入位置，此时，第 $j+1$ 个位置就是 $R[i]$ 的插入位置。显然，第二种方法实现起来比第一种方法方便，而且算法的实际运行效率也相对高一些。

直接插入排序算法的 C 函数如下：

```
void insertSort(RecType R[])        /*对数组 R 中的记录进行直接插入排序*/
{   int i,j;
    for(i = 2;i <= N;i++)           /*待插入记录为 R[2],…,R[N]*/
    {   R[0] = R[i];                /*将待插入的记录 R[i]放入 R[0]中*/
        j = i - 1;
        while(R[0].key < R[j].key)  /*查找记录 R[i]应该插入的位置*/
            R[j + 1] = R[j-- ];     /*将排序码大于 R[i].key 的记录后移*/
        R[j + 1] = R[0];           /*插入 R[i]*/
    }
}
```

在此算法中，数组 $R[1]\sim R[N]$ 存储待排序记录，而 $R[0]$ 闲置，但是它却担负着两个重要的作用：一是用来保存待插入记录 $R[i]$，为记录后移腾出一个位置；二是在 while 循环中"监视"下标变量 j，使其不能越界。当 j 变为 0 时，循环控制条件 $R[0].key<R[j].key$ 必定为假，保证 while 循环结束，从而省去了循环过程中的下标越界判断，提高了程序的效率。形象地称 $R[0]$ 为"监视哨"。这是一种程序设计技巧，应该学会使用，读者可以自

已写出不设监视哨的算法，将两个算法做比较来体会使用监视哨的好处。

下面对直接插入排序算法的性能做具体分析。

（1）时间效率。对 n 个记录排序，从只包含一个记录的有序表开始，逐个插入待排序记录，需要进行 $n-1$ 趟排序；每一趟排序都包括比较排序码和移动记录两个操作。比较次数和移动次数取决于待排序记录序列的初态。

最好情况下，待排序记录已按排序码正序排列，每趟排序只需 1 次比较和 2 次移动。

$$总比较次数：C_{\min} = n-1$$

$$总移动次数：M_{\min} = 2(n-1)$$

最坏情况下，待排序记录按排序码逆序排列，对第 i 趟排序，插入记录需要同前面的 i 个记录和监视哨一共进行 $i+1$ 次排序码比较，移动记录的次数为 $i+2$ 次。

$$总比较次数：C_{\max} = \sum_{i=1}^{n-1}(i+1) = \frac{1}{2}(n+2)(n-1)$$

$$总移动次数：M_{\max} = \sum_{i=1}^{n-1}(i+1) = \frac{1}{2}(n+4)(n-1)$$

平均情况下，进行第 i 趟排序，插入记录需要同前面的 $i/2$ 个记录进行排序码比较，移动记录的次数为 $i/2+2$ 次。

$$总比较次数：C_{\text{ave}} = \sum_{i=1}^{n-1}\frac{i}{2} = \frac{1}{4}n(n-1) \approx \frac{1}{4}n^2$$

$$总移动次数：M_{\text{ave}} = \sum_{i=1}^{n-1}\left(\frac{i}{2}+2\right) = \frac{1}{4}n(n-1)+2n \approx \frac{1}{4}n^2$$

由此，直接插入排序的时间复杂度最好情况为 $O(n)$，最坏情况和平均时间复杂度都为 $O(n^2)$。

（2）空间效率。仅用了一个辅助空间 $R[0]$，所以空间复杂度为 $O(1)$。

（3）稳定性。直接插入排序是稳定的排序方法。

最后说明一点，直接插入排序方法不仅适用于顺序表（数组），同样也适用于单链表，不过在单链表上进行直接插入排序时，不是物理移动记录，而是通过修改相应的指针来改变逻辑顺序，读者可尝试写出单链表上的直接插入排序算法。

7.2.2　希尔排序

希尔排序（Shell sort），又称为缩小增量法（diminishing increment sort），是 1959 年由 D. L. Shell 提出的。与直接插入排序方法相比，希尔排序有较大的改进。希尔排序的基本思想：将待排序的记录序列分成几个组，在每一组内都分别进行直接插入排序，使得整个记录序列部分有序；重复此过程，直到所有记录成为一组，最后对所有的记录进行一次直接插入排序即可。

如何对待排序的记录序列进行分组呢？若待排序的各个记录存储在数组 $R[1] \sim R[n]$ 中，可将 R 中的记录分为 d 个组，使下标距离为 d 的记录在同一组，即 $\{R[1], R[1+d], R[1+2d], \cdots\}$ 为第一组，$\{R[2], R[2+d], R[2+2d], \cdots\}$ 为第二组，以此类推，$\{R[d], R[2d], R[3d], \cdots\}$ 为最后一组（第 d 组），其中 d 称为步长（或**增量值**）。这种分组使得组内记录的排列是按步长间隔开的，所以，在每一组内做直接插入排序时，尽管记录移动 1 次，但排序码较小的记录可能向前跨过了多个记录,即排序码较小的记录实现了向前的跨越式移动,因此加快了排序速度。

希尔排序要对记录序列进行多次分组才能完成排序,每一次分组的步长 d 都在递减,即 $d_1 > d_2 > d_3 > \cdots > d_t$,直到最后一次选取步长 $d_t = 1$,即所有记录在一组中,进行最后一趟直接插入排序,将每一次分组排序的过程称为一趟希尔排序。

【例 7.2】 已知,有 10 个待排序记录存在数组元素 $R[1] \sim R[10]$ 中,对应的排序码初始序列为 $(36, 25, 48, 65, 12, 25, 43, 57, 76, 32)$,希尔排序的分组步长分别取 $d_1 = 5$,$d_2 = 3$,$d_3 = 1$,用希尔排序方法进行排序。图 7.2 为希尔排序过程的图示。

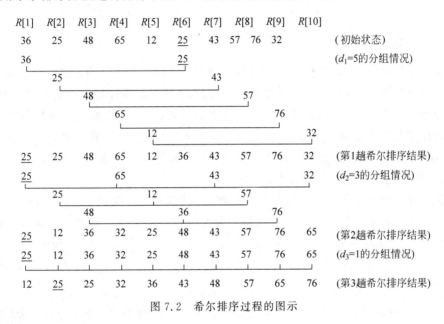

图 7.2 希尔排序过程的图示

【分析】

(1) 取 $d_1 = 5$,将数组 R 分为 5 组: $(R[1], R[6])$,$(R[2], R[7])$,$(R[3], R[8])$,$(R[4], R[9])$,$(R[5], R[10])$,每一组有两个记录,对每一组分别进行直接插入排序,完成第一趟希尔排序。

(2) 取 $d_2 = 3$,将数组 R 分为 3 组: $(R[1], R[4], R[7], R[10])$,$(R[2], R[5], R[8])$,$(R[3], R[6], R[9])$,对每一组再分别进行直接插入排序,完成第二趟希尔排序。

(3) 最后取 $d_3 = 1$,整个数组 R 的 10 个记录看成一组进行直接插入排序,完成第 3 趟希尔排序。

希尔排序算法的 C 函数如下:

```
void shellSort(RecType R[], int d[], int t)      /* d[0]~d[t-1]为每一趟分组的步长 */
{    void shellInsert(RecType R[], int d);
     int k;
     for(k = 0;k < t;k++)
         shellInsert(R,d[k]);
}
```

一趟希尔排序算法的 C 函数如下：

```
void shellInsert(RecType R[],int d)        /* 按步长 d 进行分组,组内做直接插入排序 */
{   int i,j;
    for (i = d + 1;i <= N;i++)
    {      R[0] = R[i];   j = i - d;         /* 将 R[i]暂存在 R[0]中 */
        while(j > 0&&R[j].key > R[0].key)
        {    R[j + d] = R[j];                /* 记录后移,查找插入位置 */
            j = j - d;
        }
        R[j + d] = R[0];                      /* 插入记录 */
    }
}
```

在希尔排序中,开始时步长(增量值)较大,分组较多,每组记录的数目较少,因而记录的比较和移动次数都很少,并且记录移动是跨越式的,这样可使排序码较小的记录较快地移到数组的前面。随着步长(增量值)越来越小,分组数越来越少,每组的记录数目也越来越多,同时待排序记录序列也越来越接近有序,直到最后步长为 1。理论和实验已经证明,在希尔排序中,记录总的比较次数和移动次数都比直接插入排序要少得多,而且 n 越大,效果越明显,即希尔排序比较适合于大数据量的排序。

希尔排序的效率分析是一个比较复杂的理论问题,如何选取步长(增量)序列才能使希尔排序达到最好的性能是一个目前还未解决数学问题。希尔本人最初提出取 $d_1 = \lfloor n/2 \rfloor$ (n 是待排序记录的个数),…,$d_{i+1} = \lfloor d_i/2 \rfloor$,…,$d_t = 1$,其中 $1 \leqslant i \leqslant t$,$t$ 为排序的趟数,$t = \lfloor \mathrm{lb}n \rfloor$；后来又有人提出 $d_1 = \lfloor n/3 \rfloor$,…,$d_{i+1} = \lfloor d_i/3 \rfloor$,…,$d_t = 1$,其中 $1 \leqslant i \leqslant t$,$t = \lfloor \log_3 n \rfloor$；等等。选取步长序列的方法有很多,一般的方法：假定 $d_1 = \lfloor n/2 \rfloor$,取 d_{i+1} 为 $\lfloor d_i/3 \rfloor \sim \lfloor d_i/2 \rfloor$,同时应保证增量序列的值之间没有除 1 之外的公因子,且最后一个步长必须是 1。经过证明,当 n 较大时,希尔排序的平均时间复杂度大约为 $O(n^{1.5})$。

在希尔排序算法中,由于只使用 $R[0]$ 这个辅助空间,算法的空间复杂度是 $O(1)$。需要说明的是,希尔排序算法中的 $R[0]$ 只用来存放待插入记录,没有用作监视哨。因为在每一趟希尔排序中,做直接插入排序的同一组记录不是连续存放在数组中的,下标的变化 $j = j - d$ 常常会越过 $R[0]$,所以 $R[0]$ 无法再发挥监视哨的作用。

希尔排序是不稳定的,从图 7.2 的排序过程容易得出这样的结论,因为排序前和排序后 25 和 <u>25</u> 的相对位置发生了改变。事实上,因为记录移动是跳跃式向前移动的,而相同排序码的记录不可能总被分在同一组中,因而不可避免地会出现排序码相同的记录前后交换位置的情况。

7.3　交换排序

交换排序的**基本思想**：两两比较待排序记录的排序码,若比较结果不满足顺序要求,则交换记录。重复这个过程,直到所有记录的排序码都符合顺序为止,完成排序运算。本节主要介绍两种交换排序,分别为起泡排序和快速排序。

7.3.1 起泡排序

起泡排序(bubble sort),也称为冒泡排序,它是一种简单的交换排序方法。起泡排序的基本思想:依次比较两个相邻记录的排序码,若不满足排序顺序,则交换记录。重复进行这样的操作,直到所有记录的排序码都符合排序顺序。

依次比较排序码的过程可以有两个不同的方向:一个是从上向下进行扫描,如图7.3所示;另一个是从下向上进行扫描。本节介绍的起泡排序采取从上向下进行扫描来实现。

起泡排序的实现过程:首先将记录 $R[1]$ 的排序码与记录 $R[2]$ 的排序码做比较(从上向下),若 $R[1]$ 的排序码大于 $R[2]$ 的排序码,则交换两个记录的位置,使排序码大的记录(重者)往下"沉"(移到下标大的位置),使排序码小的记录(轻者)往上"浮"(移到下标小的位置);然后比较 $R[2]$ 和 $R[3]$ 的排序码,同样轻者上浮,重者下沉;以此类推,直到比较 $R[n-1]$ 和 $R[n]$ 的排序码,若不符合顺序就交换位置,称此过程为一趟起泡排序,结果是 $R[1]\sim R[n]$ 中排序码最大的记录沉"底",即放入 $R[n]$ 中。接下来,在 $R[1]\sim R[n-1]$ 中进行第2趟起泡排序,又会将一个排序码最大的记录沉"底",放到 $R[n-1]$ 中。这样重复进行 $n-1$ 趟排序后,对于 n 个记录的起泡排序就结束了,数组 $R[1]\sim R[n]$ 成为有序表。

在起泡排序过程中,排序码较小的记录,像"气泡"一样,逐层地向上"浮",而排序码最大的记录,像"石头"一样,一下子"沉"到水底,由此而得名"起泡排序"。

【例7.3】 有8个待排序记录存放在数组 $R[1]\sim R[8]$ 中,对应的排序码初始序列为 $(36,25,48,12,\underline{25},65,43,57)$,采用从上向下扫描的起泡法进行排序,写出排序过程。

图7.3是第1趟起泡排序的过程,图7.4给出整个起泡排序过程的每趟排序结果。图7.4中方括号"[]"括起来的区间表示有序区。

$R[1]$	36	25	25	25	25	25	25	25
$R[2]$	25	36	36	36	36	36	36	36
$R[3]$	48	48	48	12	12	12	12	12
$R[4]$	12	12	12	48	$\underline{25}$	$\underline{25}$	$\underline{25}$	$\underline{25}$
$R[5]$	$\underline{25}$	$\underline{25}$	$\underline{25}$	$\underline{25}$	48	48	48	48
$R[6]$	65	65	65	65	65	65	43	43
$R[7]$	43	43	43	43	43	43	65	57
$R[8]$	57	57	57	57	57	57	57	65
	交换	不换	交换	交换	不换	交换	交换	

图7.3 起泡排序的第1趟排序过程

$R[1]$	$R[2]$	$R[3]$	$R[4]$	$R[5]$	$R[6]$	$R[7]$	$R[8]$	
36	25	48	12	$\underline{25}$	65	43	57	(初始状态)
25	36	12	$\underline{25}$	48	43	57	[65]	(第1趟排序结果)
25	12	$\underline{25}$	36	43	48	[57	65]	(第2趟排序结果)
12	25	$\underline{25}$	36	43	[48	57	65]	(第3趟排序结果)
12	25	$\underline{25}$	36	[43	48	57	65]	(第4趟排序结果)
12	25	$\underline{25}$	[36	43	48	57	65]	(第5趟排序结果)
12	25	[$\underline{25}$	36	43	48	57	65]	(第6趟排序结果)
12	[25	$\underline{25}$	36	43	48	57	65]	(第7趟排序结果)

图7.4 起泡排序全过程

分析图 7.4 所示的起泡排序过程可以发现,在第 4 趟排序过程中没有发生记录交换的情形,因为所有待排序记录已经有序,排序算法可以提前结束。因此,在起泡排序的某趟排序过程中,可以用"是否发生了记录交换"作为排序过程提前结束的判定依据,可在起泡排序算法实现中,引入一个控制变量 flag,用以记录排序过程中是否发生了记录交换。每趟排序开始之前,将其置为 1,若发生了记录交换,则将 flag 修改为 0。一趟排序结束后,若 flag 为 1,则说明本趟排序中没有发生记录交换,于是终止排序运算。

起泡排序算法的 C 函数如下:

```
void bubbleSort(RecType R[])        /* 采用起泡法对数组 R 的记录进行排序 */
{   RecType x;
    int i,j,flag;
    for (i=1;i<N;i++)               /* i 表示排序的趟数,n 个记录,最多进行 n-1 趟排序 */
    {   flag=1;                     /* flag 表示每趟排序是否有交换,初值为 1,表示尚无交换 */
        for (j=1;j<=N-i;j++)        /* 进行第 i 趟排序 */
            if (R[j].key>R[j+1].key)
                { x=R[j];R[j]=R[j+1];R[j+1]=x;
                  flag=0;           /* 发生记录交换 */
                }
        if (flag) break;            /* 若无交换产生,表明已有序,结束循环 */
    }
}
```

下面分析起泡排序的算法性能。

(1) 时间效率。在最好的情况下,n 个待排序记录是有序的,则只需要进行一趟起泡排序,其记录的比较次数:$C_{min}=n-1$ 次,不需要移动记录:$M_{min}=0$。

最坏的情况下,记录是按排序码逆序排列的,所以则需要进行 $n-1$ 趟起泡排序。第 i 趟起泡排序需要做 $n-i$ 次比较,每次比较都必须进行记录交换,交换两个记录需要三次移动才能完成。

$$总的比较次数:C_{max}=\sum_{i=1}^{n-1}(n-i)=(n^2-n)/2$$

$$总的移动次数:M_{max}=\sum_{i=1}^{n-1}3(n-i)=3(n^2-n)/2$$

综上所述,最好情形下起泡排序算法的时间复杂度为 $O(n)$,最坏情形下其时间复杂度为 $O(n^2)$。可以证明,起泡排序算法的平均时间复杂度为 $O(n^2)$。

(2) 空间效率。在整个算法中,需要一个用于交换记录的辅助空间,所以起泡排序的空间复杂度为 $O(1)$。

(3) 稳定性。起泡排序是稳定的,因为交换是在相邻记录之间进行,当排序码值相同时,算法不做交换,所以保证了该排序算法的稳定性。

上面讨论的是从上向下扫描的起泡排序算法及性能分析,从下向上扫描的起泡排序算法与它类似,算法的时间复杂度和空间复杂度也相同。但是这两种不同的扫描方向针对具体的排序码序列,效率是有区别的。例如,排序码序列为(81,25,26,36,43,48,57,65),采用从上向下扫描的排序方法,1 趟起泡排序就可以完成最终排序,而采用从下向上扫描的排序方法,则需要进行 7 趟起泡排序,显然效率不同;又如,排序码序列为(25,26,36,43,48,57,65,18),采用从上向下扫描的排序方法,需要进行 7 趟起泡排序,而采用从下向上扫描的排序方法,则 1 趟起泡排序就可以完成最终排序,与前一种扫描方向刚好相反。如何改进算法能够对这两种不同的特殊序列都能实现最快排序?读者可考虑双向起泡排序的方法。

7.3.2 快速排序

快速排序是对起泡排序的一种改进。起泡排序总是在两两相邻的记录之间做比较和交换,总的比较次数和移动次数较多,而记录的上移和下移速度却比较慢。**快速排序**(quick sort)又称为**分区排序**,它的基本思想:在待排序记录序列中任选一个记录(称为基准记录),以它的排序码为"基准值",将排序码比它小的记录都放到它的前面,排序码比它大的记录都放到它的后面,至此该基准记录就找到了排序的最终位置,同时将待排序记录划分成前、后两个区。在两个区上用同样的方法继续划分,直到每个区中只包含一个记录或为空,排序过程结束。

在快速排序过程中,比较和交换是从记录序列的两端向中间进行,使得排序码较小或较大的记录一次就能够交换到数组的前面或后面,记录的每一次移动距离较远,因而使得总的比较和移动次数较小。快速排序是一种速度较快的内部排序方法。

快速排序的具体实现过程:在待排序记录 $R[1]$~$R[n]$ 中,任意选取一个记录(不失一般性,可选取第 1 个记录 $R[1]$)为基准记录,其排序码作为"基准值",将整个数组划分为两个子区间:$R[1]$~$R[i-1]$ 和 $R[i+1]$~$R[n]$,前一个区间中记录的排序码都小于或等于基准值,后一区间中记录的排序码都大于或等于基准值,基准记录落在排序的最终位置 $R[i]$ 上,称该过程为一次划分(或一趟快速排序)。划分出的两个子区间仍是无序的,若 $R[1]$~$R[i-1]$ 或 $R[i+1]$~$R[n]$ 非空,则分别对每一个子区间再重复这样的划分,直到所有子区间为空或只剩下一个记录,完成排序。显然,快速排序是一个递归过程。

【例 7.4】 有 10 个待排序记录存储在数组 $R[1]$~$R[10]$ 中,记录的排序码初始序列为(49,14,38,74,96,65,8,49,55,27),对其进行快速排序。

快速排序一次划分的详细操作过程如下。

(1)选取 $R[1]$ 为基准记录,将 $R[1]$ 复制到 $R[0]$ 中,基准值为 $R[0].key$。

(2)设置两个搜索"指针"并赋初值:low=1;high=10。

(3)若 low<high,从 high 位置向前搜索排序码小于 $R[0].key$ 的记录,若找到,则将 $R[high]$ 移到 $R[low]$ 位置;然后,从 low 位置向后搜索排序码大于 $R[0].key$ 的记录,若找到,则将 $R[low]$ 移到 $R[high]$ 位置。重复上述操作,直到两个"指针"相遇,即 low==high,也即找到了基准记录的最终排序位置 low,该位置上的原有记录已经被移走,所以可将 $R[0]$ 赋值给 $R[low]$,完成一次划分,具体操作如图 7.5 所示。

第一次划分结束后,产生了两个无序子序列。然后对这两个子序列分别重复类似的操作,直到整个序列有序为止。图 7.6 给出了快速排序的结果。

```
R[0]  R[1]  R[2]  R[3]  R[4]  R[5]  R[6]  R[7]  R[8]  R[9]  R[10]
49   {49    14    38    74    96    65    8    49    55    27}

     {□     14    38    74    96    65    8    49    55    27}
      ↑                                                    ↑
    low=1                                               high=10
```

从high向前搜索小于R[0].key的记录，找到R[10]，将R[10]移到R[low]

```
     {27    14    38    74    96    65    8    49    55    □}
      ↑                                                    ↑
    low=1                                               high=10
```

从low向后搜索大于R[0].key的记录，找到R[4]，将R[4]移到R[high]

```
     {27    14    38    □    96    65    8    49    55    74}
                       ↑                                 ↑
                     low=4                             high=10
```

从high向前搜索小于R[0].key的记录，找到R[7]，将R[7]移到R[low]

```
     {27    14    38    8    96    65    □    49    55    74}
                       ↑                  ↑
                     low=4              high=7
```

从low向后搜索大于R[0].key的记录，找到R[5]，将R[5]移到R[high]

```
     {27    14    38    8    □    65    96    49    55    74}
                            ↑          ↑
                          low=5      high=7
```

从high向前搜索小于R[0].key的记录，两指针相遇low==high

```
     {27    14    38    8    □    65    96    49    55    74}
                            ↑↑
                         low == high
```

一次划分结束，将基准记录放入R[low]，数组分成前后两个子区间

```
     {27    14    38    8}    49    {65    96    49    55    74}
```

图 7.5　快速排序一次划分的过程

	R[1]	R[2]	R[3]	R[4]	R[5]	R[6]	R[7]	R[8]	R[9]	R[10]
初始状态	{49	14	38	74	96	65	8	49	55	27}
第1层划分结果	{27	14	38	8}	49	{65	96	49	55	74}
第2层划分结果	{ 8	14}	27	38	49	{55	49}	65	{96	74}
第3层划分结果	8	14	27	38	49	49	55	65	74	96

图 7.6　快速排序全过程

一次划分算法的 C 函数如下：

```
int partition(RecType R[ ],int low,int high)        /*一趟快速排序*/
{    int k;
     R[0] = R[low]; k = R[low].key;                 /*表的第一个记录排序码为基准值*/
     while(low < high)                              /*从表的两端交替地向中间扫描*/
         {while((low < high)&&(R[high].key > = k)) high -- ;
```

```
    if(low < high)    R[low] = R[high];              /* 比基准记录小的交换到前端 */
    while((low < high)&&(R[low].key < = k)) low++;
    if(low < high)    R[high] = R[low]; }            /* 比基准记录大的交换到后端 */
  R[low] = R[0];                                     /* 基准记录到位 */
  return low;                                        /* 返回基准记录所在位置 */
}
```

快速排序的 C 函数如下：

```
void   QSort(RecType R[], int low, int high)         /* 对子区间[low…high]做快速排序 */
{   int part;
    if(low < high)
    {      part = partition(R, low, high);            /* 将表一分为二 */
           QSort(R, low, part - 1);                   /* 对前面的子区间快速排序 */
           QSort(R, part + 1, high);                  /* 对后面的子区间快速排序 */
    }
}
```

快速排序的递归过程可以用一棵二叉树形象地描述出来，如果把每一次划分的基准记录看作根节点，把划分的两个子区间看作该根节点的左子树和右子树，以此类推，n 个记录的快速排序过程就对应一棵 n 个节点的二叉树。排序划分的层数等于二叉树高度减 1，所有被划分出的需要继续划分的子区间数等于二叉树中分支节点的个数。例 7.4 的快速排序过程对应的二叉树如图 7.7 所示，该树的高度为 4，分支节点数为 6，所以该排序共进行了 3 层划分，共划分了 6 个需要继续划分的子区间。第 1 层是初始的需要划分的一个子区间，第 2 层划分了两个需要继续划分的子区间，第 3 层划分了 3 个需要继续划分的子区间。

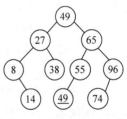

图 7.7　快速排序对应的
二叉树

下面是快速排序的性能分析。

（1）时间效率。在快速排序过程中，记录的比较次数大于记录的移动次数，因为只有在后面区间发现了小于基准记录排序码的记录或在前面区间发现大于基准记录排序码的记录时才会移动记录。所以，只讨论快速排序的比较次数就可以分析其时间复杂度。

最好的情况下，快速排序过程对应的二叉树是一棵类似完全二叉树。因此，最好情况下，对 n 个记录进行排序的过程中，需要划分的层数为 $O(\mathrm{lb}n)$，而每一层划分中，记录之间的比较次数为 $O(n)$，所以快速排序的最好时间复杂度为 $O(n\mathrm{lb}n)$。

在最坏情况下，n 个记录的快速排序过程对应的二叉树是一棵单分支树。若初始记录序列是按排序码有序的，则每一次划分只得到一个非空子区间，另一个子区间为空。此时，需要做 $n-1$ 层划分，每一层划分的比较次数约为 $O(n)$，所以最坏时间复杂度为 $O(n^2)$，可见，快速排序反而蜕化为起泡排序。为避免这样的情况发生，通常以"三者取中法"来选取基准记录，即取排序区间两端及中间位置的三个记录，排序码值居中的那个记录为基准记录。

已经证明，快速排序的平均时间复杂度仍为 $O(n\mathrm{lb}n)$，当 n 较大时，快速排序被认为在同数量级的排序方法中平均性能是最好的。

（2）空间效率。快速排序是递归过程，每层递归调用时的指针和参数均要用栈来存放，递归调用的深度与对应二叉树的深度一致。因而，最好空间复杂度为 $O(\mathrm{lb}n)$，最坏空间复

杂度为 $O(n)$,平均空间复杂度也为 $O(\mathrm{lb}n)$。

(3) 稳定性。快速排序是一个不稳定的排序方法。因为排序过程中记录的移动是跨越式的移动,它减少了移动和比较的次数,提高了排序算法的速度,但不能保证算法的稳定性。

7.4 选择排序

选择排序(selection sort)的基本思想:从待排序记录序列中选择一个排序码最小(或最大)的记录,放在待排序记录序列的最前面(或最后面)。重复此过程,直到所有记录按排序码有序,排序算法结束。本节主要介绍两种选择排序:直接选择排序和堆排序。

7.4.1 直接选择排序

直接选择排序(straight selection sort)是一种简单的选择排序方法。直接选择排序的基本思想:假定待排序的 n 个记录存储在数组 $R[1]\sim R[n]$ 中,经过依次比较选出排序码最小的记录,将其与 $R[1]$ 交换位置,完成第 1 趟直接选择排序(即 $i=1$)。第 $i(1\leqslant i\leqslant n-1)$ 趟直接选择排序的结果是将 $R[i]\sim R[n]$ 中排序码最小的记录与 $R[i]$ 交换位置。n 个记录经过 $n-1$ 趟直接选择排序,$R[1]\sim R[n]$ 成为有序表,排序过程结束。

【例 7.5】 已知有 8 个待排序记录存放在 $R[1]\sim R[8]$ 中,记录的排序码初始序列为 $(25,36,48,65,\underline{25},12,43,57)$,进行直接选择排序。

图 7.8 给出每一趟直接选择排序后各记录排序码的位置变动情况。图中方括号"[]"括起来的区间表示有序区。

$R[1]$	$R[2]$	$R[3]$	$R[4]$	$R[5]$	$R[6]$	$R[7]$	$R[8]$	
25	36	48	65	$\underline{25}$	12	43	57	(初始序列)
[12	36	48	65	$\underline{25}$	25	43	57	(第 1 趟排序的结果)
[12	$\underline{25}$]	48	65	36	25	43	57	(第 2 趟排序的结果)
[12	$\underline{25}$	25]	65	36	48	43	57	(第 3 趟排序的结果)
[12	$\underline{25}$	25	36]	65	48	43	57	(第 4 趟排序的结果)
[12	$\underline{25}$	25	36	43]	48	65	57	(第 5 趟排序的结果)
[12	$\underline{25}$	25	36	43	48]	65	57	(第 6 趟排序的结果)
[12	$\underline{25}$	25	36	43	48	57]	65	(第 7 趟排序的结果)

图 7.8 直接选择排序过程

简单说明一下直接选择排序的操作过程:做第 1 趟选择排序时,在 $R[1]\sim R[8]$ 中,经过比较选出最小值 12,即 $R[6]$ 的值最小,然后将 $R[6]$ 与 $R[1]$ 交换位置。又如做第 4 趟排序时,在 $R[4]\sim R[8]$ 中,经过比较选出最小值 36,即 $R[5]$ 的值最小,然后将 $R[5]$ 与 $R[4]$ 交换位置。

直接选择排序算法的 C 函数如下:

```
void selectSort(RecType R[])          /*用直接选择排序对数组 R 中的记录进行排序*/
{RecType x;
    int i,j,k;
    for (i = 1;i < N;i++)              /*共进行 n-1 趟排序*/
    {    k = i;                        /*k 保存当前关键字最小记录的下标,初值是 i*/
         for (j = i + 1;j < = N;j++)
             if(R[j].key < R[k].key) k = j;   /*从当前的子区间里选择关键字最小的记录*/
         if (k!= i)                    /*将关键字最小的记录放到子区间的第 1 个位置*/
         {    x = R[i];R[i] = R[k];R[k] = x;   }
    }
}
```

下面给出直接选择排序的性能分析。

显然,直接选择排序的时间性能,与待排序记录的初始排列顺序无关。

(1)时间效率。在第 i 趟排序过程中,需要经过 $n-i$ 次比较才能选出排序码最小的记录。因此,无论是最好、最坏或平均的情形,其比较次数都是相同的。

总的比较次数:$C = \sum\limits_{i=1}^{n-1}(n-i) = (n^2-n)/2$

至于记录的移动次数,在最好情形下,n 个待排序记录是正序排列,则不需要记录的移动,$M_{min} = 0$;最坏的情况下,也就是待排序记录是逆序排列的,每趟排序必须进行一次记录交换,交换一次记录需要三次移动才能完成,移动次数为 $M_{max} = 3(n-1)$。注意,即使在最坏情形下,记录的移动次数也只是 $O(n)$,这是直接选择排序方法的最大优点。显然,直接选择排序主要时间消耗在比较操作上,其最好、最坏或平均时间复杂度均为 $O(n^2)$。

(2)空间效率。在整个算法中,只需要一个用于交换记录的辅助空间,所以直接选择排序的空间复杂度为 $O(1)$。

(3)稳定性。在直接选择排序的算法实现中,由于采用了记录交换的方法移动记录,使得直接选择排序的算法实现失去了稳定性。图 7.8 所示的排序过程给出了该算法不稳定的实例。

最后说明一点,直接选择排序的思想也适用于单链表的排序,读者可自己试着写出在单链表上实现直接选择排序的算法。

7.4.2 堆排序

直接选择排序方法比较简单,但其效率不高。无论最好、最坏还是平均情形,其时间复杂度都是 $O(n^2)$,算法时间主要耗费在排序码之间的比较上。在 n 个记录中选出排序码最小的记录,必须进行 $n-1$ 次比较,然后在剩下的 $n-1$ 个记录中再选出排序码最小的记录,还必须进行 $n-2$ 次比较,以此类推。

通过分析可以看出,在后面所做的 $n-2$ 次比较中,有很多比较是前面已经做过的操作。若能够保留前面的比较结果,就可以避免出现重复比较,因而减少排序码的比较次数,提高排序算法效率。本节介绍的堆排序是对直接选择排序的一种改进。

堆排序(heap sort)是利用堆的性质进行排序的方法。什么是堆?

堆的定义:设 n 个元素的序列为 $(K_1,K_2,\cdots,K_n)$,当且仅当满足下面条件之一:

(1) $K_i \geqslant K_{2i}$ 且 $K_i \geqslant K_{2i+1}, 1 \leqslant i \leqslant \lfloor n/2 \rfloor$　称为**大根堆**;

(2) $K_i \leqslant K_{2i}$ 且 $K_i \leqslant K_{2i+1}, 1 \leqslant i \leqslant \lfloor n/2 \rfloor$　称为**小根堆**。

例如,给定一个序列为(91,47,85,24,36,53,30,16),它满足堆定义的第一个条件,因此是大根堆。又如给定序列为(12,36,24,85,47,30,53,91),它满足堆定义的第二个条件,因此是小根堆。若使用一维数组 $R[1] \sim R[n]$ 来存储堆,则上述两个堆的存储结构如图7.9(a)和图7.9(b)所示。

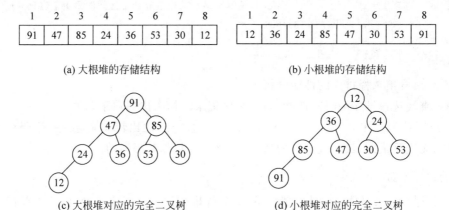

(a) 大根堆的存储结构　　　　　　　　　(b) 小根堆的存储结构

(c) 大根堆对应的完全二叉树　　　　　　(d) 小根堆对应的完全二叉树

图7.9　堆的顺序存储结构及其对应的完全二叉树

在第5章介绍过,一棵含有 n 个节点的完全二叉树采用顺序存储结构时,它的 n 个节点刚好占用一维数组 $R[1] \sim R[n]$。反过来,含 n 个元素的序列可以看成一棵完全二叉树。这样可以将堆序列用完全二叉树来表示,图7.9(c)和图7.9(d)分别是图7.9(a)和图7.9(b)所示的完全二叉树表示。

当堆被表示成一棵完全二叉树后,其特性就凸显出来了。从图7.9(c)可以看出,大根堆对应的完全二叉树中每一个分支节点的值都比它的左、右孩子节点的值大;图7.9(d)是小根堆对应的完全二叉树,树中每一个分支节点的值都比它的左、右孩子节点的值小。大根堆的根节点(称为堆顶)是序列中值最大的元素,小根堆的根节点是序列中值最小的元素。堆对应的完全二叉树的每个子树都是一个堆。

堆排序正是利用了大(或小)根堆的性质,不断地选择排序码最大(或小)的记录,以实现排序,下面讨论利用大根堆来实现升序排序。

设有 n 个待排序记录存储在 $R[1] \sim R[n]$ 中,首先将这 n 个记录按排序码建成大根堆,此时排序码最大的记录是堆顶 $R[1]$,然后将 $R[1]$ 与 $R[n]$ 交换位置,即把排序码最大的记录放到待排序区间的最后;接着,再把 $R[1] \sim R[n-1]$ 中的 $n-1$ 个记录调整成大根堆,并将堆顶 $R[1]$ 与 $R[n-1]$ 交换位置。如此反复进行 $n-1$ 次,每次选一个排序码最大的记录,与本次排序区间的最后一个记录交换位置,最终得到一个有序序列,称这个过程为**堆排序**。

显然,实现堆排序需解决两个问题:

(1) 如何将 n 个待排序记录按排序码建成初始堆?

(2) 交换堆顶记录后,如何将剩余的 $n-1$ 个记录重新建堆?重新建堆的过程和初始建堆的过程是否相同?

首先,通过一个实例来讨论重新建堆的过程,其中重要的目的是要引出堆排序中反复使用的典型算法"筛选法"。图 7.10(a)是大根堆,将堆顶 91 与最后记录 12 对换位置,对剩余的记录重新建堆时,将不再包括 91,如图 7.10(b)所示。此时,根节点的左、右子树都是堆,仅仅是根节点不满足堆的性质,所以只需自上而下地调整根节点即可。重新建堆的过程被称为"**堆调整**"。堆调整的过程如下:首先用根节点的值与其左、右孩子节点的值做比较,由于右孩子节点的值大于左孩子节点的值且大于根节点的值,则将排序码 12 与排序码 85 交换,如图 7.10(c)所示。由于排序码 12 代替排序码 85 之后破坏了右子树的"堆",则需继续调整右子树,调整的过程和上述过程相同,即将排序码 12 与排序码 53 交换,调整后如图 7.10(d)所示,这时已经重新建成了堆,排序码 12 成为叶子节点。如上过程是从根开始逐层调整下去,最多可能一直调整到叶子节点。这一过程就好似过筛子一样,把较小的排序码逐层筛下去,大的留在上面,因此形象地称为"**筛选法**"。

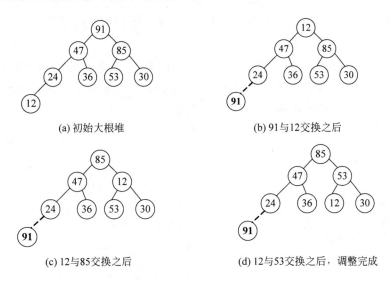

图 7.10 堆调整的过程

"筛选法"的功能是对 $R[i]$ 为根节点,其左、右子树已经是堆的完全二叉树调整为堆,其算法的 C 函数如下:

```
void  heapSift(RecType R[], int i, int n)        /* R[i]为根节点,调整 R[i]~R[n]为大根堆 */
{    RecType rc;
     int j;
     rc = R[i]; j = 2 * i;
     while(j <= n)                                /* 沿排序码较大的孩子节点向下筛选 */
     {    if(j < n && R[j].key < R[j+1].key) j++; /* j为排序码较大的孩子下标 */
          if(rc.key > R[j].key)  break;           /* 若根节点值比左、右孩子值大,筛选结束 */
          R[i] = R[j];                            /* 排序码大的孩子记录上移到 R[i] */
          i = j; j = j * 2;                        /* 调整进入下一层 */
     }                                            /* 继续向下"筛" */
     R[i] = rc;                                   /* 找到了根节点最后应插入的位置 */
}
```

在算法实现中，为了避免频繁地交换记录，将根节点 $R[i]$ 存储在变量 rc 中，在筛选的时候总是与 rc 比较。每一次都从当前的根节点 $R[i]$ 的左、右孩子（下标为 $2i$、$2i+1$）中选排序码大的记录 $R[j]$ 与 rc 比较，若 $R[j]$.key≤rc.key，则表明完全二叉树已经是堆，无须调整；若 $R[j]$.key>rc.key，则将 $R[j]$ 上移至 $R[i]$ 的位置，而 i 下降至 j 的位置，继续从 $R[i]$ 的子树中进行筛选，即调整进入下一层。这样不断地向下层调整，直到成为堆，最后将 rc 中的根节点放入合适的位置，完成了一次堆调整。

接下来再讨论如何将 n 个待排序记录按排序码建成初始堆。把 n 个待排序记录看成一棵具有 n 个节点的完全二叉树，显然空子树和只有一个节点的子树（对应二叉树的叶子节点）都已经是堆。序号 $i>\lfloor n/2 \rfloor$ 的节点都是叶子节点，可以从最后一个非叶子节点 $R[\lfloor n/2 \rfloor]$ 开始反复使用"筛选法"，对以 $R[i]$($i=\lfloor n/2 \rfloor$,$\lfloor n/2 \rfloor-1$,$\cdots$,1) 为根的子树进行堆调整，当调整完根节点 $R[1]$，就完成了初始建堆的过程。

【例 7.6】　已知一个待排序序列有 8 个记录，排序码的初始序列为 (49,38,65,97,76, 13,27,49)，写出堆排序的过程。

进行堆排序，首先要把初始序列建成大根堆。图 7.11 描述了建大根堆时完全二叉树及其顺序存储结构的变化过程。筛选从节点 97（它是最后一个非叶子节点）开始，直到筛选根节点 49，最后形成的初始大根堆如图 7.11(e) 所示。

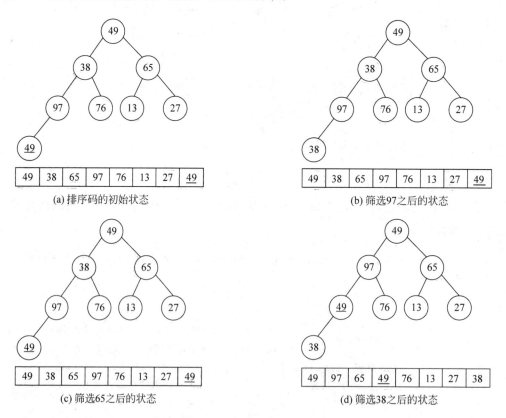

图 7.11　初始建大根堆过程

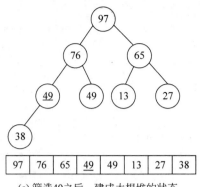

(e) 筛选49之后，建成大根堆的状态

图 7.11 （续）

初始建堆完成之后，只要通过不断地"堆调整"就可以实现堆排序。由于初始建堆完成后，只是把排序码最大的记录选择出来，因此整个堆区间还是一个无序区，此时可将堆顶记录与堆区间的最后一个记录交换位置，即将无序区中排序码最大的记录放入后面的有序区，将剩余的记录再进行堆调整，即完成一趟堆排序。如此重复多趟堆排序，无序区逐渐缩小，有序区逐渐扩大。堆排序是从尾部逐渐扩大有序区的，这点和直接选择排序正好是相反的。n 个记录建成初始堆后，还需要进行 $n-1$ 趟堆排序才能得到最终的排序结果。图 7.12 是堆排序的全过程，图中给出了每一趟排序后，排序码的位置变化和对应完全二叉树的状态，"[]"括起来的区间表示有序区。

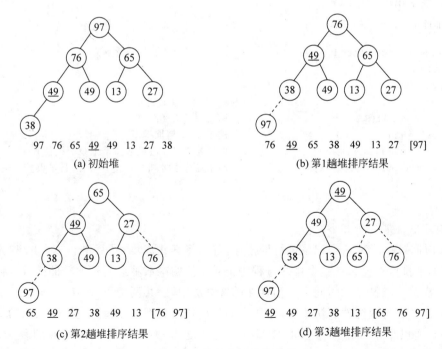

图 7.12 堆排序过程的图示

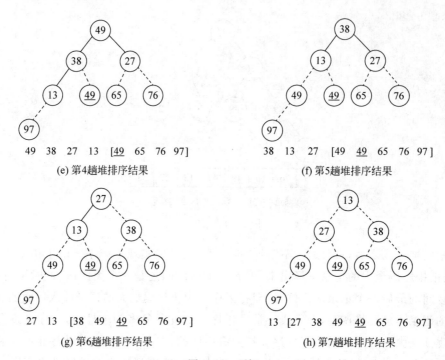

(e) 第4趟堆排序结果   (f) 第5趟堆排序结果

(g) 第6趟堆排序结果   (h) 第7趟堆排序结果

图 7.12　（续）

在堆排序算法中,建堆时需要 $\lfloor n/2 \rfloor$ 次调用"筛选法",而堆调整时需要 $n-1$ 次调用"筛选法",下面给出堆排序的算法。

堆排序算法的 C 函数如下:

```
void heapSort(RecType R[ ],int n)        /* 对 n 个记录进行堆排序 */
{   int i;
    RecType x;
    for(i = n/2;i > = 1;i -- )            /* 将 R[i]～R[n]建成堆 */
        heapSift(R,i,n);                  /* 调用筛选法 */
    for(i = n;i > 1;i -- )                /* 进行 n-1 趟堆排序 */
    {   x = R[i];R[i] = R[1];R[1] = x;    /* 堆顶与待排序区最后一个记录交换位置 */
        heapSift(R,1,i - 1);             /* 调用筛选法将 R[1]～R[i-1]进行堆调整 */
    }
}
```

堆排序的性能分析如下。

(1) 时间效率。对 n 个记录进行堆排序,首先将其建成堆,然后进行 $n-1$ 趟"先交换、后调整"的堆排序过程。在整个排序过程中记录交换的次数不会超过比较的次数,所以主要分析比较次数。堆排序的时间主要消耗在筛选算法中,一共调用了 $\lfloor n/2 \rfloor + n - 1$(约 $3n/2$)次筛选算法。在每次筛选算法中,排序码之间的比较次数都不会超过完全二叉树的高度,即 $\lfloor \mathrm{lb} n \rfloor + 1$,所以整个堆排序过程的最坏时间复杂度为 $O(n\mathrm{lb} n)$,其平均时间复杂度也是 $O(n\mathrm{lb} n)$。

(2) 空间效率。在整个堆排序过程中,需要一个与记录大小相同的辅助空间用于交换记录,故其空间复杂度为 $O(1)$。

（3）稳定性。堆排序是在不相邻的位置之间进行记录的移动和交换，所以它是一种不稳定的排序方法。

堆排序相对于直接选择排序来说，算法的实现过程比较复杂，但算法的效率有很大的提高，尤其是待排序记录个数 n 较大的情况下，堆排序的优势更加明显。

7.5 归并排序

归并排序（merge sort）是利用"归并"的方法实现排序。所谓**归并**就是将两个或多个有序子表合并成一个有序表的过程。归并排序的基本思想：将数组 $R[0] \sim R[n]$ 看成 n 个长度为 1 的有序子表，将相邻的有序子表两两归并，得到 $\lceil n/2 \rceil$ 个长度为 2 或 1 的有序子表；然后再继续将这些有序子表两两归，如此重复进行下去，直到最后得到一个有序表为止。如果是每次将两个有序子表合并成一个有序表，称为**二路归并**；同理，将三个有序子表合并成一个有序表称为三路归并，以此类推，可以有任意 k 路归并。二路归并是最简单和最常用的归并运算。

归并排序的基本操作是"二组归并"，即两个有序子表合并成一个有序表的过程。设数组 R 由两个有序子序列 $R[u] \sim R[v]$ 和 $R[v+1] \sim R[t]$ 组成（$u \leqslant v, v+1 \leqslant t$），将这两个有序子序列合并之后存于数组 A 中，得到一个新的有序序列 $A[u] \sim A[t]$。设 $i=u, j=v+1, k=u$，即 $i、j$ 是归并前两个有序子序列的起始下标，k 是归并后的有序子序列的起始下标，归并过程为：比较 $R[i].\text{key}$ 和 $R[j].\text{key}$ 的大小，如果 $R[i].\text{key} \leqslant R[j].\text{key}$，则将第一个有序子序列的记录 $R[i]$ 复制到 $A[k]$ 中，并令 i 和 k 分别加 1，指向下一个位置；否则，将第二个有序子序列的记录 $R[j]$ 复制到 $A[k]$ 中，并令 j 和 k 分别加 1。如此循环下去，直到其中一个有序子序列已到末尾，然后将另一个有序子序列中剩余的记录复制到数组 $A[k] \sim A[t]$ 中，至此二组归并结束。

二组归并算法的 C 函数如下：

```
void merge(RecType R[ ], RecType A[], int u, int v, int t)
  /*将两个有序子序列R[u]~R[v]和R[v+1]~R[t]归并到有序序列A[u]~A[t]中*/
{    int i=u,j=v+1,k=u;
     while (i<=v&&j<=t)
         if (R[i].key<=R[j].key)   A[k++]=R[i++];
         else          A[k++]=R[j++];
     while (i<=v)   A[k++]=R[i++];       /*处理第一个有序子序列中剩余的记录*/
     while (j<=t)   A[k++]=R[j++];       /*处理第二个有序子序列中剩余的记录*/
}
```

利用二组归并操作可以把两个有序子序列合并成一个有序子序列，但初始的待排序序列并不能直接分成两个有序子序列，如何使用二组归并呢？解决的方法：首先把存储在数组 R 中的每一个记录都看成是一个长度为 1 的有序子序列，则 n 个记录构成 n 个有序子序列，接下来依次将两个相邻的有序子序列进行二组归并，归并结束后可得到 $\lfloor n/2 \rfloor$ 个长度为 2 的有序子序列（当 n 是奇数时，还会最后剩余一个长度为 1 的有序子序列），通常把这个过程称为**一趟归并排序**。用同样的方法可以进行多趟归并，每完成一趟归并排序，都会使有序子序列的长度变为上一趟的 2 倍,直到最后一趟只有两个有序子序列进行合并,完成二路归并排序。显然,一趟归并排序算法需要多次调用二组归并,而归并排序又要多次调用一趟归并。下面分别讨论一趟归并排序算法和归并排序算法。

设数组 R 中每个有序子序列的长度为 len(len<n),对其进行一趟归并排序,结果存于数组 A 中。实际处理过程中,可能有以下三种情况:

(1) 数组 R 中有偶数个长度都是 len 的有序子序列,这时只要循环调用二组归并 merge(R,A,p,p+len−1,p+2*len−1),即可完成一趟归并,这里 p 为第一个有序子序列的起始下标;

(2) 数组 R 中前面有偶数个长度为 len 的有序子序列,两两合并完成以后,还剩余两个不等长的有序子序列,即对最后两个不等长的有序子序列还要调用一次二路归并 merge(R,A,p,p+len−1,n),即可完成一趟归并;

(3) 数组 R 中前面所有长度为 len 的有序子序列两两合并以后,只剩一个有序子序列,把它直接复制到数组 A 中即可。

归并排序的过程就是反复地调用一趟归并排序算法,但如果每次一趟归并时都是将数组 R 归并到数组 A 中,那么下次调用一趟归并前必须先将数组 A 回送给数组 R,其实可以不进行回送操作,而是直接再次调用一趟归并,只不过是将数组 A 归并回数组 R 中。这样,归并排序调用一趟归并算法的次数总是偶数,刚好也保证了排序后的有序序列仍然存储在原来的数组 R 中,这正是我们所希望的。

一趟归并排序算法的 C 函数如下:

```
void  mergePass(RecType  R[ ],RecType  A[ ],int n,int len)
    /* 把数组 R 中每一个长度为 len 的有序子序列归并到数组 A 中 */
{   int p,i;
    for(p=1;p+2*len−1<=n;p=p+2*len)
        merge(R,A,p,p+len−1,p+2*len−1);   /* 归并长度为 len 的等长有序子序列 */
    if  (p+len−1<n)
        merge(R,A,p,p+len−1,n);           /* 归并剩余的两个不等长的有序子序列 */
    else  for(i=p;i<=n;i++)  A[i]=R[i];   /* 剩余一个有序子序列复制到数组 A 中 */
}
```

归并排序算法的 C 函数如下:

```
void  mergeSort(RecType  R[ ],int n)       /* 对数组 R 进行归并排序 */
{   RecType  A[N+1];                        /* A 是辅助数组 */
    int i ,len=1;
    while(len<n)
    {   mergePass(R,A,n,len);              /* 数组 R 归并到数组 A */
        len=2*len;
        mergePass(A,R,n,len);              /* 数组 A 归并到数组 R */
        len=2*len;
    }
}
```

【例 7.7】 已知有 10 个待排序记录,排序码初始序列为(45,53,18,36,73,45,93,15,

30,48),采用归并算法进行排序。

图 7.13 给出了归并排序过程中每一趟归并排序后的排序码排列的情况,方括号"[]"括起来的区间表示有序区。

[45]	[53]	[18]	[36]	[73]	[<u>45</u>]	[93]	[15]	[30]	[48]	(初始状态)
[45	53]	[18	36]	[73	<u>45</u>]	[93	15]	[30	48]	(第1趟归并结果)
[18	36	45	53]	[15	<u>45</u>	73	93]	[30	48]	(第2趟归并结果)
[15	18	36	45	<u>45</u>	53	73	93]	[30	48]	(第3趟归并结果)
[15	18	30	36	45	<u>45</u>	48	53	73	93]	(第4趟归并结果)

图 7.13 二路归并排序过程图示

从上面的归并排序算法的实现过程可以看出,对 n 个记录进行归并排序一共要调用 $\lceil \text{lb} n \rceil$ 次一趟归并排序。但算法中调用趟数一定是偶数,有可能最后一次调用只是为了将记录回送至数组 R 中。

归并排序的性能分析如下。

(1) 时间效率。归并排序的时间复杂度应为每一趟归并排序的时间复杂度和归并趟数的乘积。前面已经说明对 n 个记录进行归并排序,归并趟数为 $\lceil \text{lb} n \rceil$。每一趟归并排序都要反复地做二组归并,在此过程中,记录的比较次数小于等于记录的移动次数(由一个数组复制到另一个数组),所以,归并排序的时间效率主要取决于记录的移动次数。而一趟归并排序中记录的移动次数等于记录个数 n,故归并排序的平均时间复杂度为 $O(n\text{lb}n)$。

(2) 空间效率。归并排序需要一个与原序列等长的辅助数组空间,所以空间复杂度为 $O(n)$。在前面介绍的各种排序算法中,归并排序的空间复杂度最大。

(3) 稳定性。归并排序是稳定的。从二组归并的 merge() 算法中看出,当遇到两个排序码相同的记录时,先复制前面有序子序列中的记录,然后再复制后面有序子序列的记录,所以排序码相同的两个记录的先后次序保持不变。

最后说明一点,归并排序的思想更易于在链表结构上实现。顺序表上实现归并排序的主要时间都消耗在记录的移动上,并且需要开辟较大的辅助空间;而在链表上作归并时,仅需要修改指针,无须移动记录,操作起来更加简单。

*7.6 基数排序

前面几节讨论的排序方法都是基于排序码的比较和记录的移动这两种操作来实现的。**基数排序**(radix sort)是与前面各类排序方法完全不同的一种排序方法,它是基于排序码的结构分解,然后通过"分配"和"收集"方法实现的排序。

为了更好地理解基数排序的思想,先来看一个具体的实例,即扑克牌排序。

在一套扑克牌里,其中52张扑克牌上有花色和点数。约定扑克牌的顺序是:♠A<♠2<…<♠J<♠Q<♠K<♥A<♥2<…<♥K<♣A<♣2<…<♣K<♦A<♦2<…<♦K。每张扑克牌的排序码是由两位数构成:花色和点数,且花色位权高于点数。在比较任意两张扑克牌大小时,先比较花色,若花色相同,再比较点数。对扑克牌进行排序通常采用下面方法:首先按照不同的点数分成13堆(这个过程叫作"**分配**",也称为"**装箱**"),然后按

照从小到大顺序将 13 堆收集起来（这个过程叫作"**收集**"）；接下来，再按不同的花色分成 4 堆，最后按花色顺序将这 4 堆牌收集起来，就可以得到按照顺序排列的扑克牌。

基数排序就是利用上面的思想实现的。排序时首先从排序码最低位的基数值开始"分配"装箱，而"箱"的数量就是此位的基数（例如，扑克牌最低位点数的基数是 13，所以先分 13 个"箱"），然后顺序"收集"；接着再按照排序码次低位的基数值再"分配"和"收集"（扑克牌花色的基数是 4，分 4 个"箱"），重复此过程直到按照排序码的最后一位也"分配"和"收集"完毕，使得整个待排序序列有序。

通常约定排序码 K 是一个十进制整数，每个排序码的结构最多可分解的位数记为 d。假如 K 值在 $0 \sim 999$ 范围内，则 $d=3$。每一位上的十进制数字就是一个基数值，即 K 由 3 个基数值 (k^1, k^2, k^3) 组成，不同的基数值 k^j 都有相同的取值范围（$0 \leqslant k^j \leqslant 9, 1 \leqslant j \leqslant 3$），把 k^j 取值的个数称为基数，通常用 r 表示。当排序码为十进制数时，基数 r 是 10；当排序码为字符串时，基数 r 是 26。

基数排序的基本思想：若有 n 个待排序记录，设第 i 个记录的排序码为 K_i（$1 \leqslant i \leqslant n$），把 K_i 看成是一个 d 元组：$K_i = (k_i^1, k_i^2, \cdots, k_i^d)$，其中 d 是排序码的最多位数，$k_i^j \in \{c_1, c_2, \cdots, c_r\}$（$1 \leqslant j \leqslant d$），$c_1, c_2, \cdots, c_r$ 是 k_i^j 的所有可能取值，r 为基数。排序时先按 k_i^d 的值进行分配，即将 n 个记录分到 r 个"箱"中，再按顺序收集；然后按 k_i^{d-1} 的值再进行分配和收集，直至按 k_i^1 分配和收集完毕为止，这样重复做 d 趟分配和收集，排序结束。

【例 7.8】 已知待排序记录的排序码为 288，371，260，531，287，235，56，299，18，23，用基数排序方法进行排序。

【分析】 这里 $r=10$，$d=3$，需要进行 3 趟分配和收集完成排序，具体过程如图 7.14 所示。

箱号	0	1	2	3	4	5	6	7	8	9
第1趟 分配	260	371 531		23		235	56	287	288 18	299
第1趟收集的结果： (260, 371, 531, 23, 235, 56, 287, 288, 18, 299)										
第2趟 分配		18	23	531 235		56	260	371	287 288	299
第2趟收集的结果： (18, 23, 531, 235, 56, 260, 371, 287, 288, 299)										
第3趟 分配	18 23 56		235 260 287 288 299	371		531				
第3趟收集的结果： (18, 23, 56, 235, 260, 287, 288, 299, 371, 531)										

图 7.14 基数排序过程的图示

基数排序可以在顺序存储结构上实现。用数组 R 存放待排序的 n 个记录，用 r 个数组存放分配时的 r 个队列，每一个队列就相当于一个箱子。分配一次和收集一次都需要 n 次移动、d 遍分配和收集，共需 $2 \times d \times n$ 次移动。每个队列长度最大为 n，共需 $n \times r$ 个辅助空间。可见，基于顺序存储结构的基数排序，其时间效率和空间效率都较低。一般为了提高算法的效率,在静态链表上实现基数排序。

下面给出基于静态链表的基数排序算法的 C 函数。

(1) 存储结构。

```
#define   N   100
#define   d   3
#define   r   10
typedef   struct
{   int   key [d];          /* 排序码由 d 个分量组成,这里排序码是十进制数 */
    DataType   others;      /* 记录的其他数据域 */
    int next;               /* 静态链域 */
} RecType;
RecType   R[N];             /* 数组 R 存放 n 个待排序记录 */
typedef   struct            /* 定义队列 */
{   int f,e;                /* 队列的队头和队尾指针 */
} Queue;
Queue   Q[r];               /* 队列 Q 表示箱子 */
```

(2) 基数排序算法 C 函数如下:

```
int radixSort(RecType R[ ], int n)
{     int i,j,p,k,t;
      for (i = 0;i < n - 1;i++)
          R[i].next = i + 1;
      R[n - 1].next = - 1;                  /* 初始化静态链表 */
      p = 0;                                /* 指向静态链表中第一个元素 */
      for (i = d - 1;i > = 0;i--)           /* 进行 d 趟排序 */
      {     for(j = 0;j < r; j++)           /* 给箱子 Q 初始化 */
            Q[j].f = Q[j].e = - 1;          /* 清空箱子,即队头、队尾指针为 - 1 */
            while(p!= - 1)                  /* 开始基数排序,直至 p = - 1 */
            {     k = R[p].key[i];          /* 取排序码的第 i 个分量 */
                  if (Q[k].f == - 1)  Q[k].f = p; /* 将 R[p]链到指定的队列,即箱子中 */
                  else   R[Q[k].e].next = p;
                  Q[k].e = p;               /* 修改队尾指针 */
                  p = R[p].next;            /* 取下一个记录 */
            }
            j = 0;                          /* 开始本趟收集 */
            while(Q[j].f == - 1) j++;       /* 找第一个非空箱子 */
            t = Q[j].e;   p = Q[j].f;       /* p 为收集链表的头指针 */
            while(j < r - 1)
            {   j++;                        /* 取下一个箱子 */
                if(Q[j].f!= - 1)            /* 连接所有的非空箱子 */
                {   R[t].next = Q[j].f; t = Q[j].e; }
            }
            R[t].next = - 1;                /* 本趟收集完毕,将链表的终端指针置空 */
      }
      return p;
}
```

下面是基于静态链表的基数排序的性能分析。

(1) 时间效率。在排序过程中,不需要排序码的比较和记录的移动,只需要顺序扫描长度为 n 的静态链表和进行指针的链接操作,所以算法的时间主要消耗在扫描静态链表上。基数排序一共需要 d 趟扫描链表,所以基数排序的平均时间复杂度为 $O(d \times n)$。

(2) 空间效率。在基数排序中,需要一个辅助空间数组 Q,但 Q 的大小与 n 无关,所以空间复杂度为 $O(1)$。

(3) 稳定性。基数排序是稳定的。

7.7　排序方法的比较

前面介绍了很多排序方法,在解决实际问题时,若要选择合适的排序算法,就必须知道各种排序算法的特点。下面给出各种排序方法在时间复杂度、空间复杂度、稳定性方面的比较,如表 7.3 所示。

表 7.3　各种排序方法比较

排 序 方 法	时间复杂度	空间复杂度	稳 定 性
直接插入排序	$O(n^2)$	$O(1)$	稳定
直接选择排序	$O(n^2)$	$O(1)$	不稳定
起泡排序	$O(n^2)$	$O(1)$	稳定
希尔排序	$O(n^{1.5})$	$O(1)$	不稳定
堆排序	$O(n\text{lb}n)$	$O(1)$	不稳定
快速排序	$O(n\text{lb}n)$	$O(\text{lb}n)$	不稳定
归并排序	$O(n\text{lb}n)$	$O(n)$	稳定
基数排序	$O(dn)$	$O(1)$	稳定

时间复杂度是衡量排序方法优劣的重要因素。结合表 7.3,可以得出:

(1) 平均情况下,直接插入、直接选择和起泡排序这三种简单的排序方法属于同一类型,其平均时间复杂度都为 $O(n^2)$。堆排序、快速排序和归并排序属于同一类型,其平均时间复杂度均为 $O(n\text{lb}n)$,希尔排序的平均时间复杂度介于上述两类之间。在相同时间复杂度的排序方法中,若考虑时间复杂度系数因素,则在第一类简单排序方法中,直接插入排序最快,其次是直接选择排序,最后是起泡排序;在第二类排序方法中,快速排序最快,堆排序和归并排序次之。

(2) 最好情况下,直接插入排序和起泡排序的时间复杂度最低,为 $O(n)$,其他算法最好情况和平均情况是相同的。

(3) 最坏情况下,快速排序时间复杂度为 $O(n^2)$,直接插入排序、希尔排序和起泡排序虽然与平均情况相当,但是系数大约增加一倍,所以运行效率会有所下降,最坏情况对直接选择、堆排序和归并排序的影响不大。由此可知,在最好情况下,直接插入排序和起泡排序最快;在平均情况下,快速排序最快;在最坏情况下,堆排序和归并排序最快。

在实际选择排序方法时,需要从以下几个方面进行综合考虑:①时间复杂度;②空间复杂度;③稳定性;④算法的简单性;⑤待排序记录的个数 n;⑥记录本身的信息量的大小。基于以上因素,可以得到如下结论。

(1) 若 n 较小($n \leqslant 50$),可采用简单的排序方法,如直接插入排序和直接选择排序。由于直接插入排序比直接选择排序的记录移动次数要多,因此,如果记录本身的信息量较大,则选用直接选择排序为宜。若记录的初始状态已接近基本有序,则选用直接插入排序和起泡排序为宜。

(2) 若 n 较大,应该选用时间复杂度为 $O(n \mathrm{lb} n)$ 的排序方法,如快速排序、堆排序、归并排序。目前快速排序被认为是内排序中较快的排序方法,但是其最坏情况下,不如归并排序和堆排序。就空间性能来说,堆排序是最好的,而归并排序是最坏的;就稳定性来说,归并排序是稳定的,而快速排序和堆排序是不稳定的。

(3) 当 n 较大,根据记录的排序码是否有明显的结构特征,还可以考虑基数排序。基数排序可能在 $O(d \times n)$ 时间内完成,如果排序码的位数 d 较少且可以分解时,采用基数排序较好。

(4) 在本章讨论的排序方法中,除了基数排序外,其余都是基于顺序存储结构上实现的排序方法。当记录本身的信息量较大时,为了避免耗费大量时间移动记录,可以考虑在链接存储结构上实现排序方法。如直接插入排序和归并排序都易于在链表上实现。但是有些排序方法,如希尔排序、快速排序和堆排序,在链表上是难以实现的。另外,可以考虑为顺序存储的记录建立一个辅助表,辅助表中存储指针或记录下标,排序过程针对辅助表进行,排序完成后再依据辅助表的内容调整记录表,这样可以减少排序记录的移动次数。

综上所述,在各种排序方法中,没有哪个是绝对的最佳方法,都有各自的长处和不足。因此,选择排序方法时,要结合实际情况,取长补短。在有些情况下,还需要将几种方法结合在一起使用,以发挥各自的优点。

小结

本章主要研究排序这一典型运算的常用实现方法,并给出每种方法对应的算法实现以及算法的时间效率、空间效率和稳定性的分析。主要讨论了 4 大类 7 种典型排序算法在顺序存储结构上的实现过程,其中包括 4 种简单的排序方法:直接插入排序、起泡排序、直接选择排序和二路归并排序;3 种较复杂的排序方法:希尔排序、快速排序和堆排序。最后对这些方法进行了分析和比较,总结了各自的优势和不足,为针对实际问题选择最合适的方法提供了必要的依据。

本章重点:希尔排序、快速排序、堆排序、归并排序的算法思想及排序过程。

习题

一、名词解释

1. 排序码
2. 稳定排序
3. 内排序

4. 外排序

5. 堆

二、选择题

1. 在对 n 个记录进行起泡排序的过程中,最好情况下的时间复杂度为(　　)。

   A. $O(n^3)$　　　　　B. $O(n^2)$　　　　　C. $O(n)$　　　　　D. $O(1)$

2. 堆排序属于下列(　　)排序。

   A. 插入　　　　　B. 交换　　　　　C. 归并　　　　　D. 选择

3. 下列(　　)组序列是堆。

   A. (79,40,46,56,38,84)　　　　　　　　B. (84,56,79,46,38,40)

   C. (40,38,46,56,79,84)　　　　　　　　D. (84,38,46,40,56,79)

4. 下列排序算法中,(　　)方法在一趟结束后不一定能选出一个元素放在其最终位置上。

   A. 简单选择排序　　B. 起泡排序　　　C. 归并排序　　　D. 堆排序

5. 在下面的排序方法中,平均时间复杂度为 $O(n^2)$ 且是不稳定的排序方法是(　　)。

   A. 快速排序　　　B. 直接插入排序　　C. 直接选择排序　　D. 起泡排序

6. (　　)的时间性能与待排序记录的初始排列顺序无关。

   A. 快速排序　　　B. 直接插入排序　　C. 直接选择排序　　D. 起泡排序

7. 快速排序在(　　)情况下不利于发挥其优势。

   A. 出现多个排序码相同的记录　　　　B. 待排序记录的数量太大

   C. 记录已经基本有序　　　　　　　　D. 待排序记录的个数为偶数

8. 给定排序码序列为(45,89,36,40,95),采用快速排序,以第一个记录为基准记录,第一次划分的结果为(　　)。

   A. (36,40,45,89,95)　　　　　　　　B. (40,36,45,89,95)

   C. (36,40,45,95,89)　　　　　　　　D. (40,36,45,95,89)

9. 在下面的排序方法中,辅助空间为 $O(n)$ 的排序方法是(　　)。

   A. 快速排序　　　B. 直接插入排序　　C. 归并排序　　　D. 堆排序

10. 排序码序列为(8,9,10,4,6,20,3,5),只能是(　　)算法的前两趟排序结果。

   A. 直接插入排序　　B. 直接选择排序　　C. 归并排序　　　D. 堆排序

三、填空题

1. 基于比较的排序算法都包含两个基本的操作是_____和_____。

2. 对于排序码相同的任意两个记录,若排序之后的前后位置关系,与原始位置顺序一致,则称这样的排序方法为_____;否则,称为_____。

3. 若待排序对象全部位于内存中,则对这些记录所进行的排序操作称为_____排序。

4. 每次从无序子表中取出一个元素,把它插入有序子表中的适当位置,此种排序方法叫作_____排序。

5. 快速排序的平均时间复杂度是_____,平均空间复杂度是_____。

6. 设记录的排序码序列为(49,38,65,97,76,13,27),若采用快速排序,以第一个记录为基准记录,则第一趟划分的结果为_____。

7. 快速排序、堆排序和归并排序的平均时间复杂度都是_____,但其中稳定的排序方法只有_____。

8. 在直接插入排序、希尔排序、起泡排序、快速排序中稳定的排序方法有_____和_____。

9. 在堆排序、快速排序和归并排序中,若只从存储空间考虑,则首先应选取_____方法,其次选取快速排序方法。

10. 采用堆排序算法排序,若要降序排序,需要采用_____根堆。若要升序排序,则需要采用_____根堆。

11. 如果记录的排序码有明显的结构特征且可以分解,可以考虑使用_____排序方法,它也是一种高效的排序算法,但是使用范围不如其他排序方法广。

四、简答题

1. 常用的实现排序的方法有几大类？它们的实现思想是什么？

2. 给定排序码的序列为{39、33、13、15、58、41、27、46、23}。

(1) 采用希尔排序(步长分别为5,3,1),写出各趟排序结果。

(2) 采用快速排序的方法进行排序,写出各趟排序结果。

3. 判断下列序列是否为堆？如果不是,则把它们调整成堆。

(1) (503,87,512,61,908,170,896,275,653,462)

(2) (12,70,33,65,24,48,92,86,33,55)

(3) (100,55,97,30,23,86,60,8,12)

(4) (5,56,18,40,38,27,58,30,78,28,98)

4. 设待排序记录的排序码序列为(19,23,2,67,39,91,43,25),进行堆排序。

(1) 画出初始建成的大根堆对应的完全二叉树。

(2) 写出初始大根堆序列。

(3) 画出第一趟堆排序后对应的完全二叉树。

五、完善程序题

设计一个算法,其功能为：利用直接插入排序的方法,将一组存储在带头节点的单链表中的记录递增排序。请将算法补充完整。

```
typedef struct node
{    int  key;
     DataType  other;
     _____;                          /*定义单链表的指针域next*/
} LinkList;
void insertSort(LinkList * L)
{    LinkList * p, * q, * s;
     p = L -> next;    L -> next = NULL;
     while(p)
     {    q = L;
          while(q -> next && _____)    /*指针q从头开始查找,寻找合适的插入位置*/
               _____;
          s = p -> next;
                                         /*将指针p所指的节点插入q之后*/
          _____;
          _____;
```

```
                    p = s;
            }
    }
```

六、算法设计题

1. 设计单链表作为存储结构,实现直接插入排序和直接选择排序的算法,并分析算法的时间复杂度和空间复杂度。

2. 本书中介绍的起泡排序算法是从表的一端开始两两相邻元素比较,即单向扫描。设计一个从表的两端交替进行双向扫描的起泡排序算法。

3. 采用单链表存储结构,设计归并排序算法。

第**8**章

查找

【学习目标】

· 理解查找的相关概念。

· 理解基于四种存储结构的查找表：顺序表、索引表、树表、散列表的构建与查找方法。

· 熟练掌握各种查找方法的算法实现以及各种查找算法的时间性能（ASL）分析。

· 熟悉各种查找方法的特点，能根据实际问题的特点和需求，选择合适的查找算法。

【思维导图】

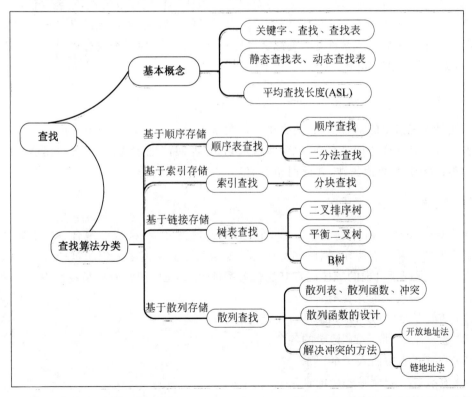

　　查找（searching）又称搜索，其功能是在一个含有大量数据元素的集合中，找出某个（或某些）"特殊"的数据元素。现实生活中，人们常常要从拥有大量数据的集合中去查找所需要的数据信息，信息社会尤为如此。查找运算的典型应用实例有很多，如图书信息检索系统、各种搜索引擎，以及文献检索系统等。在计算机数据处理过程中，查找是使用频率最高的一

种操作,几乎所有的软件系统都会涉及查找。由于查找是最基本、最重要的数据运算,因此在各种经典的数据结构中,都定义了查找运算。那么设计出高效的查找算法是非常重要的。

8.1　查找的相关概念

1. 关键字

集合中的数据元素(或记录),即查找对象,其结构往往是比较复杂的。但尽管如此,每个记录都有若干属性(数据项)用于标识该记录。若一组属性能够唯一地标识一个记录,则称这组属性为**主关键字**(primary key),简称**关键字**。若一组属性能够标识多个记录,则称这组属性为**次关键字**(secondary key)。

参考表 7.1 所示的学生成绩表,表中每一个学生的"学号"都不相同,即数据项"学号"可以唯一地标识每一个学生,则"学号"可以作为记录的关键字。在实际应用中,关键字的构成未必是单个数据项。例如,身份证号码可以用作某"人事信息表"中个人信息的关键字,因为每个人都有唯一的身份证号码。但是,分析身份证号码的构成可以发现,它至少包含三方面的信息:地域编码、出生年月日和顺序编号。为了问题的简化,约定关键字是单一属性。通常可以将一个记录划分成两部分:关键字属性和非关键字属性。查找过程只针对关键字进行,并不关心非关键字属性。

2. 查找

查找是根据给定的某个值,在集合中找出关键字等于该给定值的记录或数据元素的过程。若集合中有这样的记录存在,则称**查找成功**,并返回该记录或该记录的位置信息,如记录下标等;否则,称**查找失败**,并返回相关信息。

3. 查找表

查找表(search table)是由同一类型的记录(或数据元素)构成的集合。由于集合中数据元素之间的关系没有限定,因此在实现时可根据实际应用需求来组织被查找的记录。一般而言,可根据记录出现的顺序确定其逻辑关系,即将其逻辑关系看成是线性表。

查找表上最常见的操作有:

(1) 查询某个"特定的"记录是否在查找表中;

(2) 检索某个"特定的"记录的各个属性;

(3) 在查找表中插入一个记录;

(4) 在查找表中删除一个记录。

根据在查找表上实施的操作不同,可将查找表分为**静态查找表**和**动态查找表**。静态查找表上只做前两项查找操作,即在查找过程中不改变查找表的结构,也不做插入或删除记录的操作;在动态查找表上除了做相应的查找操作外,还可根据查找结果做插入或删除记录的操作。当查找失败时,可根据需要插入查找记录;或当查找成功时删除已经存在的记录。因此,动态查找表可以从空表开始,通过若干查找过程,动态地建立起来。

4．查找运算的时间性能分析

由于查找运算的主要操作是与关键字比较，因此比较次数可作为衡量查找算法效率的重要指标。在问题规模（n）已经确定的情况下，查找运算的比较次数与待查找记录的初始状态有关。对同一个查找算法，有些初始状态下的比较次数会达到最少，称其为最好情况。有些初始状态可能导致比较次数达到最多，称其为最坏情况。一般而言，考虑等概率情况下，用平均比较次数来评价一个查找算法的效率。平均比较次数也被称为**平均查找长度**（average search length，ASL），其计算公式为：

$$ASL = \sum_{i=1}^{n} P_i C_i$$

其中，n 是待查找的记录个数；P_i 是查找第 i 个记录的概率；C_i 是找到第 i 个记录时所需要进行的比较次数。在本章介绍的各种查找方法中，约定查找每个记录的概率是相等的，即有 $P_1 = P_2 = \cdots = P_i = \cdots = P_n = 1/n$。若不做特殊说明，ASL 都是指等概率情况下查找成功时的平均查找长度。

查找表在逻辑上可看成是线性表，所以可用顺序、链接、索引和散列四种常见的存储方式进行存储。基于查找表的不同存储结构，本章共介绍了四类查找方法：顺序表查找、索引查找、树表查找、散列查找。

8.2 顺序表查找

用顺序存储结构存储的查找表，就是顺序表，可利用高级语言的一维数组存储顺序表的所有记录。记录的类型设为 RecType，它由两部分组成，即关键字 key 和非关键字数据项 others，假定 key 的类型为 KeyType，others 的类型为 DataType，则顺序表的存储结构可用 C 语言描述如下：

```
#define  N  100
typedef  struct
  { KeyType  key;
    DataType  others;
  } RecType;
  RecType  R[N+1];
```

其中，N 是查找表中记录的个数，数组 R 的 $R[0]$ 不存储记录。闲置的主要原因如下：

（1）使数组下标和记录序号一一对应；

（2）留作他用，如用作监视哨。

基于顺序表的查找方法很多，这里主要介绍两种方法：顺序查找和二分法查找（也称折半查找）。顺序查找对表中记录的排列顺序没有特殊要求，二分法查找则要求顺序表是有序的。

8.2.1 顺序查找

顺序查找（sequential search）又称为**线性查找**，是最简单、最基本的查找方法。顺序查找的基本思想：从表的一端开始，依次将每个记录的关键字与给定值 k 进行比较，若某个记

录的关键字与 k 相等,则表明查找成功,返回记录在表中的位置(序号);若整个表查找完,仍未找到关键字与 k 相等的记录,则表明查找失败,返回 0。

顺序查找算法的 C 函数如下:

```c
int  seqSearch(RecType R[ ], int n, KeyType  k)
/* 在数组 R 中顺序查找关键字等于 k 的记录,若找到则返回记录序号,否则返回 0 */
{    int i;
    R[0].key = k;                    /* R[0]用作监视哨 */
    i = n;                           /* 从表的尾端向前查找 */
    while(R[i].key!= k) i-- ;
    return  i;
}
```

上述算法中,$R[0]$ 起到了监视哨作用。在查找之前,把给定值 k 存储在 $R[0]$ 的关键字域中,从表尾开始向前查找。由于使用了监视哨元素,因此循环中无须再判断下标是否越界,这是一种程序设计技巧,有利于提升算法效率。

在顺序查找的算法实现中,查找操作是从表尾开始逐步向前进行的。对于含 n 个记录的顺序表,若查找成功时找到的记录是 $R[n]$,需要比较 1 次,即 $C_n = 1$;若找到的记录是 $R[n-1]$,需要比较 2 次,即 $C_{n-1} = 2$;以此类推,$C_1 = n$。一般地,如果给定值 k 与表中第 i 个记录的关键字相等,需进行 $n-i+1$ 次比较,即 $C_i = n-i+1$。

当查找成功时,顺序查找的平均查找长度为:

$$\mathrm{ASL} = \sum_{i=1}^{n} p_i(n-i+1) = \sum_{i=1}^{n} \frac{1}{n}(n-i+1) = \frac{n+1}{2}$$

当查找不成功时,与关键字的比较次数总是 $n+1$ 次。

该算法的主要操作就是用给定值与关键字进行比较,因此,该查找算法的时间复杂度为 $O(n)$。

顺序查找的优点是算法简单且适用面广,对表的结构无任何要求,也不要求表中记录是否按照关键字有序。顺序查找的缺点是平均查找长度较大,特别是当 n 很大时,查找效率较低。顺序查找方法不仅适用于顺序表,也同样适合于单链表。

在实际应用中,查找表中各记录的查找概率可能是不相等的。为了提高查找效率,查找表可以依据"查找概率越高的记录比较次数越少"的原则来组织记录。例如,可以根据记录查找概率递增或递减的顺序排列记录,从查找概率大的那一端开始顺序查找,这样可以大大降低查找算法的平均查找长度,使顺序查找算法达到最优。

8.2.2　二分法查找

二分法查找(binary search)又称为**折半查找**,是一种效率较高的查找方法。二分法查找要求查找表的存储结构是顺序存储,且表中记录是按关键字有序的,即表中记录是按照关键字值递增或递减的顺序排列的。不失一般性,可假定记录是按关键字递增顺序排列的。

二分法查找的基本思想:初始时,查找区间为整个查找表,取查找区间的中间记录作为比较对象。若给定值与中间记录的关键字相等,则查找成功;若给定值小于中间记录的关键字,则在中间记录的前半区继续查找;若给定值大于中间记录的关键字,则在中间记录的后半区继续查找。重复上述查找过程,直至给定值与某个区间中间记录的关键字相等,或查找区间为空。若为前者,则查找成功,返回记录的序号;否则,表明查找失败,返回 0。不难看出,在二分法查找过程中,查找区间不断地缩小,且对每个查找区间都采用同样的查找方法,显然,二分法查找方法可用递归实现。

二分法查找的算法步骤如下。

(1) 设变量 low 和 high 表示查找区间的起始下标和终端下标,初始时查找区间是 $R[1]$~$R[N]$,low 取值为 1,high 取值为 N。设变量 mid 表示查找区间中间位置的下标,有 mid$=\lfloor(\text{low}+\text{high})/2\rfloor$。

(2) 当 low$\leqslant$high(查找区间非空)时,计算 mid$=\lfloor(\text{low}+\text{high})/2\rfloor$,并进行如下操作:

若 $k==R[\text{mid}].\text{key}$,查找成功,返回 mid,即记录在表中的位置(序号);

若 $k<R[\text{mid}].\text{key}$,则 high$=mid-1$,在前半区继续查找;

若 $k>R[\text{mid}].\text{key}$,则 low$=mid+1$,在后半区继续查找。

(3) 当 low$>$high 时,查找区间为空,表示查找失败。

下面通过一个实例分析二分法查找的过程。

【例 8.1】 一个顺序存储的有序表中有 13 个记录,记录的关键字序列为$(7,14,18,21,23,29,31,35,38,42,46,49,52)$,给定值 k 分别为 14 和 22,在表中查找关键字与 k 相等的记录。

设有序表存储在数组 R 中(为方便起见,只讨论关键字),即查找的初始区间为 $R[1]$~$R[13]$。查找关键字等于 14 的记录(查找成功)的过程如图 8.1(a)所示。查找关键字等于 22 的记录(查找失败)的过程如图 8.1(b)所示。

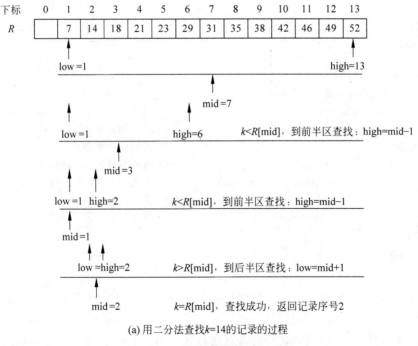

(a) 用二分法查找 $k=14$ 的记录的过程

图 8.1 二分法查找过程的示意图

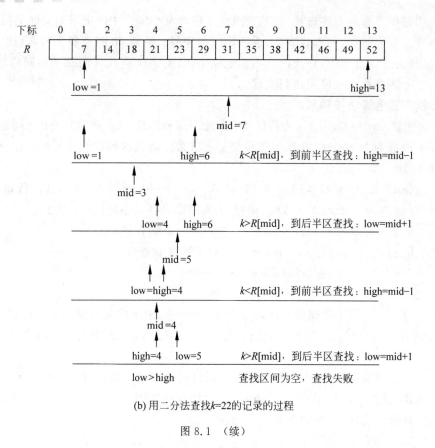

(b) 用二分法查找k=22的记录的过程

图 8.1 （续）

二分法查找是一个递归过程，读者可自行完成递归算法的实现。二分法查找方法的非递归算法的 C 函数如下：

```
int   binarySearch(RecType R[ ], int n, KeyType  k)
 /*用二分法查找数组 R 中关键字为 k 的记录,成功返回序号,失败返回 0*/
{    int   low, high, mid;
     low = 1; high = n;                          /*设置初始查找区间*/
     while(low <= high)                          /*查找区间非空*/
     {    mid = (low + high)/2;                   /*取查找区间的中间位置*/
          if (k == R[mid].key)   return mid;      /*查找成功,返回记录的序号*/
          else   if(k < R[mid].key)   high = mid - 1; /*调整到前半区*/
               else   low = mid + 1;              /*调整到后半区*/
     }
     return  0;
}
```

从二分法查找的过程可以看出，每次都将当前查找区间的中间记录作为比较对象，并以中间记录为"枢轴"，将查找区间划分为前半区和后半区两个互不相交的子区间，并在确定的新查找区间中继续进行比较和划分操作，直到查找结束。有序表的二分法查找过程可用一棵二叉树来描述，树中每个节点对应着当前查找区间中间记录的关键字，其左子树和右子树分别对应前半区和后半区的关键字，通常将描述二分法查找过程的二叉树称为**二叉判定树**。

图 8.2 是例 8.1 的二分法查找过程对应的二叉判定树。

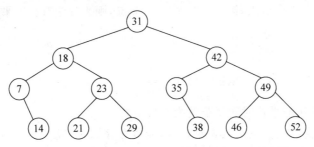

图 8.2　例 8.1 的二分法查找过程对应的二叉判定树

不难看出,在有序表中查找某一个记录的过程,对应着从二叉判定树的根节点开始,走到该记录节点的一条路径,与关键字进行比较的次数就是该记录节点在树中的层数。例 8.1 中,比较 1 次就查找成功的记录是 31,比较 2 次就查找成功的记录有 18 和 42,比较 3 次就查找成功的记录有 7,23,35,49,比较 4 次查找成功的记录有 14,21,29,38,46,52,因此其查找成功情况下的平均查找长度为:

$$\text{ASL}_{\text{成功}} = (1 + 2 \times 2 + 3 \times 4 + 4 \times 6)/13 = 41/13$$

当查找失败时,要走一条从二叉判定树的根节点到叶子节点的路径。图 8.3 是查找失败情况下的二叉判定树,树中矩形叶子节点表示查找失败的一组值集合。

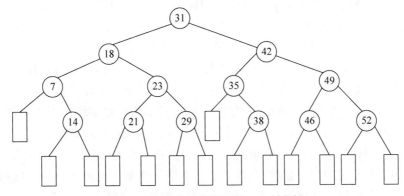

图 8.3　查找失败情况下的二叉判定树

例如,在有序表中查找任何关键字比 7 小的记录时,就会从根走到二叉判定树中最左边的矩形叶子节点,一共需要进行 3 次与关键字的比较,得出查找失败的结论;同样地,查找关键字在 46 与 49 之间的记录,需要与关键字比较 4 次,得出查找失败的结论。由于一个矩形叶子节点是一个值集合,查找该集合中的任何值都失败且所需的比较次数均相同,因此可以将一个矩形叶子节点看成是一个不存在的关键字,所以,查找不成功的关键字个数就是矩形叶子节点的个数。由此,可得到查找失败时的平均查找长度为:

$$\text{ASL}_{\text{失败}} = (3 \times 2 + 4 \times 12)/14 = 54/14$$

二分法查找的二叉判定树类似于一棵完全二叉树,除了最后一层外,其余所有层的节点数都是满的,只有最下面一层上的节点数不满,且节点也不像完全二叉树那样从最左边开始连续排列。通过对比可以看出,具有 n 个记录的二叉判定树的深度和具有 n 个节点的完全二叉树的深度是相同的。也就是说,在二分法查找过程中,与关键字的比较次数至多为 $\lceil \text{lb}(n+1) \rceil$。

下面分析二分法查找算法的平均查找长度。为便于讨论,以树高为 k 的满二叉树为例,树中共有 $n = 2^k - 1$ 个节点,第 i 层有 2^{i-1} 个节点,则二分法查找的平均查找长度为:

$$\text{ASL} = \sum_{i=1}^{n} P_i C_i = \frac{1}{n}\left[1 \times 2^0 + 2 \times 2^1 + \cdots + n \times 2^{n-1}\right]$$

$$= \frac{n+1}{n}\text{lb}(n+1) - 1 \approx \text{lb}(n+1) - 1$$

所以,二分法查找算法的平均时间复杂度为 $O(\text{lb}n)$。

二分法查找的优点是比较次数相对较少,查找效率较高;缺点是在查找之前需要建立有序表,即对查找表进行排序,而排序也是一种很耗时的操作。同时,二分法查找只适合顺序存储结构,链式结构无法进行区间的折半计算。使用二分法查找时,若要做插入和删除操作,显然不是很合适,因为插入或删除记录时,为了保证有序性,需要大量移动表中的记录,效率非常低。因此,二分法查找只适用于静态查找表。

8.3　索引查找

二分法查找速度快的主要原因是每做一次比较操作都可将查找区间缩小一半。同样,利用索引存储结构,也可将查找表划分为若干个子表,达到缩小查找区间、提高查找效率的目的。本节介绍的索引查找是建立在索引存储结构上的查找方法。

索引查找(index search)在日常生活中比较常用。例如,在英文字典中查找某个单词,首先在字母索引表中查找该单词首字母所对应的正文页码,然后再到对应的字典正文中查找该单词,查找单词的过程就是一个索引查找过程。将字典看作是索引查找的对象,其中,字典的正文是主要部分,称为**主表**;字母索引表是为了方便查找而建立的索引,称为**索引表**。为方便查找,可以建立多级索引表,如图书的目录结构就是多级索引表。例如,在本书中查找"索引表的组织"时,可首先在目录中找到第 8 章(一级索引),第 8.3 节(二级索引),接着是 8.3.1 小节(三级索引),然后根据标题对应的正文页码(相当于索引存储中的地址),从书的正文中找到相应内容。显然,书目录是在书的正文基础上附加的,其目的是方便、快速地查找书中相关内容。在计算机上实现的索引查找与上述过程类似,也需要为查找表(主表)建立索引表,并将索引表和主表按照某种存储结构存储起来。

索引存储结构是专门为方便查找而设计的存储方式,下面将详细介绍索引存储结构。

8.3.1　索引表的组织

索引存储的基本思想:除了存储主表的记录外,还要为主表建立一个或若干个附加的索引表。索引表用来标识主表记录的存储位置,它由若干个被称为**索引项**的数据元素组成。索引项的一般形式为(索引关键字,地址),索引关键字是记录的某个数据项,大多数情况是记录的关键字,地址是用来标识一个或一组记录的存储位置。若一个记录对应一个索引项,则该索引表为**稠密索引**(dense index)。若一组记录对应一个索引项,则该索引表为**稀疏索引**(sparse index)。

下面通过一个实例说明如何实现索引存储。

【例8.2】 设有教师通讯录如表8.1所示,为此通讯录建立索引表。

表8.1 教师通讯录

编　　号	姓　　名	性　别	职　　称	电话号码	所在院系
1001	刘林	女	讲师	82626777	法学院
1002	赵红	男	教授	67891234	法学院
1003	陈曲	女	副教授	68889245	法学院
1004	南方	男	讲师	89891900	理学院
1005	朱红	男	讲师	23452345	理学院
1006	刘微微	女	副教授	56347812	外语学院
1007	陈俊亮	男	副教授	34512345	外语学院
1008	赵婷婷	女	讲师	67645321	外语学院
1009	陈华	女	教授	89764567	艺术学院
1010	佟晓伟	男	讲师	34523455	艺术学院

通讯录是主表,它是由若干个记录组成的线性表,其中编号为关键字,为了讨论方便,用 $a_i(1 \leqslant i \leqslant 10)$ 代表主表中的第 i 个记录,则该线性表可以简记为:LA= $(a_1, a_2, a_3, \cdots, a_9, a_{10})$。通常,可将主表顺序存储在一维数组中,且对主表中记录的排列顺序没有要求。若需要考虑插入新记录的情形,则可以在数组中预留出足够空间。主表中各记录的存储情况如图8.4所示。

下标　0　1　2　3　4　5　6　7　8　9

a_1	a_2	a_3	a_4	a_5	a_6	a_7	a_8	a_9	a_{10}

图8.4　主表的顺序存储结构

下面分别对它建立两种索引结构。

(1) 稠密索引。

稠密索引需要为每个记录建立索引项(索引关键字,地址)。这里,索引关键字就是每个记录的关键字,地址是数组的下标,索引表如表8.2所示。

表8.2　索引表1

关　键　字	地　　址	关　键　字	地　　址
1001	0	1006	5
1002	1	1007	6
1003	2	1008	7
1004	3	1009	8
1005	4	1010	9

(2) 稀疏索引。

建立稀疏索引时,首先要把主表LA中的记录按照某种规则划分为几组,每一组称为一个**子表**,然后再为每个子表建立索引项。如果按照所在院系划分,可以有4个子表,分别为:法学院LA1= (a_1, a_2, a_3),理学院LA2= (a_4, a_5),外语学院LA3= (a_6, a_7, a_8),艺术学院LA4= (a_9, a_{10})。

主表仍然采用图 8.4 所示的顺序存储结构,按照学院划分的每个子表的记录恰好是连续存储的,可为每个子表建立索引项(索引关键字,地址),这里的索引关键字是每个子表的划分依据,即所在院系,而"所在院系"并不是主表的关键字,这种按照主表的非关键字建立的索引表称为**辅助索引表**。地址是每个子表的存储区间,即起始下标、终端下标。对应的索引表如表 8.3 所示。如果考虑表的变动,可以为每个子表预留一部分空间,这里暂没考虑。如果划分之后的每个子表中的记录不是连续存储的,可以采用单链表或者静态链表存储子表,即在主表中增加指针域将子表中的记录链接起来,然后在索引表中保留子表的头指针即可。

表 8.3　索引表 2

索 引 关 键 字	起 始 下 标	终 端 下 标
法学院	0	2
理学院	3	4
外语学院	5	7
艺术学院	8	9

其实,按照主表的关键字也可以建立稀疏索引,下面讨论的分块查找就是基于主表关键字的稀疏索引结构上的查找方法。

8.3.2　分块查找

分块查找(block search)又称为**索引顺序查找**,是对顺序查找方法的一种改进。分块查找要求按照如下方式对顺序存储的主表和附加的索引表进行组织。

(1) 主表"分块"有序。将主表划分为几个子表,即分块,每一块(子表)不一定按关键字有序,即块内可以无序,但块与块之间必须有序,即前一个块中的最大关键字必须小于后一个块中的最小关键字。

(2) 建立索引表。为主表中的每一块(子表)建立一个索引项,索引项包括每一块中的最大关键字和每一块在主表中的起止位置。由于主表分块有序,因此索引表一定是一个按关键字递增的有序表。

【**例 8.3**】　有一个查找表存储在数组 R 中,表中记录的关键字序列为(14,31,8,22,18,43,62,49,35,52,88,78,71,83),建立索引结构实现分块查找。

【**分析**】　首先按关键字将此查找表(主表)划分为三块:(14,31,8,22,18)、(43,62,49,35,52)和(88,78,71,83)。第一块中最大的关键字为 31;第二块中最小的关键字为 35,最大的关键字为 62;第三块中最小的关键字为 71,最大的关键字为 88;实现了"分块"有序。接下来,为这三个分块分别建立索引项,形成的索引表是按关键字有序的,则分块查找的索引结构如图 8.5 所示。

分块查找的基本思想:首先在索引表中查找给定值 k 所在的分块(索引项),然后在确定的分块中继续查找与给定值 k 对应的记录。由于索引表按关键字有序,因此在索引表上可以使用顺序查找,也可以使用二分法查找方法。但是,分块内部的记录排列通常是无序的,所以在分块内只能使用顺序查找方法。

下面以图 8.5 所示的分块查找索引结构为例,讨论分块查找的实现过程。

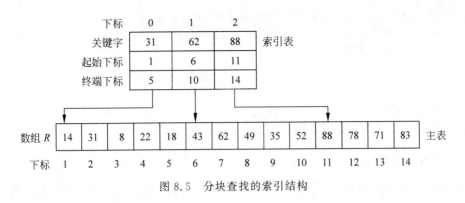

图 8.5　分块查找的索引结构

已知 $k=52$，查找关键字等于 k 的记录。首先在索引表中从前往后顺序查找，用 k 与索引表中的每个关键字比较，当找到第一个大于或等于 k 的关键字 62 时，能够确定关键字值为 52 的记录若存在，应该在 62 对应的分块中，该分块的起始、终端下标为 6 和 10。

接下来在主表中从下标 6 到下标 10 的记录中顺序查找，找到下标 10 的记录关键字为 52，查找成功，返回序号 10。

又如，若 $k=25$，查找关键字等于 k 的记录，类似地先在索引表中查找，确定是在关键字 31 对应的分块中，该分块的起始、终端下标为 1 和 5。然后在主表中进行顺序查找，由于 $R[1]\sim R[5]$ 中不存在关键字为 25 的记录，在分块内查找失败，返回 0，说明表中不存在该记录。

特殊情况下，查找关键字 $k=62$ 的记录时，在索引表中查找时就找到了该关键字，此时是否就表明查找成功了？还需要在主表的分块中进行查找吗？显然索引表中并不包含任何记录，在索引表中找到待查的关键字并不能代表查找成功，索引表中的关键字值只是一个限界标志，可以不是实际记录的关键字。也就是说，索引表中的关键字未必在主表中存在（或者已经被删除了），这不影响索引表的应用。必须在主表中才能查找到相应的记录，即返回序号 7，才算查找成功。

在实现分块查找算法时，主表仍用顺序存储，存储结构同 8.2 节的顺序表。索引表存储结构的 C 语言描述如下：

```
# define MAXSIZE   10
typedef  KeyType   IndexType;
typedef struct
{   IndexType  index;          /* IndexType 是索引关键字的类型 */
    int   start , end;         /* 子表在主表中的起始下标和终止下标 */
  } IndexTable;                /* IndexTable 是索引项的类型 */
IndexTable  Index[MAXSIZE];    /* MAXSIZE 的值应该大于索引项数 */
```

下面给出分块查找算法的 C 函数。在该算法中，索引表和子表的查找都采用了顺序查找方法。

```
int blockSearch(RecType  R[ ], IndexTable  Index[ ], int  m, KeyType  k)
/* 在主表 R 和长度为 m 的索引表 Index 中查找关键字为 k 的记录,若成功则返回记录序号,否则返回 0 */
{   int i = 0,j;
    while ((i < m) &&(k < = Index[i].index)) /* 在索引表中顺序查找与 k 对应的索引项 */
        i++;
```

```
if (i < m)           /* 在第 i 个子表中顺序查找关键字为 k 的记录 */
for (j = Index[i].start; j <= Index[i].end; j++)
    if (k == R[j].key)  return  j;
return 0;
}
```

分块查找由索引表查找和子表查找两步完成。设 n 个记录的查找表分为 m 个子表，且每个子表均有 t 个元素，则 $t = n/m$。这样，分块查找的平均查找长度为：

$$\text{ASL} = \text{ASL}_{索引表} + \text{ASL}_{子表} = \frac{1}{2}(m+1) + \frac{1}{2}\left(\frac{n}{m}+1\right) = \frac{1}{2}\left(m + \frac{n}{m}\right) + 1$$

由此可见，分块查找的平均查找长度不仅与主表的总长度 n 有关，还与划分的子表个数 m 有关。对于表长 n 确定的情况下，当 m 取 $\sqrt{n}$ 时，$\text{ASL} = \sqrt{n} + 1$ 达到了最小值，其平均时间复杂度为 $O(\sqrt{n})$。

分块查找的性能介于顺序查找和二分法查找之间，即比顺序查找快，比二分法查找慢。虽然二分法查找较快，但是它必须是在有序表上进行的，而分块查找却无此要求。另外，在使用分块查找方法时，如果在每一个子表后面都预留一定的空闲位置，可以非常方便地进行插入和删除记录的操作，由于插入和删除操作只在每个子表内部进行，与其他子表无关，不会影响整个主表中的其他记录。因此，基于索引存储结构的分块查找方法不仅查找效率较高，还便于记录的插入和删除。

8.4　树表查找

在前面介绍的各种查找方法中，二分法查找的效率最高，但是它要求查找表是有序的顺序表，因而只适合在静态查找表上使用。能否设计一种查找方法，既能像二分法查找那样具有较高效率，又能方便地实现插入、删除操作呢？本节介绍的树表就是具备这类特点的一种动态查找表。所谓**树表**就是查找表的一种树形组织形式，且通常采用链接方式进行存储。树表有很多，本节主要介绍二叉排序树和 B 树。

8.4.1　二叉排序树

二叉排序树（binary sort tree）又称为**二叉查找树**（binary search tree），它可以是一棵空二叉树，也可以是具有如下特性的二叉树。

（1）若左子树不空，则左子树上所有节点的值均小于根节点的值。

（2）若右子树不空，则右子树上所有节点的值均大于根节点的值。

（3）左、右子树也都是二叉排序树。

由二叉排序树的定义可知，在一棵非空二叉排序树中，其节点的值是按照左子树、根、右子树有序排列的，即对其进行中序遍历时可以得到一个有序的节点序列。图 8.6 是一棵二叉排序树，树中每个节点的值都大于其左子树上所有节点的值，而小于右子树上所有节点的

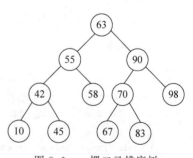

图 8.6　一棵二叉排序树

值。对这棵二叉排序树进行中序遍历,便可得到有序序列(10,42,45,55,58,63,67,70,83,90,98)。

在研究查找运算时,可以将待查找记录看成二叉排序树中的一个节点,节点的值为记录的关键字。显然,在二叉排序树中的关键字是有序排列的,因此可借助二分法查找的思想实现二叉排序树上的查找操作。

用二叉链表来存储二叉排序树,其存储结构的 C 语言描述如下:

```
typedef  struct  node
{  KeyType  key;                    /*关键字域*/
   DataType    others;             /*其他数据项域*/
   struct node  * lchild, * rchild;  /*左、右指针域*/
} BstNode;
```

接下来,讨论在二叉排序树上如何实现查找、插入和删除操作,并且分析各种操作算法的时间复杂度。

1. 二叉排序树的查找

从二叉排序树的性质可知,查找给定值 k 的过程为:

(1)若二叉排序树为空,则查找失败,查找过程结束。

(2)若二叉排序树非空,将给定值 k 与根节点的关键字比较,如果相等,则查找成功,查找过程结束。否则,当 k 小于根节点的关键字时,查找将在左子树上继续进行;当 k 大于根节点的关键字时,查找将在右子树上继续进行。

(3)在左子树或右子树上的查找过程就是重复(1)、(2)两步。

例如,在图 8.6 所示的二叉排序树中查找关键字为 58 的记录,首先 58 与根节点 63 比较,因为 58<63,所以在 63 的左子树上继续查找,因为 58>55,所以在 55 的右子树上继续查找,因为 55 的右孩子为节点 58,故查找成功,查找过程结束。又如在图 8.6 的树中查找关键字为 100 的记录,首先将 100 与根节点 63 比较,因为 100>63,所以在 63 的右子树中查找,又因为 100>90,所以继续在 90 的右子树中查找,又因为 100>98,所以在 98 的右子树中查找。因为 98 的右子树为空,所以查找失败,查找过程结束。

从上面的例子分析中可以看出,如果在二叉链表上实现二叉排序树的查找过程,只需设一个指针 p,初始时 p 指向根节点,然后开始查找:若 p==NULL,则查找失败,返回 p;否则,将 * p 点的关键字与给定值 k 进行比较:若 p->key==k,则查找成功,返回 p;否则,若 p->key>k,p 进入左子树;若 p->key<k,则 p 进入右子树,继续查找过程。

在二叉链表上实现二叉排序树查找算法的 C 函数如下:

```
BstNode * searchBst(BstNode * p, KeyType  k)
/*二叉排序树的根节点*p,查找关键字为 k 的记录,若成功则返回节点的地址,否则返回 NULL*/
{  while (p!= NULL)
   {  if (p->key == k)
          return p;
      if (p->key > k)                p = p->lchild;
```

```
        else  p = p - > rchild;
    }
  return  NULL;
}
```

二叉排序树的查找过程类似于有序表的二分法查找。若查找成功,则查找过程经过了一条从根节点到查找节点的路径;若查找失败,则查找过程经过了一条从根节点到某个叶子节点的路径。因此,在二叉排序树上的查找和关键字的比较次数不超过该二叉排序树的深度。

下面对二叉排序树的查找算法的时间性能进行分析。二叉排序树的查找性能分析与二分法查找的性能分析有很多相同之处。仔细观察二分法查找过程的二叉判定树(见图 8.2)可以看出,它也是一棵二叉排序树,而且对给定的关键字集合,它是树高最小的二叉排序树,与完全二叉树的高度相同。

二叉判定树的高度体现了二分法查找的性能,同样二叉排序树的高度也体现了二叉排序树的查找性能。二分法查找过程的二叉判定树是唯一的,但对给定的一个关键字集合,当关键字的排列顺序不同时,对应的二叉排序树是不一样的。也就是说,二叉排序树的结构与构造二叉排序树的顺序有关,即与二叉排序树中节点的插入顺序有关。例如,若插入节点的顺序为(63,90,70,55,67,42,98,10,45,58),则构成的二叉排序树如图 8.7(a)所示,它是一棵左、右子树的高度相差不大的二叉排序树。但是,将上述关键字集合的关键字插入顺序调整为(10,42,45,55,58,63,67,70,90,98),则构成的二叉排序树如图 8.7(b)所示,它是一棵右单支树。

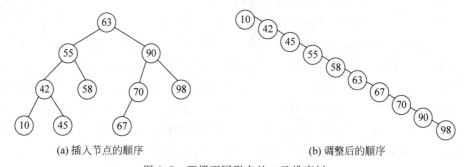

(a) 插入节点的顺序　　　　　　　　　　　　(b) 调整后的顺序

图 8.7　两棵不同形态的二叉排序树

这两棵树的高度分别为 4 和 10,在查找成功的情况下,图 8.7(a)所示二叉排序树的 $ASL=(1+2\times2+3\times4+4\times3)/10=2.9$,图 8.7(b)所示二叉排序树的 $ASL=(1+2+3+4+5+6+7+8+9+10)/10=5.5$。

在查找失败的情况下,平均查找长度的计算方法与二叉判定树上查找失败的计算方法类似,分别为:$ASL_{失败}=(3\times5+4\times6)/11=39/11$ 和 $ASL_{失败}=(1+2+3+4+5+6+7+8+9+10+10)/11=65/11$。

由此可见,二叉排序树的查找效率与树的形态有关。最好情况下,二叉排序树的形态与相同节点数的二叉判定树的形态相似,两者的高度相同,此时,二叉排序树的查找算法的平均查找长度约为 $\log_2 n$,即查找算法的时间复杂度为 $O(\log_2 n)$。最坏情况下,二叉排序树的每个节点或者没有孩子节点,或者只有一个孩子节点,这样的二叉排序树的高度为 n,如

图 8.7(b)所示的右单支树,其平均查找长度和顺序查找方法的平均查找长度相同,即为 $(n+1)/2$,所以算法的时间复杂度为 $O(n)$。一般情况下,对包含 n 个节点的关键字集合,按照各种可能的顺序构成二叉排序树,最多可以有 $n!$ 棵可能的二叉排序树。可以证明,对这些二叉排序树进行查找运算的平均时间复杂度仍为 $O(\log_2 n)$。

2. 二叉排序树的插入

在二叉排序树中插入新节点,必须保证插入节点后的二叉树仍然是一棵二叉排序树。原则上,只要不改变二叉排序树的排序特性,新插入的节点可以放在树中的任何位置上,但这样的插入方法很难实现。将新节点作为叶子节点插入当前的二叉排序上是最简单的插入方式,因为它不需要改变树中其他节点的位置,算法更容易实现。

若每次插入的节点都是叶子节点,则在二叉排序树中插入一个新节点的过程可描述为:设待插入节点为 $*s$,若二叉排序树为空,则将新节点 $*s$ 作为根节点插入,算法结束;若二叉排序树非空,则从根节点开始查找插入位置,即首先比较节点 $*s$ 与根节点的关键字,并分为三种情形:①若 $s->key$ 与根节点的关键字相等,则说明树中已经存在该节点,不用插入,算法结束;②若 $s->key$ 小于根节点的关键字,则将 $*s$ 插入到根节点的左子树中;③若 $s->key$ 大于根节点的关键字,则将 $*s$ 插入到根节点的右子树中;④在左、右子树中查找插入位置的过程与上述方法一样(即重复①、②、③步骤)。如此重复,直到左子树或右子树为空时,将新节点 $*s$ 作为叶子节点插入到二叉排序树中。由此可见,新插入的节点,一定是叶子节点。

例如,在图 8.6 所示的二叉排序树中,插入关键字为 60 的新节点,其过程为:与根节点 63 比较,因为 $60<63$,所以将 60 插入到 63 的左子树中;因为 $60>55$,所以将 60 插入 55 的右子树中;因为 $60>58$,所以将 60 插入到 58 的右子树中,又因为 58 的右子树为空,所以 60 就作为节点 58 的右孩子插入。可见,新插入节点是叶子节点。插入关键字 60 之后的二叉排序树如图 8.8 所示,图中在关键字上加上画线来标明新插入节点。

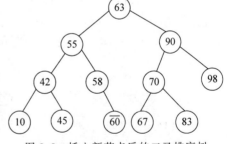

图 8.8　插入新节点后的二叉排序树

二叉排序树上插入新节点 $*s$ 的 C 函数如下:

```
BstNode * insertNode(BstNode * t, BstNode * s)
/* 在根节点为 * t 的二叉排序树上插入新节点 * s,并返回根节点指针 t * /
{   BstNode * p, * q;
    if (t == NULL)  return s;                /* 二叉排序树为空,新节点为根节点 */
    p = t;                                   /* 二叉排序树非空,开始查找插入位置 */
    while(p)
    {   q = p;                               /* 保存当前查找位置(p)的父节点的指针(q) */
        if(s->key == p->key)  return t;      /* 二叉排序树中已经存在该节点,不做插入 */
        if(s->key < p->key)  p = p->lchild;  /* 在子树中寻找插入位置 */
        else   p = p->rchild;
    }
    if (s->key < q->key)  q->lchild = s;     /* 插入新节点 */
```

```
        else   q -> rchild = s;
        return t;
    }
```

在插入算法中,若要将新节点作为叶子节点插入二叉排序树中,必须在查找插入位置的同时,保存当前查找位置(指针 p)的父节点的指针(即指针 q)。当指针 p 为空时,找到插入位置,此时,将新节点作为指针 q 的孩子节点(是左孩子还是右孩子需要判断)插入,插入的方法与在单链表上做前插运算是一样的。

3. 二叉排序树的建立

建立一棵二叉排序树的过程就是逐个插入新节点的过程,针对给定的关键字序列,反复调用插入操作算法,最后可构成一棵二叉排序树。

【例 8.4】 设记录的关键字序列为 $(63,90,70,55,67,42,98,83,10,45,58)$,依次插入各个关键字,建立一棵二叉排序树。实现过程如图 8.9 所示。

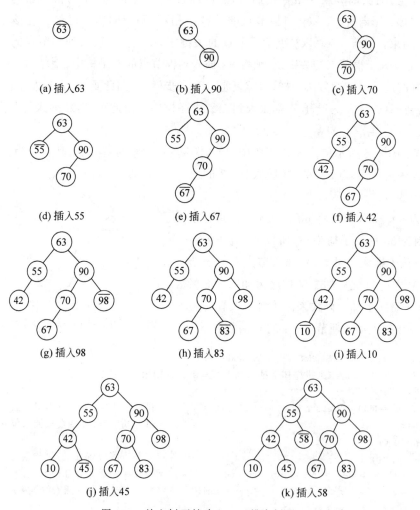

图 8.9　从空树开始建立二叉排序树的过程

因为中序遍历一棵二叉排序树可以得到有序序列,所以建立二叉排序树的过程就是对关键字排序的过程,"排序树"由此而得名。

为了简便起见,设节点的关键字为整型,除关键字以外的其他数据项为实数类型,则建立二叉排序树算法的 C 函数如下:

```
BstNode * creatBst()            /*建立二叉排序树的二叉链表,返回根指针*/
{  BstNode * root, * s;
   KeyType key;
   DataType data;
   root = NULL;
   scanf(" % d",&key);                    /*从键盘读入新插入节点的关键字*/
   while(key!= -1)                        /*当输入-1时,表明插入操作结束*/
   {    s = (BstNode * )malloc(sizeof(BstNode));   /*为新节点申请空间*/
        s -> lchild = NULL;
        s -> rchild = NULL;
        s -> key = key;
        scanf(" % f",&data);              /*读入新插入节点的其他数据项*/
        s -> others = data;
        t = insertNode(root,s);           /*调用插入算法*/
        scanf(" % d",&key);
   }
   return root;                           /*返回根指针*/
}
```

上述算法可在内存中建立一个二叉链表存储结构,它比第 5 章介绍的建立二叉链表的算法要简单且容易理解。读者可自行对比分析。

4. 二叉排序树的删除

从二叉排序树中删除一个节点要比插入一个新节点复杂得多。插入的新节点都是作为叶子节点放到树中,不会改变二叉排序树中原有节点的位置,也就是说,除了新插入的节点外,二叉排序树的原有形态没有发生变化。但是,删除的情况就不一样了,被删除的节点,可能是叶子节点,也可能是分支节点。如果删除的节点是分支节点,则需要改变树中某些节点的结构,使删除后的二叉树仍然能保持二叉排序树的特性。

设待删除节点为 $*p$,其双亲节点为 $*f$,若 $*p$ 节点有左孩子,设左孩子为 $*pl$;若 $*p$ 节点有右孩子,设右孩子为 $*pr$。以下分三种情形进行讨论。

(1) $*p$ 节点为叶子节点。

由于删去叶子节点后不影响树中的其他节点的排序特性,因此,只需将被删节点的双亲节点的相应指针域,置为空即可,这是最简单的情形。

(2) $*p$ 节点为单分支节点。

$*p$ 节点只有一棵子树,只需用 $*pl$ 或 $*pr$ 替代 $*p$ 节点即可,这种情形也比较简单。

(3) $*p$ 节点为双分支节点。

此时,$*p$ 节点既有左子树又有右子树,其子根节点分别为 $*pl$ 和 $*pr$。在这种情形下要删除 $*p$ 节点,相对复杂,需要按照中序遍历保持有序的原则进行调整,可以有如下两种调整方法。

　　① 把 *p 的右子树链接到 *p 的中序前趋节点的右指针域上,因为 *p 的中序前趋节点是 *p 的左子树最右下节点,其右指针域一定为空。这样操作使得 *p 节点的右子树为空,*p 变成单分支点,按照(2)中的删除单分支节点的方法,用左孩子 *pl 替代 *p 节点即可;对称地,也可以把 *p 的左子树链接到 *p 的中序后继节点(*p 右子树最左下节点)的左指针域上,使 *p 节点的左子树为空,用右孩子 *pr 替代 *p 节点。

　　② 用 *p 节点的中序前趋节点的值替代 *p 节点的值,然后删除 *p 的中序前趋节点。*p 的中序前趋不是叶子节点就是单分支节点,可以按照(1)或(2)的方法将它删除。对称地,也可以用 *p 节点的中序后继节点的值替代 *p 节点的值,然后删除 *p 的中序后继节点。

　　例如,在图 8.10(a)所示的二叉排序树中,删除节点 20。采用第一种方法,首先使节点 20 的右子树成为它的中序前趋节点 18 的右子树,然后用它的左孩子 15 替代被删节点 20,删除结果如图 8.10(b)所示。采用第二种方法,用其中序前趋节点的值 18 替代节点 20 的值,然后将节点 18 删除,恰好节点 18 是叶子节点,所以直接删除即可,删的结果如图 8.10(c)所示。也可用对称的方法,请自行分析。

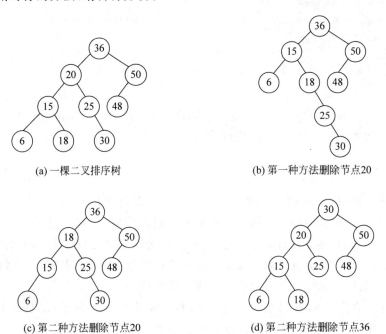

(a) 一棵二叉排序树　　　　　　　(b) 第一种方法删除节点20

(c) 第二种方法删除节点20　　　　(d) 第二种方法删除节点36

图 8.10　在二叉排序树上删除双分支节点的图示

　　第一种删除方法可能会使二叉排序树的深度增加,从而降低查找效率,所以通常采用第二种方法进行删除操作。采用第二种方法删除图 8.10(a)的根节点 36 之后的结果如图 8.10(d)所示。

　　下面给出二叉排序树上删除运算的 C 函数:

```
BstNode * deleteNode(BstNode * t, KeyType  k)
    /* 在二叉链表 t 中删除关键字为 k 的节点,若成功则返回根指针,否则返回 NULL */
```

```
{ BstNode *p = t, *q, *s = NULL;
    while (p!= NULL)           /*查找关键字为k的节点*p,s指向*p的双亲*/
    { if (p->key == k)  break;
        s = p;
        if (p->key > k)  p = p->lchild;
        else  p = p->rchild;
    }
    if (!p)  return  NULL;                    /*若没找到节点,则返回空指针*/
    if (p->lchild == NULL&& p->rchild == NULL)    /*删除的是叶子节点*/
    { if (p == t)  t = NULL;                   /*删除根节点的情况*/
        else  if (s->lchild == p)  s->lchild = NULL;
            else  s->rchild = NULL;
    }
    else  if (p->lchild == NULL)              /*删除只有右单支的节点*/
        { if (p == t)  t = t->rchild;         /*删除根节点的情况*/
            else  if (s->lchild == p)  s->lchild = p->rchild;
                else  s->rchild = p->rchild;
        }
        else  if(p->rchild == NULL)           /*删除只有左单支的节点*/
            { if (p == t)  t = t->lchild;     /*删除根节点的情况*/
                else  if (s->lchild == p)  s->lchild = p->lchild;
                    else  s->rchild = p->lchild;
            }
            else  if (p->lchild&& p->rchild)   /*删除双分支节点*/
            { q = p->lchild; s = p;  /*查找*p节点的中序前趋节点*q*/
                while (q->rchild!= NULL)
                { s = q;
                    q = q->rchild;
                }
                p->key = q->key;  /*将*p前趋节点*q的值赋给*p节点*/
                p->others = q->others;
                if (s == p)  s->lchild = q->lchild; /**p前趋节点是其左孩子情况*/
                else  s->rchild = q->lchild;
                p = q;                       /*将删除*p节点转换为删除*q节点*/
            }
    free(p);                                 /*释放删除节点*p的空间*/
    return  t;                               /*删除成功,返回根指针*/
}
```

　　通过分析二叉排序树的查找、插入、删除算法的实现过程可以得到如下结论:二叉排序树的平均查找性能与二分法查找近似,查找效率较高;同时使用链接存储结构,它的插入和删除操作也较为方便,所以二叉排序树非常适合作动态查找表。

　　二叉排序树的查找效率与它的高度有直接关系。对具有 n 个关键字的二叉排序树,查找效率最好的情况是:二叉树的形态类似于二分法查找的判定树,其高度是最低的,也称为**最佳二叉排序树**。但最佳二叉排序树经过多次插入或删除操作后,可能失去最佳性能,使查找效率降低,因此,尽可能保持二叉排序树的高度处于最低程度是保持二叉排序树具有好的查找性能的关键所在。

*8.4.2　平衡二叉树

平衡二叉树(balanced binary tree)简称**平衡树**,又称为 **AVL 树**。平衡二叉树或者是一棵空树,或者是具有下列性质的二叉排序树:其左、右子树的深度之差的绝对值不超过 1,且其左、右子树都是平衡二叉树。

从平衡二叉树的定义可以看出,一棵平衡二叉树首先是一棵二叉排序树,其次是二叉树中所有非终端节点的左、右子树的高度之差的绝对值不超过 1。定义节点的平衡因子 bf 为左子树的高度减去右子树的高度,这样,平衡二叉树上任意一个节点的平衡因子只能取 -1、0 和 1 中的任意一个值。

图 8.11 给出了两棵二叉排序树,每个节点旁边标注的数字是节点的平衡因子。若二叉排序树中存在平衡因子绝对值大于 1 的节点,这棵树就不是平衡二叉树,称其为**非平衡树**。图 8.11(a)所示二叉排序树是非平衡树,图 8.11(b)所示二叉排序树是平衡树。

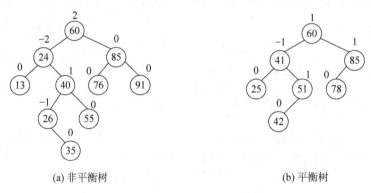

(a) 非平衡树　　　　　　　　　　　　(b) 平衡树

图 8.11　二叉排序树

平衡二叉树并不是查找效率最高的二叉排序树,因为其高度可能会大于相同节点数的完全二叉树的高度。对于给定的关键字集合,对应二分法查找的二叉判定树一定是查找性能最优的二叉排序树,当然它也是平衡二叉树。尽管二叉判定树的查找性能是最优的,但这种最优是静态情形下的最优,当允许在树中插入或删除节点时,就有可能使其失去平衡特性,从而降低其查找性能。另外,考虑二分法查找在实现上的种种限制,采用平衡二叉树实现动态查找是一种好的选择。不过,由于插入或删除节点的过程可能会导致二叉排序树失去平衡,降低其查找性能,因此有必要采取一些策略,使得插入或删除操作后的二叉排序树仍然具有平衡特性。

保持二叉排序树动态平衡的方法是在构造二叉排序树的过程中始终保持平衡特性,即**构造 AVL 树**。从一棵空二叉排序树开始,每插入一个节点都要保证它是一棵平衡二叉树。如何实现呢?当在一棵平衡树中插入节点导致二叉排序树失去平衡时,需要进行平衡调整,调整的方法为:当插入节点使得一棵平衡二叉树失去平衡时,首先从新插入节点位置起,逆向寻找最先失去平衡的节点,以该节点为根的子树称为**最小非平衡子树**,其根节点距离新插入节点最近。然后对该最小非平衡子树的各节点间的关系进行调整,以达到新的平衡。例如,在图 8.11(a)的二叉排序树中,根节点为 24 的子树为最小非平衡子树,而以 60 为根节点的非平衡子树不是最小非平衡子树。为讨论方便起见,设失去平衡的最小非平衡子树的根节点为 a,调整该子树平衡的方法归纳起来有以下四种情形。

1. LL 型调整

这种情形是在 a 节点的左孩子(L)的左子树(L)上插入新节点时,使 a 节点失去了平衡。

LL 型调整的一般情形如图 8.12 所示。图 8.12(a)为一棵平衡树,E 为 a 的右子树,b 为 a 的左子树的根节点,C、D 分别为 b 的左、右子树,C、D、E 三棵子树的高度均为 h。如图 8.12(b)所示,由于在 a 的左孩子 b 的左子树 C 上插入一个新节点 x,使 a 的平衡因子由 1 变为 2,导致以 a 节点为根的子树失去平衡。

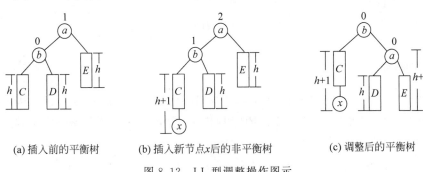

(a) 插入前的平衡树   (b) 插入新节点x后的非平衡树   (c) 调整后的平衡树

图 8.12 LL 型调整操作图示

LL 型调整的策略为:由于 a 节点的左子树偏高,调整时以 a 的左孩子 b 为轴向右上方旋转,b 代替 a 成为新的根节点,a 顺势成为 b 的右孩子,而 b 节点的原有右子树 D 也依据关键字值的大小关系成为 a 节点的左子树,其余节点的子树关系保持不变,调整之后的平衡树如图 8.12(c)所示。LL 型调整也称为**右单旋转**。

需要说明的是,子树 D 成为 a 节点的左子树,是因为子树 D 上的所有关键字值都小于 a 节点的关键字值,这样可以保持二叉排序树的中序遍历序列不变,即保持了二叉排序树的排序特性。

图 8.12(b)所示二叉排序树的中序遍历序列是 (C,b,D,a,E),调整后的中序遍历序列仍然是 (C,b,D,a,E),所以保持了二叉排序树的特性。

图 8.13 和图 8.14 所示是 LL 型调整的两个实例。在图 8.13 中,由于在节点 28 的左孩子 15 的左子树上插入节点 6(图中加上画线),使节点 28 和节点 36 的平衡因子都变成 2,但是以节点 28 为根的子树是最小非平衡子树,只需要调整以 28 为根节点的子树即可。经过 LL 型调整后的平衡树如图 8.13(c)所示。在图 8.14 中,在节点 36 的左孩子 28 的左子树上插入节点 17 后,节点 36 的平衡因子变为 2,以 36 为根节点的子树是唯一的最小非平衡子树,经过 LL 型调整后的平衡树如图 8.14(c)所示。

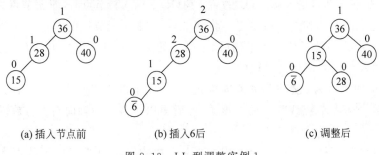

(a) 插入节点前   (b) 插入6后   (c) 调整后

图 8.13 LL 型调整实例 1

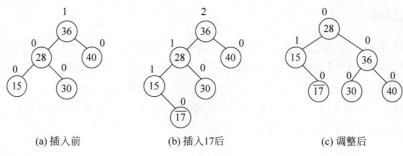

(a) 插入前　　　　　(b) 插入17后　　　　　(c) 调整后

图 8.14　LL 型调整实例 2

2．RR 型调整

这种情形是在 a 节点的右孩子(R)的右子树(R)上插入新节点时,使 a 节点失去了平衡。RR 型调整的一般形式如图 8.15 所示。RR 型调整的过程与 LL 型的调整过程是对称的。

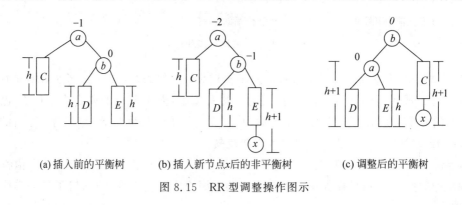

(a) 插入前的平衡树　　　(b) 插入新节点x后的非平衡树　　　(c) 调整后的平衡树

图 8.15　RR 型调整操作图示

RR 型调整的策略为:由于 a 节点的右子树偏高,调整时以 a 的右孩子 b 为轴向左上方旋转,节点 b 代替 a 成为新的根节点,a 顺势成为 b 的左孩子,而 b 节点原有的左子树 D 依据关键字值的大小关系成为 a 节点的右子树,其余节点的子树关系保持不变,调整之后的平衡树如图 8.15(c)所示。RR 型调整方法也称为**左单旋转**。

图 8.15(b)所示二叉树的中序遍历序列是 (C,a,D,b,E),调整为平衡树之后,其中序遍历序列仍然是 (C,a,D,b,E),保持了二叉排序树的特性。

3．LR 型调整

这种情形是在 a 节点的左孩子(L)的右子树(R)上插入新节点时,使 a 节点失去了平衡。

图 8.16 是 LR 型调整的一般情形。将新节点 x 插入 a 节点的左孩子 b 节点的右子树上,导致以 a 节点为根的子树失去平衡(图中给出的是在 c 节点的左子树 F 上插入节点,在右子树 G 上插入节点的情形是类似的)。

LR 型调整的策略为:**先左后右双向旋转**,即首先是以 b 节点的右孩子 c 为轴向左上方旋转,将 c 节点代替 b 节点成为 a 的左孩子,然后再以 c 节点为轴向右上方旋转。其具体步骤操作是:

(1) 向左旋转,调整 c 节点成为 a 节点的左子树的根,c 的左子树则依据大小关系成为

b 节点的右子树,而调整后的 b 子树则作为 c 节点的左子树,如图 8.16(c)所示。

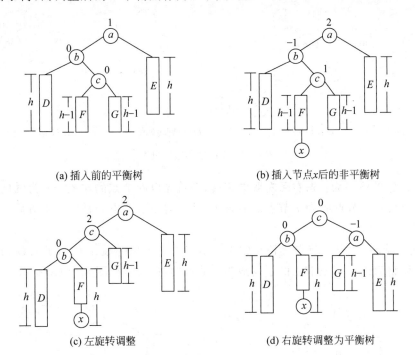

(a) 插入前的平衡树

(b) 插入节点 x 后的非平衡树

(c) 左旋转调整

(d) 右旋转调整为平衡树

图 8.16　LR 型调整操作图示

　　(2) 向右旋转,调整 c 节点代替 a 成为新的根节点,使 c 的右子树成为 a 的左子树,以 a 节点为根的子树则成为 c 的右子树,如图 8.16(d)所示。可以验证它已成为一棵平衡二叉树。

　　因为调整前后对应的中序遍历的序列不变,都是 (D, b, F, c, G, a, E),所以保持了二叉排序树的排序特性。

　　图 8.17 是一个 LR 型调整实例,插入新节点 30 之后,节点 36(相当于节点 a)的平衡因子增 1,节点 28(相当于节点 b)的平衡因子减 1,先是以 30(相当于节点 c)向左旋转,如图 8.17(c)所示,然后再向右旋转,调整 30 为新的根节点,如图 8.17(d)所示。图 8.18 所示为 LR 型调整的另外一个实例。

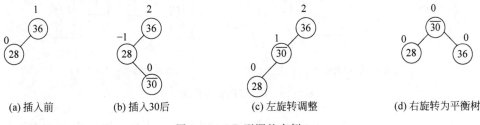

(a) 插入前　　　(b) 插入 30 后　　　　　(c) 左旋转调整　　　　　(d) 右旋转为平衡树

图 8.17　LR 型调整实例 1

4. RL 型调整

　　这种情形是在 a 节点的右孩子(R)的左子树(L)上插入新节点时,使 a 节点失去了平衡。图 8.19 是 RL 型调整的一般情形。RL 型调整过程与 LR 型调整过程是对称的。

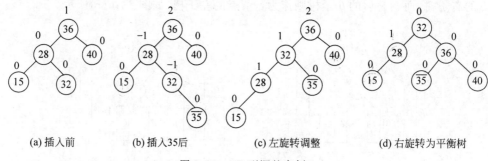

(a) 插入前　　　　　(b) 插入35后　　　　(c) 左旋转调整　　　　(d) 右旋转为平衡树

图 8.18　LR 型调整实例 2

RL 型调整的策略为:**先右后左双向旋转**,即首先以 b 节点的左孩子 c 为轴向右上方旋转,使 c 节点代替 b 节点成为 a 节点的右孩子,然后再以 c 节点为轴向左上方旋转。其具体步骤是:

(1) 向右旋转,调整 c 节点代替 b 成为 a 节点的右子树的根,c 的右子树 G 成为 b 节点的左子树,调整后以 b 为根节点的子树成为 c 节点的右子树,如图 8.19(c)所示。

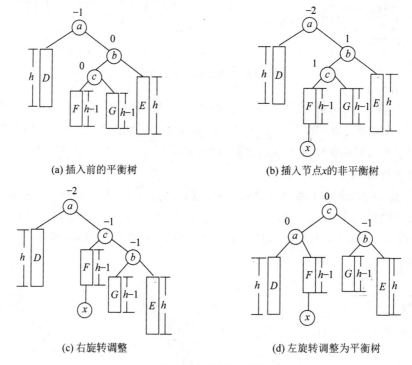

(a) 插入前的平衡树　　　　　　　　　　(b) 插入节点 x 的非平衡树

(c) 右旋转调整　　　　　　　　　　(d) 左旋转调整为平衡树

图 8.19　RL 型调整操作图示

(2) 向左旋转,调整 c 节点代替 a 为新的根节点,使 c 的左子树成为 a 的右子树,以 a 节点为根的子树成为 c 节点的左子树,如图 8.19(d)所示。

【**例 8.5**】 设记录的关键字序列为(63,85,70,55,42,67,90,83,98),依次插入各记录,构造 AVL 树。

在构造 AVL 树的过程中,分别经历了 RL、LL、LR、RR 型调整,实现过程如图 8.20 所示。

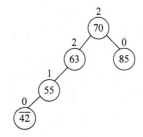

(a) 插入63后的AVL树　　　　(b) 插入85后的AVL树　　　　(c) 插入70后的非平衡树

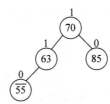

(d) 做RL型调整后的AVL树　　(e) 插入55后的AVL树　　　(f) 插入42后的非平衡树

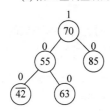

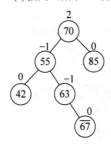

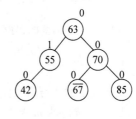

(g) 做LL型调整后的AVL树　　(h) 插入67后的非平衡树　　(i) 做LR型调整后的AVL树

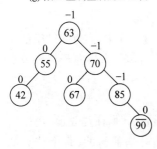

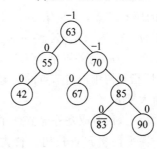

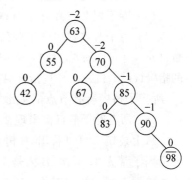

(j) 插入90后的AVL树　　　(k) 插入83后的AVL树　　　(l) 插入98后的非平衡树

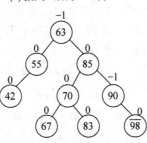

(m) 做RR型调整后的AVL树

图 8.20　构造 AVL 树的过程

通过上述例子可以看出,尽管平衡二叉树调整的四种情形叙述起来比较烦琐,但实际操作并没有那么复杂,只要把握如下要点即可。

(1) 将新节点准确地插入二叉排序树的相应位置上,已经存在的节点不做插入。

(2) 计算每个节点的平衡因子,并从新插入节点起,逆向寻找失去平衡的节点 a。

(3) 分析新插入节点 x 与节点 a 的关系,找出节点 b,必要时还要找出节点 c。

(4) 若是 LL 型或 RR 型旋转,则旋转后的子树是:节点 b 是根节点,节点 a 是节点 b 的孩子节点;若是 LR 型或 RL 型旋转,则旋转后的子树是:节点 c 是根节点,节点 a 和节点 b 分别作为节点 c 的孩子节点。

(5) 按关键字值的大小关系,确定每个节点的子树,保持中序遍历序列不变。

同样地,若删除节点时破坏了二叉排序树的平衡性也需要调整,其调整原则与上述类似。所不同的是,删除节点引起的不平衡可能会导致多个节点需要进行调整,最后才能达到平衡,不像插入节点至多调整一次。删除节点的调整方法在此就不再赘述。

*8.4.3　B 树

B 树是一种平衡的多路查找树,主要用于文件的索引,它与二叉排序树也有很多类似的地方。

1. B 树的定义

B 树是文件系统常用的一种查找树结构。一棵 $m(m \geqslant 3)$ 阶的 B 树,或者为空树,或者为满足下列特性的 m 叉树。

(1) 树中每个节点至多有 m 棵子树。

(2) 根节点至少有两棵子树(单根节点的 B 树除外)。

(3) 除了根节点和叶子节点外的所有节点,至少有 $\lceil m/2 \rceil$ 棵子树。

(4) 每个节点都包含下列信息:$(n, A_0, K_1, A_1, K_2, \cdots, K_n, A_n)$。其中,$n$ 为关键字的个数,$\lceil m/2 \rceil - 1 \leqslant n \leqslant m-1$;$K_i (i=1,2,\cdots,n)$ 为关键字,且 $K_i < K_{i+1}$,A_i 为指向子树根节点的指针 $(i=0,1,\cdots,n)$,且指针 A_{i-1} 所指子树中所有节点的关键字均小于 $K_i (i=1,2,\cdots,n)$,A_i 所指子树中所有节点的关键字均大于 K_i。

(5) 所有叶子节点都出现在同一层上,被看成是外部节点(图形表示时,往往表示为空)。

从上述定义可以看出,B 树是一棵平衡多路查找树。首先,B 树是平衡的,每个节点的平衡因子都为 0;其次,B 树是多叉的,通常 $m \geqslant 3$,m 的取值与待查找的空间大小有关,适用于大数据空间的快速查找;B 树的结构决定了它的查找特性。

图 8.21 所示为一棵 4 阶的 B 树,其深度为 3。根节点包含一个关键字,有 2 棵子树,其他的非叶子节点的子树个数都在 2~4 之间。在每一个节点中,关键字是按照递增顺序排列的,指向孩子的指针个数比关键字的个数多 1。

图 8.21 的每个节点中,只给出了实际使用的关键字域和指向孩子节点的指针域。其实,在存储一棵 m 阶 B 树时,每个节点的存储结构都是确定的。如图 8.22 所示,每个节点都包含有 m 个关键字域和 m 个指向孩子节点的指针域,由于关键字个数总是比子树的个数少 1,因此要闲置一个关键字域。此外,还需要存储以下三方面信息:每个节点中实际存储的关键字数 n;一个指向父节点的指针 par;每一个关键字对应的记录的存储位置指针(这里省略未画)。

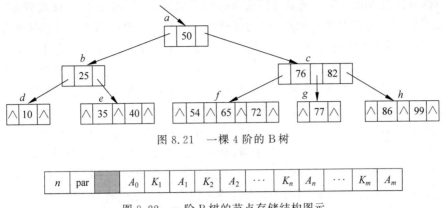

图 8.21　一棵 4 阶的 B 树

n	par		A_0	K_1	A_1	K_2	A_2	$\cdots$	K_n	A_n	$\cdots$	K_m	A_m

图 8.22　m 阶 B 树的节点存储结构图示

m 阶 B 树的节点存储结构的 C 语言描述如下：

```
# define  M  6                    /*定义 B 树的阶数*/
struct  MBnode
{   int  keynum;                  /*关键字的个数域*/
    struct  MBnode  * par;        /*双亲节点的指针域*/
    KeyType  key[M+1];            /*关键字域,KeyType 为关键字的类型,下标 0 位置闲置*/
    struct  MBnode  * ptr[M+1];   /*子树指针域*/
    RecType * recptr[M+1];        /*记录存储位置的指针域,RecType 为记录的类型*/
}
```

2. B 树的查找

B 树上的查找过程类似二叉排序树上的查找,都是经过一条从根节点到待查找关键字所在节点的查找路径,所不同的是,在 B 树上,每个节点内部还要进行关键字查找。若 B 树非空,则在 B 树上查找关键字等于给定值 k 的过程如下：首先取出根节点,在根节点上进行关键字查找,由于每个节点中关键字是有序排列的,因此是在有序表中进行查找;若在节点中找到与给定值 k 相等的关键字,则查找成功;否则,到该节点的某棵子树中继续查找,直到查找成功,或者,当被查找的子树为空时,说明树中没有对应的关键字,表示查找失败。由此可见,在 B 树上的查找过程是一个顺着指针查找节点和在节点中查找关键字交叉进行的过程。

例如,在图 8.21 中的 B 树上查找关键字为 86 的记录。首先,从根节点 a 开始查找,节点 a 中只有 1 个关键字 50,且 86>50,接下来到节点 a 的第 2 个指针域所指的节点 c 上去查找,节点 c 有 2 个关键字 76 和 82,都比 86 小,应该到节点 c 的第 3 个指针域所指的节点 h 上去查找,在节点 h 中顺序比较关键字,找到关键字 86,即查找成功。

又若在图 8.22 中查找关键字为 37 的记录。从根节点 a 开始查找,因 37<50,应到节点 a 第 1 个指针域所指的节点 b 上去查找,节点 b 有 1 个关键字 25,且 25<37,应到节点 b 的第 2 个指针域所指的节点 e 上去查找,因 37 介于关键字 35 和 40 之间,应该到节点 e 的第 2 个指针域所指向的子树上查找,因为该子树的指针为空,所以查找失败。

接下来,对 B 树上的查找性能做一个简单的分析。

B 树的查找过程是由两个基本操作交叉进行来完成的:①在 B 树上查找节点;②在节点中查找关键字。通常 B 树存储在外存上,操作①需要将 B 树中的节点信息从外存读入到内存,操作②是对节点中的关键字有序表进行查找。在外存上读取节点信息所花费的时间比在内存中进行关键字查找所花费的时间要多得多,所以,在外存上读取节点信息的次数是决定 B 树查找性能的首要因素,而在外存上读取节点信息的次数不会超过 B 树的高度。

那么,含有 n 个关键字的 m 阶 B 树,最坏情况下达到多高呢? 也就是讨论 m 阶 B 树各层上的最少节点数。在 B 树中,第一层至少有 1 个节点;第二层至少有 2 个节点;由于除根节点外的每个节点至少有 $\lceil m/2 \rceil$ 棵子树,则第三层至少有 $2\lceil m/2 \rceil$ 个节点;第四层至少有 $2(\lceil m/2 \rceil)^2$ 个节点;以此类推,若 B 树的高度为 h,最底层的空子树至少有 $2(\lceil m/2 \rceil)^{h-1}$ 个。与二叉排序树类似,若 m 阶 B 树中共有 n 个关键字,可以认为查找失败的情况有 $n+1$ 种,也就是 B 树上有 $n+1$ 棵空子树,即查找失败的节点为 $n+1$ 个,因此有: $n+1 \geq 2(\lceil m/2 \rceil)^{h-1}$,推导出高度 h 为:

$$h \leq \log_{\lceil m/2 \rceil}\left(\frac{n+1}{2}\right)+1$$

这就是说,在含有 n 个关键字的 B 树上进行查找时,从根节点到关键字所在节点的路径上涉及的节点数不超过 $\log_{\lceil m/2 \rceil}\left(\frac{n+1}{2}\right)+1$。

例如,当记录个数 n 为 10 000,B 树的阶数 $m=100$ 时,B 树的高度至多为 3,在这样的 B 树中进行查找至多进行 3 次内外存的交换,能使外查找具有很高的效率。

3. B 树的插入

B 树的构造也是从空树开始,逐个插入新关键字的过程。在 m 阶 B 树上插入关键字,首先是要经过一个从根节点到插入位置的查找过程。但在 B 树上插入新关键字,与在二叉排序树上插入新节点的方法完全不同。B 树中关键字的插入,不是插入成一个新节点,而是在最下层的某节点上添加该关键字,添加关键字后,分两种情况处理:①该节点上关键字的个数不超过 $m-1$,则插入操作完成;②若该节点上关键字个数达到 m 个,使该节点的子树超过了 m 棵,这与 m 阶 B 树的定义不符,所以要进行调整,即进行节点"分裂"。

节点的分裂方法为:设节点 p 中已有 $m-1$ 个关键字,当插入一个关键字后,节点中的信息为:

$$(m,A_0,K_1,A_1,K_2,\cdots,K_{\lceil m/2 \rceil},A_{\lceil m/2 \rceil},\cdots,K_m,A_m)$$

将 p 节点分裂成两个节点:p 节点和 p' 节点,其中,p 节点中的信息为:

$$(\lceil m/2 \rceil-1,A_0,K_1,A_1,K_2,\cdots,K_{\lceil m/2 \rceil-1},A_{\lceil m/2 \rceil-1})$$

p' 节点中的信息为:

$$(m-\lceil m/2 \rceil,A_{\lceil m/2 \rceil},K_{\lceil m/2 \rceil+1},A_{\lceil m/2 \rceil+1},\cdots,K_m,A_m)$$

将关键字 $K_{\lceil m/2 \rceil}$ 和节点 p' 的指针插入 p 的父节点中,即将待分裂节点的中间位置的关键字上提到父节点中。若插入父节点后使父节点中关键字个数也超过 $m-1$,则继续分裂父节点,直到插入某个祖先节点,其关键字个数小于 m。可见,B 树是从底向上生长的。最坏的情况下,这种分裂一直进行到根节点。由于根节点没有双亲节点,因此需要建立一个新的根节点。这时,整个 B 树的高度就增加 1。

例如,在图 8.23(a)所示的 3 阶 B 树上插入关键字 60,属于第一种情况,只需要改变节点 g 的信息,插入完成后如图 8.23(b)所示;在图 8.23(b)中继续插入关键字 85,属于第二种情况,85 需要插入到节点 h 中,如图 8.23(c)所示;原来的节点 h 的关键字个数已经为 2,85 的插入违反了 B 树的定义,所以要进行节点分裂,即把节点 h 中间位置的关键字放入父节点 c 中,分裂之后的 B 树如图 8.23(d)所示。若继续插入关键字 32,32 应插入节点 e 中,节点的分裂向上传递了两层,经过两次分裂才完成插入,如图 8.23(e)和图 8.23(f)所示。接下来,继续插入关键字 62,62 插入节点 g 中,使得节点的分裂一直传递到根节点,从而形成了一个新的根节点 m,使 B 树的高度增加 1,节点分裂前后如图 8.23(g)和图 8.23(h)所示。

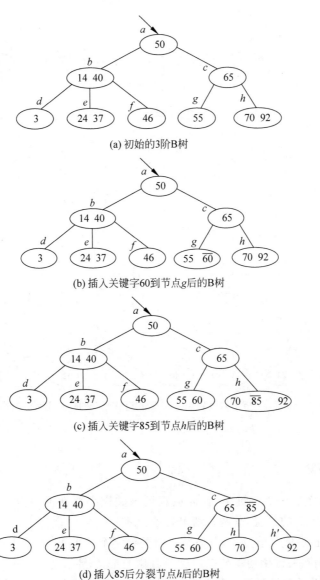

(a) 初始的3阶B树

(b) 插入关键字60到节点g后的B树

(c) 插入关键字85到节点h后的B树

(d) 插入85后分裂节点h后的B树

图 8.23 B 树插入操作图示

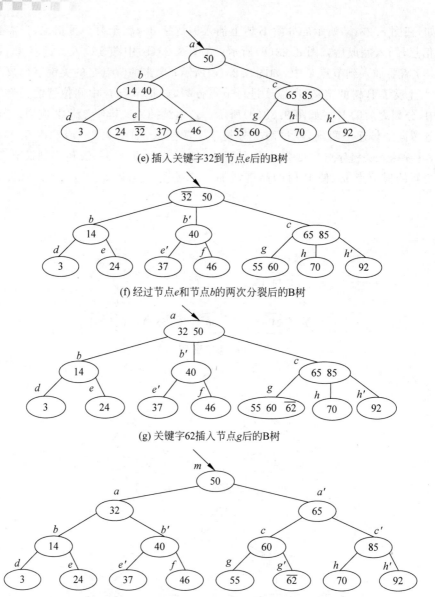

(e) 插入关键字32到节点e后的B树

(f) 经过节点e和节点b的两次分裂后的B树

(g) 关键字62插入节点g后的B树

(h)插入62后，经过节点g和节点c直到根节点a的3次分裂后的B树

图 8.23　(续)

4. B树的删除

在 B 树上删除某一个关键字，首先应找到该关键字所在的节点，然后再做删除操作。根据关键字所在节点的位置，分两种情况处理：

（1）关键字在最下层节点中，若该节点中关键字个数大于 $\lceil m/2 \rceil - 1$，则直接将关键字删除，否则因为删除关键字使得节点违反了 B 树的定义，要进行节点的"合并"操作。

（2）关键字不是在最下层的节点中，则将被删除的关键字与其中序前趋（设所删除关键字 K_i，其中序前趋就是指针 A_{i-1} 所指的子树中值最大的关键字）或中序后继（中序后继就是指针 A_i 所指的子树中值最小的关键字）进行对调，因为这个中序前趋或者中序后继位于最下层节点上,就可以转换为第一种情况进行处理。如图 8.24(a)所示的 3 阶 B 树中删除 50,首先让它与中序前趋关键字 46 或者与中序后继关键字 55 进行对调,然后再考虑如何删除 50。

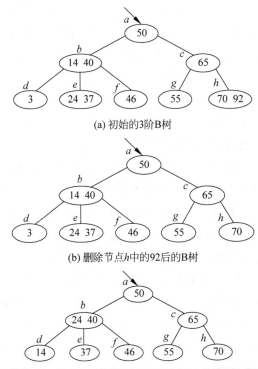

(a) 初始的3阶B树

(b) 删除节点h中的92后的B树

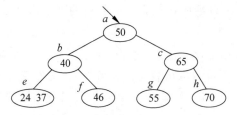

(c) 删除关键字3后,进行右兄弟节点e和双亲节点b中关键字的移动后的B树

(d) 删除关键字14后,进行右兄弟节点e和双亲节点b中关键字合并和删除节点d后的B树

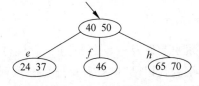

(e) 删除关键字55后,经过两次合并后的B树

图 8.24 B 树删除操作图示

下面只讨论删除最下层节点中关键字的各种情形。

(1)被删除的关键字所在节点的关键字个数大于$\lceil m/2 \rceil - 1$,则直接在节点中删除关键字 K_i 和指针 A_i。

如图 8.24(a)所示的 3 阶 B 树,每一个节点的关键字最少为 1,最多为 2。删除关键字

92 后,节点 h 的子树个数仍然符合 B 树的定义,所以直接删除关键字即可,删除 92 后的 B 树如图 8.24(b)所示。

(2) 被删除的关键字所在节点的关键字个数等于 $\lceil m/2 \rceil - 1$,而与该节点相邻的左兄弟(右兄弟)节点中的关键字个数大于 $\lceil m/2 \rceil - 1$,则需要将其相邻的左兄弟(右兄弟)节点中的最大(最小)的关键字上移至双亲节点中,并将双亲节点中的大于(小于)且紧靠上移关键字的那个关键字下移至被删除关键字所在的节点中。

如图 8.24(b)所示的 B 树中,删除关键字 3 之后,因为节点 d 已经不符合 B 树的定义,而其右邻兄弟 e 的关键字个数为 2,将节点 e 中的最小关键字 24 上移至双亲节点 b 中,而将节点 b 中的关键字 14 下移至节点 d 中,删除 3 后的 B 树如图 8.24(c)所示。

(3) 被删除的关键字所在节点的关键字个数等于 $\lceil m/2 \rceil - 1$,而与该节点相邻的左、右兄弟节点中的关键字个数也等于 $\lceil m/2 \rceil - 1$,此时做删除操作就必须进行节点的"合并"。合并的方法为:设被删除的关键字所在节点为 s,节点 s 的双亲节点为 p,节点 p 中存储的指针 A_i 指向节点 s,将删除关键字之后的节点 s 的剩余信息连同双亲节点 p 中的 K_i(或者 K_{i+1})一起,合并到节点 s 的左兄弟(右兄弟)中去,然后删去节点 s。

在图 8.24(c)所示的 B 树中,删除关键字 14 后,因为节点 d 已经不符合 B 树的定义,而其右邻兄弟 e 的关键字个数为 1,所以要进行节点的"合并"。将双亲节点 b 的关键字 24 合并到其右邻兄弟节点 e 中,然后删除节点 d 后的 B 树如图 8.24(d)所示。

在合并过程中,要将双亲节点中的某个关键字移动至孩子节点中,可能导致双亲节点关键字的个数不符合 B 树的规定,还需要再一次合并。在最坏的情况下,这种合并有可能一直延伸到根节点,从而使 B 树的高度减少 1。例如,在图 8.24(d)所示的 B 树中删除关键字 55 后就出现了多次合并,一直延伸到根节点 a,B 树的高度由 3 变成 2,删除关键字 55 后的 B 树如图 8.24(e)所示。

B 树的插入和删除操作都比较复杂,这里仅对各种情况的实现过程进行了简单描述,具体的实现算法感兴趣的读者可自己试着完成。另外,在文件系统中还使用一种与 B 树类似的 B+树,如果要学习 B+树的有关知识,读者可查阅其他书籍或资料。

8.5　散列查找

前面介绍的顺序查找表、索引表以及树表中,记录的存储位置与记录的关键字之间不存在对应关系,所以当按照关键字查找记录时,就需要进行一系列的关键字比较,使得查找效率相对较低。如果能够在记录存储位置与关键字之间建立某种对应关系,那么就可以利用这种对应关系,在不进行或较少进行关键字比较的情况下,获取记录的存储位置,即查找到相应的记录,使查找效率得到大幅度的提升。理想的情况是,记录存储位置与关键字之间存在着一对一的关系,那么不需要进行关键字比较就可直接查找对应的记录,其查找效率是最高的。本节要介绍的散列表就是具有这些特征的一种查找表结构。

8.5.1 散列表的概念

散列存储是为小规模数据的快速查找而设计的存储结构,其基本思想是:以查找表中每一个记录的关键字 k 为自变量,通过某个函数 Hash(k) 计算出函数值,该函数值即为记录的存储地址,将记录存储在 Hash(k) 所指的存储单元中。散列存储实现了关键字到存储地址的转换,所以也称关键字-地址转换法。使用散列方式存储的查找表,称为**散列表**,也称作**哈希表**(Hash table)。散列存储中使用的函数 Hash(k) 称为**散列函数(哈希函数)**,Hash(k) 的值称为**散列地址(哈希地址)**。

当查找表中记录的关键字序列确定后,对应散列函数 Hash(k) 的值域范围就对应内存的一块连续的存储区域,在这块存储区域中可以存放查找表的所有记录。显然,能存放多个记录的内存连续存储空间可用一维数组实现,将这个一维数组称为**散列表**或者**散列空间**,数组的下标就是对应的散列地址。当在散列表中查找记录时,也用同样的散列函数计算出散列地址,然后到相应的地址单元中取出要查找的记录。

【**例 8.6**】 设有关键字序列为(23,15,36,99,6,14,65,93,75),使用散列方式存储这些关键字。

下面给出建立散列表的两种不同方法,并分析在建立散列表时出现的问题及相关概念。

(1) 由于记录的关键字介于 0 和 99 之间,因此可选取散列函数 Hash1(key)=key,将所有关键字存储在长度为 100 的数组空间上,散列表的存储结构如图 8.25 所示。

下标	0	…	6	…	14	15	…	23	…	36	…	65	…	75	…	93	…	98	99
数组		…	6	…	14	15	…	23	…	36	…	65	…	75	…	93			99

图 8.25 散列表的存储结构图示

采用该方法建立的散列表比较简单,由于函数值就是关键字本身,因此得到的散列地址与关键字是一一对应的,这种用关键字的某个线性函数值作为散列地址的方法称为**直接定址法**。其一般形式为:Hash(key)=$a \cdot$ key+b,其中,a、b 为常数。上述例子中,$a=1$,$b=0$。

直接定址法比较简单,当关键字取值范围较大时,该方法会造成大量存储空间的浪费。

设查找表的长度为 n,散列表(一维数组)的长度为 m,则称 $\alpha=n/m$ 为散列表的**装填因子**。通常情况下,散列表的长度要大于查找表的长度,即装填因子 Q 要小于 1($\alpha<1$),但装填因子 α 的值越小(接近 0),存储空间的浪费就越严重。为了将存储空间的浪费控制在合理的范围内,一般 α 的取值区间为 [0.6,0.9]。本例中 $n=9$,$m=100$,则 α 为 0.09,显然,这样的散列函数是不可取的,在实际应用中较少使用。

(2) 为了使装填因子的取值比较合理,可以选取散列函数为 Hash2(key)=key%11,将查找表存储在长度为 11 的数组中,则每个记录的散列地址为:

$$\text{Hash2}(23)=23\%11=1 \qquad \text{Hash2}(15)=15\%11=4$$
$$\text{Hash2}(36)=36\%11=3 \qquad \text{Hash2}(99)=99\%11=0$$
$$\text{Hash2}(6)=6\%11=6 \qquad \text{Hash2}(14)=14\%11=3$$
$$\text{Hash2}(65)=65\%11=10 \qquad \text{Hash2}(93)=93\%11=5$$
$$\text{Hash2}(75)=75\%11=9$$

这种计算散列地址的方法称为**除留余数法**,在8.5.2节将会详细地介绍。除留余数法在计算散列地址时,有可能出现冲突的情形,即针对不同关键字,计算出的散列地址却是相同的。例如,Hash2(36)和Hash2(14)的函数值都是3,这就意味着当关键字为36的记录已经存入下标为3的地址单元中,关键字为14的记录就无法再存入该地址中,必须有办法将其存入其他地址中。一般地,若某个散列函数Hash(k)对于不同的关键字key1和key2,得出了相同的散列地址,则称该现象为**冲突**,出现冲突时,必须有相应的解决办法。发生冲突的关键字称为**同义词**,这里36和14就是同义词。

在理想情况下,散列表中每一个记录都与唯一的存储地址相对应,即记录的关键字不同,根据散列函数计算出的散列地址也是不同的。而实际情况却是冲突现象不可避免,当冲突出现时,必须采用相应的办法加以解决,这需要耗费时间。因此冲突的多少,直接影响着查找方法的效率。如何设计一个好的散列函数,并且寻找一种合理的解决冲突的办法,是散列存储方式中需要解决的两个重要问题。

8.5.2　散列函数的设计

根据前面散列表的举例分析可以看出,散列函数的设计原则有三点:①计算散列地址的过程简单,节省计算时间;②函数的值域范围合理,避免空间的浪费,保证 α 在合理的取值区间;③散列地址尽可能均匀地分布在散列空间上,避免太多的冲突出现。

散列函数的设计方法与记录的关键字取值密切相关,根据关键字的类型、结构、取值的分布等因素可以设计出各种散列函数,本节主要介绍几种较为常用的散列函数设计方法。在下面讨论的方法中,假定关键字均为整型。

1. 数字分析法

如果在整型的关键字集合中,每个关键字均由 m 位十进制数字组成,每位上可能有10个不同的数字出现,若10个不同的数字出现的概率近乎相等,称此位上数字分布是均匀的,否则是不均匀的。用数字分析法设计散列函数的基本思想是:从 m 位十进制数字组成的关键字中选取若干个数字分布均匀的位作为散列地址,舍去数据分布不均匀的位。选取位数的多少取决于设计的散列表长度(即装填因子的大小)。数字分析法适合于已知关键字的取值情况,只要对关键字每一位的取值分布进行分析即可完成散列表的建立。

【**例8.7**】　有一组由7位数字组成的关键字,如表8.4第一列所示。使用数字分析法设计散列函数。

分析这几个关键字的取值分布特点,第1、2位均是"3"和"4",第3位也只有"7、8、9",可以看出,这几位分布不是很均匀,而余下四位分布较均匀,可经过组合作为散列地址。若散列表长为1000,散列地址是三位(0~999),可以选取这四位中的任意三位组合成散列地址,例如取4、5、6位数字作为散列地址,如表8.4第二列所示。若散列表长为100,散列地址是两位(0~99),可以取其中4、5位与7、8位叠加求和后,取低两位作散列地址,如表8.4第三列所示。

表 8.4 关键字以及对应的散列地址表示

关 键 字	散列地址 1(0~999)	散列地址 2(0~99)
3 4 7 0 5 2 4	0 5 2	2 9
3 4 9 1 4 8 7	1 4 8	0 1
3 4 8 2 6 9 6	2 6 9	2 2
3 4 8 5 2 7 3	5 2 7	2 5
3 4 8 6 3 0 5	6 3 0	6 8
3 4 9 8 0 5 8	8 0 5	3 8
3 4 7 9 6 7 1	9 6 7	6 7
3 4 7 3 9 1 9	3 9 1	5 8

2. 除留余数法

$$Hash(key) = key \% p \quad (p \text{ 是一个整数})$$

除留余数法取关键字除以 p 的余数作为散列地址。除留余数法计算较为简单,使用范围较为广泛,是一种最为常用的散列函数构造方法。

除留余数法的关键是如何选取合适的 p,使得通过该函数计算出来的散列地址均匀地分布在散列空间上,以减少冲突的发生。例如,若取 p 为整数 10 时,则相当于取每个关键字的最后一位作为散列地址;取 p 为整数 100 时,就相当是取每个关键字的最后两位作为散列地址。这样的选取方法就使得除留取余法退化为数字分析法。最好的取值 p,应使得计算出的散列地址能与关键字的每位数字有关联,这样当关键字不同时,就最大限度地使得散列地址各不相同。一般而言,选取 p 为质数最好。若散列表的长度为 m,则取 p 不大于 $m(p \leqslant m)$ 的质数。

3. 平方取中法

平方取中法是对关键字取平方后,按散列空间的大小,取中间的若干位作为散列地址。一个数取平方后的中间几位数与这个数的每一位都有关,所以平方取中法得到的散列地址同关键字的每一位都有关,使得散列地址比较均匀地分布在散列空间上。

【例 8.8】 有一组关键字为{0100,0111,0101,1001,0011},取平方的结果为{0010000,0012321,0010201,1002001,0000121},如果散列空间的长度为 1000,则可取中间的三位作为散列地址,即{100,123,102,020,001}。

平方取中法适合关键字的每一位取值都不够均匀或者均匀的位数小于散列地址所需位数的情况。如果事先不知道关键字的全部情况,无法决定选取关键字的哪几位做散列地址,也可以使用该方法。平方取中法也是一种较为常见的散列函数构造方法。

4. 折叠法

折叠法是将关键字自左到右分成位数相等的几部分,最后一部分位数可以短些,然后将这几部分叠加求和,并根据散列表的表长,选取后几位作为散列地址。

【例 8.9】 已知关键字 key=5326248725,散列表长度为 1000,使用折叠法计算散列地址。

按照每三位为一部分来分割关键字,关键字分割为如下四组:532　624　872　5
用折叠法计算散列地址:

$$
\begin{array}{r}
532 \\
624 \\
872 \\
+\quad 5 \\
\hline
2033
\end{array}
$$

$$\text{Hash(key)}=033$$

折叠法适合关键字的位数较多,而散列地址的位数较少,同时关键字中的每一位数字分布又不够均匀的情况。

8.5.3　解决冲突的方法

均匀分布的散列函数是可以减少冲突的,但是不可避免冲突,所以在散列存储方式中,如何解决冲突是一个很重要的问题。常用的解决冲突方法主要有两种:**开放地址法**和**链地址法**。

1. 开放地址法

所谓开放地址法,是指当某散列地址单元发生了冲突,即该地址单元中已经存放了其他记录时,就按照某种方法寻找下一个开放的地址。开放的地址(或称空地址)是指该地址单元中尚未存放任何记录,可以将冲突的记录存储于该单元中。从发生冲突的地址单元起,寻找下一个开放的地址过程中,会形成一个地址探测序列。只要散列表足够大,则一定能找到一个空的地址单元来存放发生冲突的记录。

寻找开放的地址方法有很多,它们的区别是形成的探测序列不同。下面介绍两种最常用的方法:线性探测法和双散列函数探测法。

1) 线性探测法

线性探测法的基本思想:将散列表看成一个首尾相接的环形表(同循环队列的思想类似),设散列表的长度为 m,当向散列表中插入关键字为 key 的记录时,计算 Hash(key) 的值为 d,若地址单元 d 为空,即将记录存入该地址单元。若发生冲突,则依次探测下列地址单元:$d+1,d+2,\cdots,m-1,0,1,\cdots,d-1$,直到找到一个空的地址单元,然后将记录存入其中。或者在探测过程中,遇到关键字为 key 的记录,说明表中已有该记录,无须插入。如果按照这种探测序列搜索整个散列表后又回到了地址空间 d,则说明散列表已满。

线性探测法计算下一个开放地址的公式:$H_i=(\text{Hash(key)}+i)\%m$。其中,$i$ 是整数且 $1\ll i\ll m-1$;m 为散列表的长度。

【例 8.10】　依次向长度为 11 的散列表(数组 R)中插入关键字为 47,7,29,11,16,92,22,8,3 的记录,散列函数为 Hash(key)=key%11,用线性探测法处理冲突,建立散列表。

【分析】　已知散列表长度 $m=11$,即散列表空间为 $R[0]\sim R[10]$。依次将关键字代入散列函数计算散列地址,并用线性探测法解决冲突:

Hash(47)=3　　　　　　　　没有冲突,将 47 存放在 $R[3]$ 中

Hash(7)=7　　　　　　　　　没有冲突,将 7 存放在 $R[7]$ 中

Hash(29)=7　　　　　　　发生冲突

$H_1 = (7+1)\%11 = 8$　　　线性探测 1 次,不冲突,将 29 放入 $R[8]$ 中

Hash(11)=0　　　　　　　没有冲突,将 11 放入 $R[0]$ 中

Hash(16)=5　　　　　　　没有冲突,将 16 放入 $R[5]$ 中

Hash(92)=4　　　　　　　没有冲突,将 92 放入 $R[4]$ 中

Hash(22)=0　　　　　　　发生冲突

$H_1 = (0+1)\%11 = 1$　　　线性探测 1 次,不冲突,将 22 放入 $R[1]$ 中

Hash(8)=8　　　　　　　　发生冲突

$H_1 = (8+1)\%11 = 9$　　　线性探测 1 次,不冲突,将 8 放入 $R[9]$ 中

Hash(3)=3　　　　　　　　发生冲突

$H_1 = (3+1)\%11 = 4$　　　线性探测 1 次,仍冲突

$H_2 = (4+1)\%11 = 5$　　　线性探测 2 次,仍冲突

$H_3 = (5+1)\%11 = 6$　　　线性探测 3 次,不冲突,将 3 放入 $R[6]$ 中

经过以上的计算和分析,散列表的存储结构如图 8.26 所示。

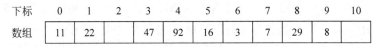

图 8.26　用线性探测法解决冲突的散列表

在散列表中插入记录之前必须将散列空间的各单元全都“置空”。所谓**置空**,就是将所有的存储单元中存入一个特殊值,通常特殊值选取一个查找表中不可能出现的数据。散列地址单元为空是能否插入记录以及查找失败的判定依据。

当散列表建立起来之后,就可以进行查找操作了。对散列表中未产生冲突的记录,只需要与关键字比较一次就可以查找成功,但是对于发生冲突的记录而言,与关键字的比较次数就和解决冲突时的探测序列的长度有关。

下面在例 8.9 建立的散列表基础上,讨论散列表的查找过程,包括查找成功和查找失败的情况,同时分析平均查找长度。

若在图 8.26 的散列表中查找关键字为 29 的记录,首先计算散列函数 Hash(29)=7,然后判定 $R[7]$ 单元是否为空,若为空,则查找失败;否则与 $R[7]$ 的关键字进行比较(1 次比较),29 与 7 不相等,根据线性探测法解决冲突的方法,接下来要查找下一个单元 $R[8]$,而 $R[8]$ 非空,与 $R[8]$ 的关键字进行比较(2 次比较),此时与 29 相等,查找成功。因此,查找关键字为 29 的记录进行了两次与关键字的比较。

如果在散列表中查找关键字为 17 的记录,Hash(17)=6,与 $R[6]$ 的关键字比较不相等,接着与 $R[7]$、$R[8]$、$R[9]$ 的关键字比较都不相等,直到 $R[10]$ 的单元为空,说明查找失败,一共进行了 5 次与关键字的比较。

一般情况下,当图 8.26 的散列表中不存在关键字等于 k 的记录时,若 Hash(k)=0,则必须与 $R[0]$、$R[1]$、$R[2]$ 进行比较之后,由于 $R[2]$ 为空,才得出查找失败的结论,比较次数为 3;若 Hash(k)=1,比较 2 次得出查找失败;若 Hash(k)=2,比较 1 次得出查找失败;Hash(k)=3,比较 8 次得出查找失败,以此类推。由于散列函数 Hash(key)=key%11 的

函数值域为 0～10,所以查找失败的情况相当有 11 个关键字。

根据上面的分析,可以得到在图 8.26 的散列表中进行查找,查找成功和查找失败时,每一个关键字的比较次数如图 8.27 所示。

下标	0	1	2	3	4	5	6	7	8	9	10
数组R	11	22		47	92	16	3	7	29	8	
查找成功比较次数	1	2		1	1	1	4	1	2	2	
查找失败比较次数	3	2	1	8	7	6	5	4	3	2	1

图 8.27　查找成功或失败时的比较次数

由此可得出查找成功的平均查找长度为:

$$\mathrm{ASL}_{成功}=(1+2+1+1+1+4+1+2+2)/9=15/9\approx1.67$$

同样可以得到查找失败时的平均查找长度为:

$$\mathrm{ASL}_{失败}=(3+2+1+8+7+6+5+4+3+2+1)/11=42/11\approx3.8$$

线性探测法可能使散列地址为 i 的记录因为冲突而存入 $i+1$ 的单元中,这样使本应存入 $i+1$ 单元的记录又产生冲突而存入散列地址为 $i+2$ 的单元。例如,在例子 8.9 中, Hash(29)=7,Hash(8)=8,29 和 8 本不是同义词,但是由于 29 和同义词 7 发生冲突而占用了地址单元 $R[8]$,插入关键字为 8 的记录时再次发生冲突,使得本不该发生冲突的非同义词之间也发生了冲突。一般情况下,用线性探测法解决冲突时,当表中 $i,i+1,\cdots,i+k$ 位置上已有记录,散列地址为 $i,i+1,\cdots,i+k$ 的单元产生冲突时,都将争夺散列地址 $i+k+1$,把这种散列地址不同的多个记录争夺同一个散列地址的现象称为"**堆积**"。显然,堆积现象大大降低了查找效率。造成堆积的原因是探测地址过分集中在发生冲突的地址后面相邻单元,而没有分散在整个散列空间中。为此,可采用下面介绍的双散列函数探测法,以改善"堆积"现象。

2) 双散列函数探测法

双散列函数探测法的基本思想:先用第一个散列函数 Hash(key)对关键字计算散列地址,一旦产生冲突,再用第二个散列函数 ReHash(key)确定探测时跳跃的距离值(线性探测时的距离值为 1),根据探测时跳跃的距离值形成探测序列,寻找空的散列地址单元。比如, Hash(key)的值为 a 时产生地址冲突,则计算 ReHash(key),其值为 b ,则探测序列为: $H_1=(a+b)\%m,H_2=(a+2\times b)\%m,\cdots,H_{m-1}=(a+(m-1)\times b)\%m$,直到找到一个空的地址单元将记录存入或发现已经存在关键字为 k 的记录。

双散列函数探测法计算下一个开放地址的公式为:

$$H_i=(\mathrm{Hash}(key)+i\times\mathrm{ReHash}(key))\%m \quad (i=1,2,\cdots,m-1)$$

其中,Hash(key)是散列函数;ReHash(key)是计算距离值的函数; m 是散列表长度。

ReHash(key)的设计原则是使 ReHash(key)的值与 m 互为素数,这样才能使发生冲突的同义词地址均匀地分布在散列表中。

2. 链地址法

链地址法就是把发生冲突的同义词记录用单链表链接起来,散列表中的每一个单元不是用来存储记录的,而是存储单链表的头指针的。所有散列地址相同(冲突)的记录都存储在同一个单链表中。由于单链表每一个节点是动态生成的,因此插入和删除记录非常方便。散列表的长度只要与散列函数的取值范围对应即可。

用链地址法解决冲突来建立散列表时,向散列表中插入一个关键字为 k 的记录,首先计算散列地址 $d=\mathrm{Hash}(k)$,然后从 $R[d]$ 中取出单链表的头指针,将该记录节点插入此单链表中,由于头插法比较方便,可以将节点插入在表头。当在散列表中查找关键字为 k 的记录时,同样使用散列函数 $\mathrm{Hash}(k)$ 计算散列地址 d,然后在头指针为 $R[d]$ 的单链表中使用顺序查找方法(遍历单链表)查找关键字等于 k 的记录,若找到,则返回该节点的地址,表示查找成功;否则返回空指针,表示查找失败。

【例 8.11】 依次插入关键字为 $47,7,29,11,16,92,22,8,3$ 的记录(关键字序列和例 8.10 相同),散列函数为 $\mathrm{Hash}(\mathrm{key})=\mathrm{key}\%11$,使用链地址法处理冲突,用头插法向单链表中插入节点,建立散列表。

【分析】 由于散列函数计算结果的取值范围为 $0\sim10$,因此散列表长度为 11,即散列表空间为 $R[0]\sim R[10]$。关键字 47 和 3 是同义词,7 和 29 是同义词,11 和 22 是同义词,其他关键字不发生冲突。最后得到的散列表如图 8.28 所示。

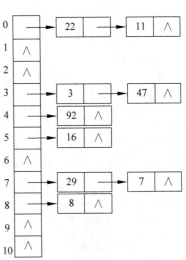

图 8.28　链地址法解决冲突的散列表

如果在图 8.28 的散列表中查找关键字为 7 的记录,首先计算散列地址 $\mathrm{Hash}(7)=7$,然后在 $R[7]$ 对应的单链表中进行顺序查找,比较 2 次,查找成功。如果查找关键字为 51 的记录,计算散列地址 $\mathrm{Hash}(51)=7$,在 $R[7]$ 对应的单链表中进行顺序查找,比较 2 次,得出查找失败的结果。可以看出,在链地址法解决冲突的散列表中进行查找,都是在对应的单链表中进行顺序查找,无论查找成功与否,比较的次数都不会超过单链表的长度。针对图 8.28 的散列表,通过分析可以得到查找成功和查找失败时的平均查找长度如下。

查找成功时的平均查找长度:
$$\mathrm{ASL}_{成功}=(6\times1+2\times3)/9=12/9\approx1.33$$

查找失败时的平均查找长度:
$$\mathrm{ASL}_{失败}=(2+0+0+2+1+1+0+2+1+0+0)/11=9/11\approx0.82$$

8.5.4　散列表的特点

从例 8.10 和例 8.11 的散列表建立过程及效率分析中,可以得出散列表有如下特点。

(1) 和其他查找方法比,散列表的查找效率最高。

虽然散列表是在关键字和存储地址之间建立了一种确定的对应关系,但是由于冲突的不可避免,在散列表中的查找过程中仍然需要与关键字进行比较,也需要用平均查找长度来衡量散列表的查找效率,不过散列表的平均查找长度要比顺序查找和二分法查找小得多。从例子中得到,当查找表的长度 $n=9$ 时,散列表的平均查找长度分别为:

线性探测法:$\mathrm{ASL}=15/9\approx1.67$

链地址法：ASL＝12/9≈1.33

而当查找表的长度 $n=9$ 时，顺序查找和二分法查找的平均查找长度分别为：

顺序查找：ASL＝(9+1)/2＝5

二分法查找：ASL＝(1+2×2+3×4+4×2)/9＝25/9≈2.78

(2) **散列表的平均查找长度与散列函数的设计、冲突的解决方法有关。**

首先，同样一组关键字，不同的散列函数使得冲突的发生频繁程度不同，导致平均查找长度不同。其次，即使对同样一组关键字，设定相同的散列函数，但用不同的冲突解决方法构造散列表，其平均查找长度仍然是不同的。在例 8.10 和例 8.11 中，在查找成功的情况下，线性探测法的 ASL 约为 1.56；链地址法的 ASL 约为 1.33。线性探测法在处理冲突时容易产生记录的"堆积"，即散列地址不同的记录又产生新的冲突；链地址法处理冲突时不会发生类似情况，因为散列地址不同的记录在不同的链表中，但是它需要增加存储指针的空间。

(3) **当散列函数确定后，装填因子 α 直接影响散列表的平均查找长度。**

一般情况下，当散列函数的设计方法相同时，散列表的平均查找长度与装填因子 α 有关。装填因子 α 反映了散列空间的装满程度，α 越小，发生冲突的可能性就越小，查找时与关键字比较的次数较少；反之，α 越大，发生冲突的可能性就越大，查找时与关键字比较的次数就越多。但 α 越小，造成空间的浪费也越大。表 8.5 给出了在等概率情况下，采用线性探测法和链地址法解决冲突时散列表的平均查找长度。显然选择合适的 α 很重要。只要 α 选择合适，散列表上的平均查找长度就是一个常数。

表 8.5　不同方法解决冲突时散列表的平均查找长度

解决冲突的方法	平均查找长度	
	查找成功情况	查找不成功的情况
线性探测法	$(1+1/(1-\alpha))/2$	$(1+1/(1-\alpha)^2)/2$
链地址法	$1+\alpha/2$	$\alpha+\exp(-\alpha)$

(4) **散列表的优缺点。**

① 散列表的优点。

关键字与记录的存储地址存在确定的对应关系，使得插入和查找操作效率很高，它的平均查找长度优于前面介绍的任何一种方法，所以散列表是较优的动态查找表。

② 散列表的缺点。

根据关键字计算散列地址的操作需要一定的时间开销；散列表存储方式浪费存储空间，开放地址法解决冲突的散列表总要取装填因子小于 1，链地址法解决冲突的散列表除了存储头指针的数组外，还需要用单链表存储所有的记录；另外，在散列存储结构中，无法体现出记录之间的逻辑关系。

 小结

本章主要研究查找这一典型运算的常用实现方法，并对每种方法的时间效率，即平均查找长度(包括查找成功和查找失败)进行了详细的分析。查找运算的对象——查找表的逻辑结构可以看作线性表。在进行查找操作时,常用的四种存储方法都可以用来存储查找表。本章研究查找运算时,主要是以不同的存储结构为主线展开讨论的。在顺序存储结构上,讨论了顺序查找和二分法查找;在索引存储结构上,讨论了索引查找和分块查找;在链接存储结构上,讨论了二叉排序树、平衡的二叉排序树和 B 树的查找;在散列存储结构上讨论了散列表和查找运算。

本章重点:

1. 查找的相关概念:静态查找表、动态查找表、ASL。

2. 顺序存储结构上的二分法查找的前提条件、查找算法、二叉判定树及 ASL 的计算。

3. 二叉排序树的定义及性质、二叉排序树的建立及查找方法和 ASL 的计算。

4. 散列表的定义,分别用线性探测法和链地址法解决冲突时散列表的建立以及 ASL 的计算。

习题

一、名词解释

1. ASL

2. 关键字

3. 二叉排序树

4. 散列表

5. 装填因子

6. 冲突

7. 同义词

二、选择题

1. 使用二分查找时,要求查找表必须( )。

 A. 以顺序方式存储 B. 以顺序方式存储,且按关键字有序

 C. 以链接方式存储 D. 以链接方式存储,且按关键字有序

2. 顺序查找法适合于存储结构为( )的线性表。

 A. 散列存储 B. 顺序存储或链接存储

 C. 压缩存储 D. 索引存储

3. 若记录的存储地址与其关键字之间存在某种函数关系,则称这种存储结构为( )。

 A. 顺序存储结构 B. 链式存储结构 C. 索引存储结构 D. 散列存储结构

4. 当采用分块查找时,数据的组织方式为( )。

 A. 数据分成若干块,每块内记录是按关键字有序排列

 B. 数据分成若干块,每块内记录必须有序,每块内最大(或最小)的数据组成索引表

 C. 数据分成若干块,每一块内的记录个数需相同

 D. 数据分成若干块,每块内记录不必有序,但块间必须有序,每块内最大(或最小)的数据组成索引表

5. 下面关于散列查找的说法正确的是( )。

 A. 在采用线性探测法处理冲突的散列表中,同义词在表中一定相邻

    B. 除留余数法是所有散列函数中最好的

    C. 在散列表中进行查找,"比较"次数的多少与冲突有关

    D. 散列函数构造的越复杂越好,因为这样随机性好,冲突小

6. 设一组记录的关键字序列为(19,14,23,1,68,20,84,27,55),散列函数为 $H(\text{key})=\text{key}\%11$,采用链地址法解决冲突,散列地址为 1 的链表中有(   )个记录

    A. 0   B. 1   C. 2   D. 3

7. 二叉排序树的(   )序列是一个递增有序序列。

    A. 前序遍历   B. 中序遍历   C. 后序遍历   D. 按层次遍历

8. 已知有一个关键字序列,依次插入到一个初始为空的二叉排序树中,该二叉排序树的形态取决于(   )。

    A. 关键字的取值范围   B. 关键字的输入次序

    C. 关键字的存储结构   D. 关键字的个数

9. 对长度为 12 的有序表做折半查找,当查找失败时,与关键字比较的次数最多是(   )。

    A. 3   B. 4   C. 5   D. 6

10. 一棵二叉排序树若采用二叉链表进行存储,则关键字值最大的节点(   )。

    A. 左指针一定为空   B. 右指针一定为空

    C. 左、右指针都为空   D. 左右指针都为非空

三、填空题

1. 对于 n 个记录的顺序表采用顺序查找方法,且使用监视哨。若查找成功,则比较关键字的次数最多为_____次;若查找失败,则比较关键字的次数最少为_____。

2. 在有序表(9,10,14,18,23,27,30,32,42)中,用二分法查找关键字值 32(成功),需做的关键字比较次数为_____;查找关键字值 35(失败),需做的关键字比较次数为_____。

3. 在长度为 12 的有序表上做二分法查找,比较 1 次查找成功的记录有_____个,比较 3 次查找成功的记录有_____个,比较 4 次查找成功的记录有_____个。

4. 具有 8 个关键字的有序表,二分法查找成功的平均查找长度(ASL 成功)为_____。

5. 动态查找表和静态查找表的重要区别在于,前者不但要频繁地进行查找运算,还要进行_____和_____运算,而后者不常做这两种运算。

6. 在动态查找表中,_____既拥有类似折半查找的特性,又采用了链接存储结构。

7. 已知二叉排序树的左、右子树均不为空,则_____上所有节点的值均小于它的根节点的值,_____上所有节点的值均大于它的根节点的值。

8. 依次插入关键字(51,37,60,54,49,32,79,27,36)生成二叉排序树,则查找关键字值 54(查找成功),需做的关键字比较次数为_____;查找关键字值 22(查找失败),需做的关键字比较次数为_____。

9. 散列存储中需要解决的两大问题是_____和_____。

10. 装填因子 α 反映了散列空间的装满程度,α 越小,发生冲突的可能性_____,查找时与关键字比较的次数_____;反之,α 越大,发生冲突的可能性_____,查找时与关键字比较的次数_____。

四、简答题

1. 将关键字(45,87,30,33,63,27,51,76)依次插入到一棵初始为空的二叉排序树中。

(1) 画出对应的二叉排序树。

(2) 求出等概率情况下查找成功时的平均查找长度。

(3) 若在二叉排序树中插入新的关键字 60,则为寻找插入位置,分别与哪些关键字进行比较?

2. 已知关键字序列为(51,81,91,41,71,31,01,21,61,11,31)。

(1) 针对给定关键字序列的不同排列,所构造出的不同形态的二叉排序树中,在最好和最坏的情况下,该二叉排序树的高度各是多少?

(2) 根据给定的关键字序列,构造一棵平衡二叉排序树。

(3) 在等概率的情况下,计算查找成功时该平衡二叉排序树的平均查找长度。

3. 设散列表的长度为 16,散列函数为 $H(k)=k\%13$,用线性探测法处理冲突,依次插入关键字:19,01,13,23,24,55,20,84,27,68,11,10,77。

(1) 画出散列表示意图并给出查找每个关键字时需要比较的次数。

(2) 查找关键字 98(失败)时,需要依次与哪些关键字比较?

(3) 求等概率下查找成功的平均查找长度。

4. 设关键字序列为(71,12,88,53,11,25,65,27,16),散列函数为 $H(\text{key})=\text{key}\%7$,采用链地址法解决冲突。

(1) 画出散列表示意图(用头插法向单链表中插入节点)。

(2) 查找关键字 88 时,需要依次与哪些关键字比较?

(3) 求等概率下查找成功的平均查找长度。

五、算法设计题

1. 设计一个算法实现有序表的插入,要求利用二分法查找插入位置。

2. 使用递归算法设计二分法查找算法。

3. 分别设计用链地址法和线性探测法解决冲突的散列表上插入和删除一个记录的算法。

附录A

经典结构的典型应用程序

A.1　顺序表的应用

以顺序表作为存储结构,设计和实现学生成绩管理的完整程序。程序包含如下功能。

(1) 建立学生成绩表,包含学生的学号、姓名和成绩。

(2) 可以显示所有学生的成绩。

(3) 可以计算学生的总数。

(4) 可以按学号和序号查找学生。

(5) 可以在指定位置的学生前插入学生成绩数据。

(6) 可以删除指定位置的学生数据。

(7) 可以把学生成绩按从高到低的顺序排序。

程序源代码如下:

```c
# include < string. h >
# include < malloc. h >
# include < stdlib. h >
# include < stdio. h >
#define  MAXSIZE  100
typedef  struct  Student              /*学生类型定义*/
{   int score;                        /*成绩*/
    char sno[5],sname[9];             /*学号,姓名*/
}Student;
typedef  struct                       /*顺序表类型定义*/
{   int  last;
    Student  data[MAXSIZE];
} SeqList;
Student * inputdata()                  /*输入一个学生信息*/
{   Student s1, * s = &s1;             /* s是指向新建节点的指针*/
    char sno[5];                      /*存储学号的数组*/
    printf("\n 请输入学号(不超过 4 位): ");
    scanf(" % s",sno);                /*输入学号*/
    if(sno[0] == '#')  return NULL;   /* #结束输入*/
    strcpy(s - > sno,sno);
    printf("\n 请输入姓名(不超过 4 个汉字): ");
    scanf(" % s",s - > sname);         /*输入姓名*/
```

```
        printf("请输入成绩(整数): ");
        scanf(" % d",&s -> score);                  /* 输入成绩 */
        return s;
}
SeqList  * initSeq(void)                            /* 创建学生成绩表 */
{   SeqList LL, * LL1 = &LL;
    Student  * s;
    LL1 -> last = - 1;
    printf("\n 请输入学生信息,当学号 no 为\"♯\"时结束: \n\n ");
    while (1)
    {   s = inputdata();
        if(!s) break;
        LL1 -> last = LL1 -> last + 1;
        LL1 -> data[LL1 -> last] = * s;
    }
    return LL1;
}
void display(SeqList  * L, int i)                   /* 在屏幕上显示一个学生的成绩信息 */
{   printf("\n\n\n 学号\t\t 姓名\t\t 成绩: ");
    printf("\n % s\t\t ",L -> data[i].sno);          /* 打印学号 */
    printf(" % s\t\t ",L -> data[i].sname);          /* 打印姓名 */
    printf("% - 4d\n",L -> data[i].score);          /* 打印成绩 */
}
void displayAll(SeqList  * L)                       /* 在屏幕上显示所有学生的成绩信息 */
{   int i = 0,n = L -> las;
    printf("\n\n\n 学号\t\t 姓名\t\t 成绩: ");
    while(i <= n)
    {   printf("\n % s\t\t ",L -> data[i].sno); /* 打印学号 */
        printf(" % s\t\t ",L -> data[i].sname); /* 打印姓名 */
        printf(" % - 4d\n",L -> data[i].score); /* 打印成绩 */
        i = i + 1;
    }
}
int   lengthList(SeqList  * L)                      /* 求学生总数 */
{   return L -> last + 1;
}
void  locateElemByplace(SeqList  * L, int j)        /* 按位置查找学生 */
{   display(L,j - 1);                               /* 显示查找位置上的学生数据 */
}
void locateElem(SeqList  * L, char ch[5])           /* 按学号查找学生 */
{   int i;
    for(i = 0;i <= L -> last ;i++)
        if(strcmp(L -> data[i].sno,ch) == 0)
        {   display(L,i);   break;   }
}
int   insertElem(SeqList  * L, int i)               /* 在第 i 个位置前插入元素 */
{   int j,k;
    Student  * s;
    k = L -> last;
    if(L -> last == MAXSIZE - 1)                     /* 检查表空间是否已满 */
    {   printf("\n ------ overflow ------ \n"); return 0;   }
```

```
        if((i<1)||(i>L->last+2))              /* 检查插入位置的正确性 */
        {   printf("\n-- the insert place  is error!!!-- \n"); return 0; }
        for(j=k;j>=i-1;j-- )
                L->data[j+1]=L->data[j];      /* 节点后移 */
        s=inputdata();
        L->last=L->last+1;                     /* 表长加1,last仍指向最后的元素 */
        L->data[i-1]=*s;                       /* 新元素插入 */
        return  1;                             /* 返回插入成功 */
    }
    int   deleteElem(SeqList * L,int i)        /* 删除第 i 个位置元素 */
    {   int  j;
        if(i<1 || i>L->last+1)                 /* 检查空表及删除位置的合法性 */
        {   printf("不存在第%d个元素",i); return 0; }
        for(j=i;j<=L->last;j++)
            L->data[j-1]=L->data[j];           /* 向前移动元素 */
        L->last=L->last-1;                     /* 表长减 1 */
        return 1;                              /* 删除成功 */
    }
    void  insertSortl(SeqList * L)
            /* 用直接插入排序方法按成绩从高到低排序,结果保存在新的顺序表中,原顺序表不变 */
    {   SeqList * L1=(SeqList * )malloc(sizeof(SeqList)); /* L1 复制原顺序表元素,对 L1 排序 */
        Student temp;                          /* 临时保存顺序表中的元素值 */
        int i,j,len=L->last;
        for (i=0;i<=len;i++)
        {   L1->data[i]=L->data[i];  }         /* 把原顺序表 L 中的数据复制到新顺序表 L1 中 */
        L1->last=L->last;
        for(i=1;i<=len;i++)                    /* 顺序表 L1 中有节点,进行直接插入排序 */
        {   if (L1->data[i].score>L1->data[i-1].score)
            {   temp.score=L1->data[i].score;
                strcpy(temp.sno,L1->data[i].sno);
                strcpy(temp.sname,L1->data[i].sname);
                L1->data[i]=L1->data[i-1];
                for(j=i-2;(temp.score>L1->data[j].score)&&(j>=0);j-- );
                {   L1->data[j+1]=L1->data[j];
                }
                L1->data[j+1].score=temp.score;
                strcpy(L1->data[j+1].sno,temp.sno);
                strcpy(L1->data[j+1].sname,temp.sname);
            }
        }
        printf(" \n\n\t\t 排序后的成绩如下: \n\n");
        displayAll(L1);                        /* 显示生成的有序顺序表 L1 */
    }
    void main()                                /* 主函数 */
    {   SeqList  * L;
        char ch[5];
        int i,res, a,b=1;
        printf(" ==================================================== \n\n");
        printf("顺序表结构的学生成绩管理程序\n\n");
        printf(" ==================================================== \n\n");
        while(b)
```

```
{   printf("\n\n");
    printf(" <1>创建              <2>指定位置前插入    <3>按位置删除\n");
    printf("<4>求学生总数          <5>按学号查找        <6>按位置查找\n");
    printf("<7>显示所有学生        <8>成绩排序          <9>退出\n");
    printf("\n请输入功能选项: ");
    scanf("%d",&a);
    switch (a)
    {   case 1:   L = initSeq();
                  displayAll(L);
                  break;
        case 2:   printf("\n输入待插入数据的位置:");
                  scanf("%d",&i);
                  res = insertElem(L,i);
                  if(res == 1) displayAll(L);
                  break;
        case 3:   printf("\n输入待删除学生的位置:");
                  scanf("%d",&i);
                  res = deleteElem(L,i);
                  if(res == 1) displayAll(L); break;
        case 4:   printf(" \n学生总数为: %d\n",lengthList(L)); break;
        case 5:   printf("\n输入待查找学生的学号:");
                  scanf("%s",&ch);
                  printf("\n--- 查找到的学生信息如下:\n");
                  locateElem(L,   ch);break;
        case 6:   printf("\n输入待查找学生的序号:");
                  scanf("%d",&i);
                  printf("\n--- 查找到的学生信息如下:\n");
                  locateElemByplace(L, i );break;
        case 7:   displayAll(L); break;
        case 8:   insertSortl(L); break;
        case 9:   printf("\n已退出\n"); b = 0; break;
    }
  }
}
```

A.2　单链表的应用

以单链表作为存储结构,设计和实现学生成绩管理的完整程序。程序包括如下功能。

(1) 创建单链表,每个节点包含学生的学号、姓名和成绩。

(2) 可以显示所有学生的成绩。

(3) 可以计算学生的总数。

(4) 可以按学号和序号查找学生。

(5) 可以在指定位置的学生前插入学生成绩数据。

(6) 可以删除指定位置的学生数据。

(7) 可以把学生成绩按从高到低的顺序排序。

此例的设计思想基本与顺序表相同,只是对学生成绩表采用不同的存储结构实现。

　　对学生的成绩按从高到低排序时,使用的也是直接插入排序思想。此外,为了排序后还能在原单链表上继续进行操作,这里是把单链表中的内容复制到一个新单链表中,对新单链表排序,原单链表不变。

　　程序源代码如下:

```
# include < string. h >
# include < malloc. h >
# include < stdlib. h >
# include < stdio. h >
typedef  struct  Student                      /* 学生类型定义 */
{    int score;                                /* 成绩 */
     char sno[5],sname[8];                     /* 学号,姓名 */
}Student;
typedef  struct  Node                          /* 节点类型定义 */
{    Student  studentInfo;                      /* 学生信息 */
     struct  Node  * next;                      /* 指向后继元素的指针域 */
}LinkList;
LinkList  * inputdata()                         /* 输入一个学生信息 */
{    LinkList * s = NULL;                        /* s 是指向新建节点的指针 */
     char sno[5];                               /* 存储学号的数组 */
     printf("\n ");
     printf("请输入学号(不超过 4 位): ");
     scanf(" % s",sno);                         /* 输入学号 */
     if(sno[0] == '♯')                          /* ♯结束输入 */
         return s;
     s = (LinkList  * )malloc(sizeof(LinkList));
     strcpy(s - > studentInfo. sno,sno);
      printf("请输入姓名(不超过 4 个汉字): ");
     scanf(" % s",s - > studentInfo. sname);    /* 输入姓名 */
     printf("请输入成绩(整数): ");
     scanf(" % d",&s - > studentInfo. score);   /* 输入成绩 */
     return s;
}
void   display(LinkList * p)                    /* 在屏幕上显示一个学生的成绩信息 */
{    printf("\n\n\nno\t\tname\t\tscore: ");
     printf("\n % s",p - > studentInfo. sno);   /* 打印学号 */
     printf("\t\t ");
     printf(" % s",p - > studentInfo. sname);   /* 打印姓名 */
     printf("\t\t ");
     printf(" % - 4d\n",p - > studentInfo. score);  /* 打印成绩 */
}
void   displayAll(LinkList * L)                 /* 在屏幕上显示所有学生的成绩信息 */
{    LinkList * p;
     p = L - > next;
     printf("\n\n\nno\t\tname\t\tscore: ");
     while(p)
     {    printf("\n % s",p - > studentInfo. sno);  /* 打印学号 */
          printf("\t\t ");
          printf(" % s",p - > studentInfo. sname);  /* 打印姓名 */
          printf("\t\t ");
```

```
        printf(" % - 4d\n",p-> studentInfo. score); /* 打印成绩 */
        p = p-> next;
    }
}
LinkList  * createTailList()                /* 以尾插法建立带头节点的学生信息单链表 */
{   LinkList * L, * s, * r;                  /* L 为头指针,r 为尾指针,s 为指向新建节点的指针 */
    L = (LinkList * )malloc(sizeof(LinkList));   /* 建立头节点,申请节点存储空间 */
    r = L;                                   /* 尾指针指向头节点 */
    printf("\请输入学生信息,当学号 no 为\"#\"时结束: \n\n ");
    while (1)                                /* 逐个输入学生的成绩 */
    {   s = inputdata();
        if(!s)  break;                       /* s 为空时结束输入 */
        r-> next = s;                        /* 把新节点插入尾指针后 */
        r = s;                               /* r 指向新的尾节点 */
    }
    r-> next = NULL;                         /* 尾指针的指针域为空 */
    displayAll(L);                           /* 显示所有学生的信息 */
    return L;
}
void  locateElemByno(LinkList * L, char ch[5])   /* 按学号查找学生的算法 */
{   LinkList * p = L-> next;                  /* 从第一个节点开始查找 */
    while (p && (strcmp(p-> studentInfo. sno,ch)!= 0))   /* p 不空且学号不等 */
        p = p -> next;
    if (!p)   printf("\n\n\tDon't find the student!\n" );
    else   display(p);                       /* 显示查找到的学生信息 */
}
void  locateElemByname(LinkList * L, char sname[8])   /* 按姓名查找学生的算法 */
{   LinkList * p = L-> next;                  /* 从第一个节点开始查找 */
    while ( p&& (strcmp(p-> studentInfo. sname,sname)!= 0))   /* p 不空且姓名不等 */
        p = p -> next;
    if (!p)  printf("\n\n\tDon't find the student!\n" );
    else     display(p);                     /* 显示查找到的学生信息 */
}
int  lengthList(LinkList * L)                /* 求学生总人数的算法 */
{   LinkList  * p = L-> next;                 /* p 指向第一个节点 */
    int  j = 0;
    while (p)
    { p = p-> next; j++;}                     /* p 所指的是第 j 个节点 */
    return  j;
}
void  insertElem(LinkList * L, char ch[ ])   /* 在带头节点的单链表 L 中指定学号前插入学生 */
{   LinkList * p, * s;
    p = L;                                   /* 从头节点开始查找学号为 ch 的节点的前趋节点 p */
    while ((p-> next) && (strcmp(p-> next -> studentInfo. sno,ch)!= 0))
        p = p -> next;
    s = inputdata();                         /* 输入欲插入学生信息 */
    s -> next = p-> next;
    p-> next = s;
}
void  deleteElem(LinkList * L, char ch[5])   /* 删除给定学号的学生信息的算法 */
{   LinkList  * p, * q;
```

```
        p = L;
        while ((p->next)&&(strcmp(p->next->studentInfo.sno,ch)!= 0))
        {   p = p->next;                    /* 从头节点开始查找学号为 ch 的节点的前趋节点 p */
        }
        if(!p->next)                        /* 已经扫描到表尾也没找到 */
        {  printf("\n\n\tDon't find the student!\n");
        }
        else
        {   q = p->next;                     /* q 指向学号为 ch 的节点 */
            printf("\n\ndeleted student's information:");
            display(q);
            p->next = q->next;               /* 改变指针 */
            free(q);                         /* 释放 q 占用的空间 */
            printf("\n\nall student's information :");
            displayAll(L);
        }
    }
void   insertSort(LinkList * L)   /* 用直接插入排序思想把学生的成绩按从高到低排序,结果保
                                     存在新的有序链表中,原链表不变 */
{   LinkList * L1, * p;                      /* L1 为有序链表的表头,p 为插入位置前节点 */
    LinkList * q, * s;                       /* q 为欲插入 L1 中的节点 */
    int len;
    len = lengthList(L);
    L1 = (LinkList * )malloc(sizeof(LinkList));        /* 建立头节点,申请节点存储空间 */
    if (L->next)                            /* 链表 L 非空 */
    {   s = (LinkList * )malloc(sizeof(LinkList));   /* 建立节点,申请节点存储空间 */
        strcpy(s->studentInfo.sno ,L->next->studentInfo.sno);
        strcpy(s->studentInfo.sname,L->next->studentInfo.sname);
        s->studentInfo.score = L->next->studentInfo.score;
        s->next = NULL;
        L1->next = s;                        /* 只有原单链表的第一个节点的有序链表 L1 */
        q = L->next->next;       /* 原单链表的第二个节点,q 即要插入有序链表 L1 中的节点 */
    }
    else
    {   printf("\nthe student link list is empty!!!!\n");
        return;
    }
    while(q)                                 /* 链表 L 中有节点 */
    {   p = L1;                              /* 从链表 L1 的第一个节点开始比较 */
        while((p->next) && (p->next->studentInfo.score >= q->studentInfo.score))
            p = p->next;                     /* 查找插入位置前节点 */
        s = (LinkList * )malloc(sizeof(LinkList));   /* 建立节点,申请节点存储空间 */
        strcpy(s->studentInfo.sno ,q->studentInfo.sno);
        strcpy(s->studentInfo.sname ,q->studentInfo.sname);
        s->studentInfo.score  = q->studentInfo.score;
        if(!p->next)                         /* p 是有序链表的最后一个节点 */
        {   s->next = NULL; p->next = s; }
        else
        {   s->next = p->next; p->next = s; }
        q = q->next;                         /* 下一个欲插入有序链表的节点 */
    }
```

```
        displayAll(L1);                              /*显示生成的有序链表*/
}
void main()                                          /*主函数*/
{   LinkList  *L;
    char ch[5],sname[8];
    int  a,b=1;
    printf("=================================================\n\n");
    printf("  单链表结构的学生成绩管理程序\n\n");
    printf("=================================================\n\n");
    while(b)
    {   printf("\n\n");
        printf("<1>创建(带头尾插)  <2>指定学号前插入   <3>按学号删除\n");
        printf("<4>计算学生总数     <5>按学号查找        <6>按姓名查找\n");
        printf("<7>显示所有学生     <8>成绩排序          <9>退出\n");
        printf("\n 请输入功能选项: ");
        scanf("%d",&a);
        switch (a)
        {    case 1:   L=createTailList();break;
             case 2:   printf("\n 输入待插入数据在哪个学号前:");
                       scanf("%s",ch);
                       insertElem(L, ch);
                       break;
             case 3:   printf("\n 输入待删除学生的学号:");
                       scanf("%s",ch);
                       deleteElem(L, ch);
                       break;
             case 4:   printf(" \n 学生总数为: %d\n",lengthList(L)); break;
             case 5:   printf("\n 输入待查找学生的学号:");
                       scanf("%s",ch);
                       locateElemByno(L, ch);break;
             case 6:   printf("\n 输入待查找学生的姓名:");
                       scanf("%s",sname);
                       locateElemByname(L, sname);break;
             case 7:   displayAll(L); break;
             case 8:   insertSort(L);break;
             case 9:   printf("\n 已退出\n");b=0;break;
        }
    }
}
```

A.3 二叉链表的应用

1. 二叉链表的简单应用

在二叉链表存储结构上,实现二叉树的基本操作。程序包含以下功能。

(1) 根据输入字符序列,建立二叉链表。

(2) 用递归算法实现二叉树的前序、中序、后序遍历,输出相应序列。

(3) 用非递归算法实现二叉树的前序、中序遍历,输出相应序列。

（4）求二叉树的叶子节点个数。

（5）求度为 1 的节点的个数。

（6）求二叉树的高度。

　　建立二叉链表的方法有多种,在下面程序中使用的建立二叉链表算法的实现思想是:添加虚节点,将二叉树中的每一个节点都扩充成度为 2 的节点,然后对扩充后的二叉树按前序遍历得到前序序列,依次输入序列中各节点,建立二叉链表。例如,若要创建 5.13 的二叉树对应的二叉链表,应该依次输入 ABC♯♯FG♯♯♯D♯E♯♯(其中♯表示虚点)。这是一个利用递归特性实现创建二叉链表的算法,C 函数为下面程序中的 createBiTree()。

　　程序源代码如下:

```
# include "stdio.h"
# include "malloc.h"
# define MAXSIZE 100
typedef char DataType;
typedef struct Node                    /* 二叉链表存储结构 */
{   DataType data;
    struct Node * lchild, * rchild;
}BiTree;
typedef BiTree * SElemType;            /* 栈中数据元素类型,栈中保存节点指针 */
typedef struct
{   SElemType  data[MAXSIZE];
    int top;
}SeqStack;                             /* 栈的类型定义,顺序栈 */
SeqStack  * initSeqStack()             /* 初始化栈 */
{   SeqStack * s;                      /* 首先建立栈空间,然后初始化栈顶指针 */
    s = (SeqStack * )malloc(sizeof(SeqStack));
    s -> top = - 1;
    return s;
}
int  push(SeqStack * s, SElemType  x)
{   if (s -> top == MAXSIZE - 1)       /* 栈满不能入栈 */
    {   printf("overflow"); return 0; }
    s -> top++;
    s -> data[s -> top] = x;
    return 1;
}
void  pop(SeqStack * s)                /* 出栈,假设栈不空 */
{   s -> top -- ;
}
int  empty(SeqStack * s)
{   if (s -> top == - 1)  return 1;
    else  return 0;
}
SElemType  top(SeqStack * s)           /* 设栈不空 */
{   return(s -> data[s -> top]);
}
BiTree * createBiTree()                /* 创建二叉链表——递归算法 */
{   DataType ch;
```

```
    BiTree * T;
    ch = getchar();
    if(ch == '#') return NULL;
    else
    {   T = (BiTree * )malloc(sizeof(BiTree));
        T -> data = ch;
        T -> lchild = createBiTree();
        T -> rchild = createBiTree();
        return T;
    }
}
void PreOrder(BiTree * T)                /* 前序遍历二叉树的递归算法 */
{   if(T)
    {   printf(" % c",T -> data);
        PreOrder(T -> lchild);
        PreOrder(T -> rchild);
    }
}
void InOrder(BiTree * T)                 /* 中序遍历二叉树的递归算法 */
{   if(T)
    {   InOrder(T -> lchild);
        printf(" % c",T -> data);
        InOrder(T -> rchild);
    }
}
void PostOrder(BiTree * T)               /* 后序遍历二叉树的递归算法 */
{   if(T)
    {   PostOrder(T -> lchild);
        PostOrder(T -> rchild);
        printf(" % c",T -> data);
    }
}
void  PreOrderFei(BiTree * p)            /* 前序遍历二叉树的非递归算法 */
{   SeqStack * s;
    s = initSeqStack();
    while(1)
    {   while(p)
        {   printf(" % c", p-> data);  push(s,p);   p = p-> lchild;}  /* 先访问节点,后压栈 */
        if (empty(s))  break;
        p = top(s);     pop(s);   p = p-> rchild;
    }
}
void  InOrderFei(BiTree * p)             /* 中序遍历二叉树的非递归算法 */
{   SeqStack * s;
    s = initSeqStack();
    while(1)
    {   while(p) {  push(s,p);   p = p-> lchild;}   /* 先将节点指针压栈,待出栈时再访问 */
        if (empty(s))  break;
        p = top(s);     pop(s);   printf(" % c", p-> data);   p = p-> rchild;
    } }
int oneChild(BiTree * T)                 /* 求度为 1 的节点数——递归实现 */
```

```
{   int num = 0, num1, num2;
    if(T == NULL) return 0;
    else
    {   if(T -> lchild == NULL && T -> rchild!= NULL||T -> lchild!= NULL &&
            T -> rchild == NULL)   num = 1;   /* 若当前访问节点的度为 1,则 num = 1,否则为 0 */
        num1 = oneChild(T -> lchild);      /* num1 为左子树中度为 1 的节点数 */
        num2 = oneChild(T -> rchild );     /* num2 为右子树中度为 1 的节点数 */
        return num + num1 + num2;
    }
}
int leafs(BiTree * T)                   /* 求叶子节点数 */
{   int num1, num2;
    if(T == NULL) return 0;
    else
    {   if(T -> lchild == NULL &&T -> rchild == NULL) return 1;
        num1 = leafs(T -> lchild);        /* 求左子树中叶子节点数 */
        num2 = leafs(T -> rchild);        /* 求右子树中叶子节点数 */
        return num1 + num2;
    }
}
int height(BiTree * T)                   /* 求树高 */
{   int i, j;
    if(!T)   return 0;
    i = height(T -> lchild);              /* 求左子树的高度 */
    j = height(T -> rchild);              /* 求右子树的高度 */
    return i > j?i + 1:j + 1;             /* 二叉树的高度为左右子树中较高的高度加 1 */
}
void main()                              /* 主函数 */
{   BiTree * root = NULL;
    printf("\n\n\t 请输入节点的前序序列创建二叉树:♯表示空: ");
    root = createBiTree();               /* 生成二叉树 */
    printf("\n\t 前序遍历二叉树——递归: ");
    PreOrder(root); printf("\n");
    printf("\n\t 前序遍历二叉树——非递归: ");
    PreOrderFei(root); printf("\n");
    printf("\n\t 中序遍历二叉树——递归: ");
    InOrder(root); printf("\n");
    printf("\n\t 中序遍历二叉树——非递归: ");
    InOrderFei(root); printf("\n");
    printf("\n\t 后序遍历二叉树——递归: ");
    PostOrder(root); printf("\n");
    printf("\n\t 二叉树中叶子节点数为: % d", leafs(root));
    printf("\n\t 二叉树中度为 1 的节点数为: % d", oneChild(root));
    printf("\n\t 二叉树的高度为: % d\n\n",height(root));
    getchar();
}
```

2. 线索二叉链表的应用

以线索二叉链表作为存储结构,完成线索二叉树上基本操作。程序包含以下功能。

(1) 输入字符序列,建立二叉链表,其节点结构为线索二叉链表的节点结构,所有节点的标志位域都初始化为 0。

（2）将二叉链表线索化为中序线索二叉链表。

（3）利用中序线索二叉链表进行前序、中序、后序遍历，输出遍历序列。

程序源代码如下：

```c
# include "stdio. h"
# include "malloc. h"
# define MAXSIZE 100
Typedef   char DataType;
typedef   struct Node                        /* 线索二叉链表存储结构 */
{   DataType data;
    struct Node * lchild, * rchild;
    int ltag,rtag;
}BiThrTree;
BiThrTree * pre = NULL;                       /* 全局变量,前趋指针 */
typedef   DataType SElemType;                 /* 栈中元素的类型定义 */
typedef struct
{   SElemType   data[MAXSIZE];
    int top;
}SeqStack;                                    /* 栈的类型定义 */
SeqStack   * initSeqStack()                   /* 初始化栈 */
{   SeqStack   * s;                           /* 首先建立栈空间,然后初始化栈顶指针 */
    s = (SeqStack * )malloc(sizeof(SeqStack));
    s - > top =  - 1;
    return s;
}
int   push(SeqStack * s, SElemType   x)
{   if (s - > top == MAXSIZE - 1)             /* 栈满不能入栈 */
        {   printf("overflow"); return 0; }
    s - > top++;
    s - > data[s - > top] = x;
    return 1;
}
void   pop(SeqStack * s)                      /* 出栈,假设栈不空 */
{   s - > top -- ;
}
int   empty(SeqStack * s)
{   if (s - > top == - 1)   return 1;
    else   return 0;
}
SElemType   top(SeqStack * s)                 /* 设栈不空 */
{   return(s - > data[s - > top]);
}
BiThrTree * create()                          /* 创建二叉链表的递归算法 */
{   DataType ch;
    BiThrTree * T = NULL;
    ch = getchar();
    if(ch == '#') return NULL;
    else                                      /* 创建节点,初始时左右标志域均为 0 */
    {   T = (BiThrTree * )malloc(sizeof(BiThrTree));
        T - > data = ch;    T - > ltag = 0; T - > rtag = 0;
```

```
            T->lchild = create();
            T->rchild = create();
            return T;
        }
    }
    void inthreaded(BiThrTree * p)                /* 中序线索化 */
    {   if(p)
        {   inthreaded(p->lchild);                /* 线索化左子树 */
            if(p->lchild == NULL) p->ltag = 1;
            if(p->rchild == NULL) p->rtag = 1;
            if(pre!= NULL)
            {   if(pre->rtag == 1) pre->rchild = p;
                if(p->ltag == 1) p->lchild = pre;
            }
            pre = p;
            inthreaded(p->rchild);                /* 线索化右子树 */
        }
    }
    void InOrderThread(BiThrTree * root)          /* 中序线索下的中序遍历 */
    {   BiThrTree * p;
        p = root;
        while(p->ltag == 0) p = p->lchild;        /* 中序遍历的第一个节点,二叉树的最左下点 */
        while(p)
        {   printf(" % c",p->data);               /* 输出节点 */
            if (p->rtag == 1)  p = p->rchild;     /* 查找节点后继 */
            else {    p = p->rchild;
                      while(p->ltag == 0) p = p->lchild;
                 }
        }
    }
    void PreOrderThread(BiThrTree * root)         /* 中序线索下的前序遍历 */
    {   BiThrTree * p;
        p = root;                                 /* 查找前序序遍历的第一个节点,根节点 */
        while(p)                                  /* 不断找前序后继 */
        {   printf(" % c",p->data);               /* 输出节点 */
            if(p->ltag == 0) p = p->lchild;
            else {    while(p&&p->rtag == 1) p = p->rchild;
                      if(p)    p = p->rchild;
                 }
        }
    }
    void PostOrderThread(BiThrTree * root)        /* 中序线索下的后序遍历 */
    {   BiThrTree * p;
        SeqStack * s;                             /* 定义栈和栈指针,用栈来暂存后序遍历的各个节点 */
        DataType ch;
        s = initSeqStack();
        p = root;                                 /* 查找后序遍历的最后一个节点,根节点 */
        while(p)                                  /* 不断找后序前趋 */
        {   push(s,p->data);                      /* 压栈 */
            if(p->rtag == 0) p = p->rchild;       /* 查找节点前趋 */
            else {    while(p&&p->ltag == 1) p = p->lchild;
```

```
                    if (p)   p = p -> lchild;
              }
       }
       while(!empty(s))
       {   ch = top(s);   pop(s);   printf(" % c",ch);   }   /* 输出后序序列 */
}
void main()                                            /* 主函数 */
{   BiThrTree * root;
    root = NULL;
    printf("\n\n\t 请输入节点的前序序列创建二叉链表：♯ 表示空：");
    root = create();                          /* 生成二叉树 */
    printf("\n\t 线索化二叉链表～～～");
    inthreaded(root);
    printf("完成线索化\n");
    printf("\n\t 前序遍历二叉树：\t");
    PreOrderThread(root);
    printf("\n\t 中序遍历二叉树：\t");
    InOrderThread(root);
    printf("\n\t 后序遍历二叉树：\t");
    PostOrderThread(root); printf("\n\n");
    getchar();
}
```

3. 哈夫曼树应用举例

设计一个程序，利用下面给定的一组字符及其权值，构造哈夫曼树。

序号	1	2	3	4	5	6	7	8	9
字符	A	B	C	D	E	F	G	H	I
权值	15	6	7	12	25	4	6	1	15

程序包含以下功能。

（1）建立哈夫曼树。

（2）实现哈夫曼编码。

（3）实现哈夫曼译码，将发送的报文编码译回原文。

程序源代码如下：

```
♯ include "stdio. h"
♯ define N 9              /* 叶子节点数 */
♯ define M 2 * N - 1      /* 总节点数 */
♯ define maxval 1000
♯ define codelen 100
typedef int DataType;
typedef struct            /* 哈夫曼树节点的存储结构 */
{   float weight;
    int parent;
    int lchild, rchild;
}HufmTree;
```

```
              HufmTree    tree[M + 1];
              typedef struct                  /* 哈夫曼编码的存储结构 */
              {   char bits[N];                /* 保存编码的数组 */
                  int start;                   /* 编码的有效起始位置,从该位置之后的二进制串为字符的编码 */
                  char ch;                     /* 字符 */
              }CodeType;
              CodeType    code[N + 1];         /* 字符的编码数组 */
              huffman(HufmTree    tree[])      /* 建立哈夫曼树 */
              {   int i,j,p1,p2;
                  float small_1,small_2,f;
                  for(i = 1;i < = M;i++)
                  {   tree[i].weight = 0;
                      tree[i].parent = 0;
                      tree[i].lchild = 0;
                      tree[i].rchild = 0;
                  }
                  printf("\n\n\t 请输入 % d 个字符的权值(正整数): ",N);
                  for(i = 1;i < = N;i++)
                  {   scanf(" % f",&f);
                      tree[i].weight = f;
                  }
                  for(i = N + 1;i < = M;i++)
                  {   p1 = 1;p2 = 1;
                      small_1 = maxval; small_2 = maxval;
                      for(j = 1;j < = i - 1;j++)
                          if(tree[j].parent == 0)
                              if(tree[j].weight < small_1)
                              {   small_2 = small_1; p2 = p1;
                                  small_1 = tree[j].weight; p1 = j;
                              }
                              else if(tree[j].weight < small_2)
                              {   small_2 = tree[j].weight;
                                  p2 = j;
                              }
                      tree[i].weight = tree[p1].weight + tree[p2].weight;
                      tree[i].lchild = p1;
                      tree[i].rchild = p2;
                      tree[p1].parent = i;
                      tree[p2].parent = j;
                  }
              }
              huffmanCode(HufmTree    tree[],CodeType    code[])      /* 哈夫曼编码 */
              {   int i,c,p;
                  for(i = 1;i < = N;i++)
                  {   code[i].start = N;
                      c = i;
                      p = tree[i].parent;
                      while (p!= 0)
                      {   code[i].start -- ;
                          if(tree[p].lchild == c)   code[i].bits[code[i].start] = '0';
                          else   code[i].bits[code[i].start] = '1';
```

```
            c = p;
            p = tree[p].parent;
        }
    }
}
decode(HufmTree    tree[],CodeType    code[])                    /*哈夫曼译码*/
{   int i = M,b;
    int endflag = -1;
    int yiflag;
    scanf("%d",&b);
    while (b!= endflag)
    {   yiflag = 0;
        if (b == 0)        i = tree[i].lchild;
        else               i = tree[i].rchild;
        if(tree[i].lchild == 0)
        {   printf("%c",code[i].ch);
            i = M;
            yiflag = 1;
        }
        scanf("%d",&b);
    }
    if(yiflag!= 1)   printf("\nERROR\n");
}
void main()                                                      /*主函数*/
{   char zifu[] = {'A','B','C','D','E','F','G','H','I'};          /*待编码的字符*/
    int i,j,k = 0;
    printf("\n\n\t已知%d个字符分别为：",N);/*N为全局变量,叶子节点数,即字符个数*/
    for(i = 1;i <= N;i++)
    {   printf("%c  ",zifu[i-1]);               /*输出字符*/
        code[i].ch = zifu[i-1];                 /*将字符保存在哈夫曼编码的存储结构中*/
    }
    huffman(tree);                              /*建立哈夫曼树*/
    huffmanCode(tree,code);                     /*求得哈夫曼编码*/
    printf("\n\t字符的哈夫曼编码分别为：\n\t");
    for(i = 1;i <= N;i++)
    {   printf("\n\t%c:",code[i].ch);
        for(j = code[i].start;j < N;j++)        /*输出每个字符的编码*/
            printf("%c",code[i].bits[j])
    }
    printf("\n\n\t请输入待译的 0、1 二进制串(-1为结束码)\n\n\t");
    decode(tree,code);                          /*输入 01 数字串,进行译码*/
    getchar();
}
```

A.4　图的遍历程序举例

1. 在邻接矩阵存储结构上实现图的遍历

在邻接矩阵存储结构上,实现 DFS 和 BFS 遍历算法。程序包含以下功能。

（1）建立无向图的邻接矩阵。

（2）在邻接矩阵存储结构上实现 DFS 遍历。

(3) 在邻接矩阵存储结构上实现 BFS 遍历。

程序源代码如下：

```c
#include <stdio.h>
#include <malloc.h>
#define MAXSIZE 1024              /* 队列中元素最大个数 */
#define N 7                       /* 图的顶点数 */
#define E 9                       /* 图的边数 */
typedef char VexType;            /* 顶点类型 */
typedef int AdjType;             /* 权值类型 */
typedef int DataType;            /* 队列值类型 */
typedef  struct
{   DataType data[MAXSIZE];      /* 队列的存储空间 */
    int rear,front;              /* 队头队尾指针 */
}SeQueue;
SeQueue * sq;                    /* 定义一个指向队列的指针变量 */
typedef struct
{   VexType vertex[N+1];         /* 顶点数组,为了方便,顶点从下标1开始存储 */
    AdjType edge[N+1][N+1];      /* 邻接矩阵 */
}AdjMatrix;
int visited[N+1];                /* 全局标志数组 */
AdjMatrix * adj;                 /* 全局邻接矩阵 adj */
void creatAdj(AdjMatrix * adj)   /* 无向图邻接矩阵存储结构的建立算法 */
{   int i,j,k;
    printf("请输入 %d 个顶点信息(字符):",N);
    getchar();                   /* 用来接收回车符 */
    for (i=1;i<=N;i++)
        adj->vertex[i]=getchar();
    for (i=1;i<=N;i++)           /* 邻接矩阵初始化 */
        for (j=1;j<=N;j++)
            adj->edge[i][j]=0;
    printf("请输入 %d 条边的信息(顶点序号对):\n",E);
    for (k=1;k<=E;k++)
    {   scanf("%d%d",&i,&j);     /* 依次读入边 */
        adj->edge[i][j]=1;
        adj->edge[j][i]=1;
    }
}
SeQueue * initSeQueue()          /* 初始化队列 */
{   SeQueue * q;
    q=(SeQueue * )malloc(sizeof(SeQueue));
    q->front=MAXSIZE-1;
    q->rear=MAXSIZE-1;
    return q;
}
int emptySeQueue(SeQueue * sq)   /* 判队空 */
{   if (sq->front==sq->rear) return 1;
    else   return 0;
}
int enSeQueue(SeQueue * sq,DataType x)   /* 入队 */
```

```
{   if ((sq -> rear + 1) % MAXSIZE == sq -> front)
    {   printf("队满");return 0; }
    else
    {   sq -> rear = (sq -> rear + 1) % MAXSIZE;
        sq -> data[ sq -> rear] = x;
        return 1;
    }
}
DataType deSeQueue(SeQueue * sq)          /* 出队 */
{   if (emptySeQueue(sq))
    {   printf("队列为空"); return 0;}
    else
    {   sq -> front = (sq -> front + 1) % MAXSIZE;
        return sq -> data[ sq -> front];   /* 返回队头元素 */
    }
}
void   DFS(int i)   /* 从序号为 i 的顶点出发对图 G 进行 DFS 遍历,图 G 用邻接矩阵 adj 存储 */
{   int j;
    printf("% c   ",adj -> vertex[i]);   /* 访问出发点 vᵢ */
    visited[ i] = 1;                      /* 标记 vᵢ 已经访问过 */
    for (j = 1;j <= N;j++)               /* 依次搜索 vᵢ 的邻接点 */
    if((adj -> edge[i][j])&&(!visited[j]))
        DFS(j);   /* 若 vᵢ 的邻接点 vⱼ 未访问过,从 vⱼ 出发进行深度优先搜索 */
}
void   BFS(int k)   /* 从序号为 k 的顶点出发对图 G 进行 DFS 遍历,图 G 用邻接矩阵 adj 存储 */
{   int i,j;
    sq = initSeQueue();                  /* 置空队列 */
    printf("% c ", adj -> vertex[k]);    /* 访问出发点 */
    visited[k] = 1;                       /* 标记顶点 vₖ 已经访问过 */
    enSeQueue(sq,k);                      /* 已经访问过的顶点号入队 */
    while (!emptySeQueue(sq))             /* 队列非空执行 */
    {   i = deSeQueue(sq);                /* 队头元素顶点序号出队 */
        for (j = 1;j <= N;j++)            /* 找到与 i 邻接的所有未曾访问过的顶点 */
            if((adj -> edge[i][j])&&(!visited[j]))   /* j 为未被访问过的顶点序号 */
            {   printf(" % c   ",adj -> vertex[j]);
                visited[ j] = 1;
                enSeQueue(sq,j);
            }
    }
}
void main()                              /* 主函数 */
{   int i,j,m,k = 0;
    adj = (AdjMatrix * )malloc(sizeof(AdjMatrix));
    while(1)
    {   printf("\n********************* \n");
        printf(" * 输入 1:建立邻接矩阵  * \n");
        printf(" * 输入 2:输出邻接矩阵  * \n");
        printf(" * 输入 3:DFS 遍历        * \n");
        printf(" * 输入 4:BFS 遍历        * \n");
        printf(" * 输入 0:退出            * \n");
        printf(" ********************* \n");
```

```
            printf("请选择要执行的操作: ");
            scanf(" % d",&m);
            switch(m)
        {   case 1:   creatAdj(adj);
                    printf("邻接矩阵建立成功!\n");
                        break;
                case 2:   printf("邻接矩阵为: ");
                        for (i = 1;i < = N;i++)              /* 输出邻接矩阵 */
                            for (j = 1;j < = N;j++)
                            {   if ((k % N) == 0)
                                printf("\n");
                                printf(" % d ",adj - > edge[i][j]);
                                k++;
                            }
                        printf("\n");
                        break;
                case 3:   printf("\nDFS 遍历序列: ");
                        DFS(1);
                        for (i = 1;i < = N;i++)              /* 将标志数组清零 */
                            visited[i] = 0;
                        break;
                case 4:   printf("\nBFS 遍历序列: ");
                        BFS(1);
                        for (i = 1;i < = N;i++)              /* 将标志数组清零 */
                            visited[i] = 0;
                        break;
            case 0:   return;
            default:   printf("请重新选择!");break;
            }
        }
    }
```

2. 在邻接表存储结构上实现图的遍历

在邻接表存储结构上,实现 DFS 和 BFS 遍历算法。程序包含以下功能。

(1) 建立无向图的邻接表。

(2) 在邻接表存储结构上实现 DFS 遍历。

(3) 在邻接表存储结构上实现 BFS 遍历。

程序源代码如下:

```
# include < stdio. h >
# include < malloc. h >
# define MAXSIZE 1024                      /* 队列中元素最大个数 */
# define N 7                               /* 图的顶点数 */
# define E 9                               /* 图的边数 */
typedef char VexType;                      /* 顶点类型 */
typedef int AdjType;                       /* 权值类型 */
typedef int DataType;                      /* 队列值类型 */
typedef   struct
```

```
{    DataType data[MAXSIZE];                     /* 队的存储空间 */
     int rear,front;                             /* 队头队尾指针 */
}SeQueue;
SeQueue * sq;                                    /* 定义一个指向队列的指针变量 */
typedef struct node
{    int adjvex;                                  /* 邻接点域 */
     struct node * next;                          /* 指针域 */
}EdgeNode;                                        /* 定义边表节点 */
typedef struct
{    VexType vertex;                              /* 顶点域 */
     EdgeNode * link;                             /* 指针域 */
}VexNode;                                         /* 定义顶点表节点 */
int visited[N + 1];                              /* 定义标志数组 */
VexNode adjlist[N + 1];
void creatAdjList()                              /* 头插法建立无向图邻接表的边表节点 */
{    int i,j,k;
     EdgeNode * s;
     printf("请输入 % d 个顶点信息(字符): ",N);
     getchar();                                   /* 用来接收回车符 */
     for(i = 1;i < = N;i++)                        /* 顶点下标从 1 开始 */
     {    adjlist[i].vertex = getchar();
     adjlist[i].link = NULL;                       /* 边表指针初始为空 */
     }
     printf("请输入 % d 条边的信息(顶点序号对): \n",E);   /* 边上无权值 */
     for(k = 1;k < = E;k++)                        /* 建立边表 */
     {    scanf(" % d % d",&i,&j);                  /* 读入边(v_i,v_j)的顶点序号 i 和 j */
     s = (EdgeNode * )malloc(sizeof(EdgeNode));    /* 生成 v_i 的边表节点,邻接点序号为 j */
     s -> adjvex = j;
     s -> next = adjlist[i].link;                  /* 插入顶点 v_i 的边表头部 */
     adjlist[i].link = s;
     s = (EdgeNode * )malloc(sizeof(EdgeNode));    /* 生成 v_j 的边表节点,邻接点序号为 i */
     s -> adjvex = i;
     s -> next = adjlist[j].link;                  /* 插入顶点 v_j 的边表头部 */
     adjlist[j].link = s;
     }
}
SeQueue * initSeQueue()                          /* 初始化队列 */
{    SeQueue * q;
     q = (SeQueue * )malloc(sizeof(SeQueue));
     q -> front = MAXSIZE - 1;
     q -> rear = MAXSIZE - 1;
     return q;
}
int emptySeQueue(SeQueue * sq)                   /* 判队空 */
{    if (sq -> front == sq -> rear) return 1;
     else return 0;
}

int enSeQueue(SeQueue * sq,DataType x)           /* 入队 */
{    if ((sq -> rear + 1) % MAXSIZE == sq -> front)
     {    printf("队满");return 0;}
```

```
        else {      sq -> rear = (sq -> rear + 1) % MAXSIZE;
                    sq -> data[sq -> rear] = x;
                    return 1;
            }
    }
    DataType deSeQueue(SeQueue * sq)        /* 出队 */
    {    if (emptySeQueue(sq))
        {    printf("队列为空");   return 0; }
        else
        {    sq -> front = (sq -> front + 1) % MAXSIZE;
             return sq -> data[sq -> front];          /* 返回队头元素 */
        }
    }
    void   DFSL(int i)   /* 从序号为 i 的顶点出发进行 DFS 遍历,图 G 用邻接表 adjlist 存储 */
    {    EdgeNode * p;
         printf("% c   ",adjlist[i].vertex);          /* 访问出发点 vᵢ */
         visited [i] = 1;                             /* 标记 vᵢ 已经访问过 */
         p = adjlist[i].link;                         /* p 为 vᵢ 的边表头指针 */
         while (p)                                    /* 依次搜索 vᵢ 的邻接点 */
         {     if(!visited[p -> adjvex])              /* 若 vᵢ 的邻接点 vⱼ 未访问过,从 vⱼ 出发进行
                                                          深度优先搜索 */
                   DFSL(p -> adjvex);
               p = p -> next;
         }
    }
    void   BFSL(int k)   /* 从序号为 k 的顶点出发进行 BFS 遍历,图 G 用邻接表 adjlist 存储 */
    {    int i;
         EdgeNode * p;
         sq = initSeQueue();
         printf("% c   ",adjlist[k].vertex);          /* 访问出发点 vₖ */
         visited[k] = 1;                              /* 标记 vₖ 已经访问过 */
         enSeQueue(sq,k);                             /* 顶点 vₖ 的序号 k 入队 */
         while(!emptySeQueue(sq))                     /* 队列非空执行 */
         {    i = deSeQueue(sq);                      /* 队头元素顶点序号出队 */
              p = adjlist[i].link;
              while (p!= NULL)
              {    if(!visited[p -> adjvex])
                   {    printf(" % c   ",adjlist[p -> adjvex].vertex);
                        visited[p -> adjvex] = 1;
                        enSeQueue(sq,p -> adjvex);
                   }
                   p = p -> next;
              }
         }
    }
    void main()                                       /* 主函数 */
    {    int i, m;
         EdgeNode * p;
         while(1)
         {    printf("\n ********************* \n");
              printf(" * 输入 1: 建立邻接表       * \n");
```

```
        printf(" *   输入 2：输出邻接表        * \n");
        printf(" *   输入 3：DFS 遍历          * \n");
        printf(" *   输入 4：BFS 遍历          * \n");
        printf(" *   输入 0：退出             * \n");
        printf(" ********************** \n");
        printf("请选择要执行的操作：");
        scanf(" % d",&m);
        switch(m)
        {   case 1:   creatAdjList();
                      printf("邻接表建立成功!\n");
                      break;
            case 2:   for (i = 1;i <= N;i++)
                      {   printf(" % c - >",adjlist[i].vertex);
                          p = adjlist[i].link;
                          while (p)
                          {   printf(" % c",adjlist[p - > adjvex].vertex);
                              if(p - > next) printf(" - >");
                              p = p - > next;
                          }
                          printf("\n");
                      }
                      break;
            case 3:   printf("\nDFS 遍历序列：");
                      DFSL(1);
                      for (i = 1;i <= N;i++)   visited[i] = 0;   / * 将标志数组清零 * /
                      break;
            case 4:   printf("\nBFS 遍历序列：");
                      BFSL(1);
                      for (i = 1;i <= N;i++)   visited[i] = 0;   / * 将标志数组清零 * /
                      break;
            case 0:   return;
            default:  printf("请重新选择!");   break;
        }
    }
}
```

Ⓐ.5　散列表的应用举例

为某一单位编写一个简单的员工信息管理程序。其中,每一个员工的属性包括员工编号(不重复)、姓名、年龄、所属部门、职位和联系电话;主要的管理功能包括增加员工、删除员工、按照编号查询员工的信息和修改员工的属性等。利用散列表存储员工信息。

为了永久地保存员工的信息,避免重复的输入,假定已经将员工信息保存在文件 emp_list. dat 中。下面给出了保存员工信息的函数 save(),用户可以调用此函数实现在磁盘上建立文件。

```
    void save()
    {   FILE  * fp;
```

```
        int    i;
        employee_type   s;
        if ((fp = fopen("emp_list.dat","wb")) == NULL)   /*以写的方式打开文件 emp_list.dat*/
        {   printf("cannot open file\n");
            return;
        }
        for(i = 0;i < SIZE;i++)                           /*循环次数由 SIZE 决定,它需要事先定义*/
        {   scanf("%d%s%d%s%s%ld",                        /*读取员工信息*/
            &s.key_num,s.name,&s.age,s.department,s.position,&s.tele);
            if (fwrite(&s,sizeof(employee_type),1,fp)!= 1)   /*将员工信息 s 写入文件中*/
            printf("file write error\n");
        }
        fclose(fp);                                       /*关闭文件*/
    }
```

　　对员工信息实现管理,首先要将员工信息从文件读入内存的散列表中,然后对员工信息进行输出、修改、插入、删除、查询等操作,实际上就是对散列表实现基本操作,当操作完成之后,把处理后的结果再写回文件中。根据题意,程序包括如下功能。

　　(1)输出员工信息表。

　　(2)编辑员工信息:首先输入员工的编号,若找到对应的员工记录,则输入其他需要修改的属性信息,把修改后的员工记录写回原来的位置;若没有找到对应的员工记录,则插入一个新记录,需要输入新员工的各项属性信息,然后把新员工插入散列表的合适位置上。

　　(3)删除员工信息:根据输入的员工编号,删除对应的员工记录。

　　(4)按照员工的编号查询对应员工的所有相关信息。在此仅设计出最基本的查询功能,用户可以根据实际的需求设计出更为复杂的查询功能。

　　用散列表存储员工信息,需要设计出合理的散列函数和解决冲突的方法。在本程序中,员工的编号是员工记录的关键字。这里为了问题的简单化,选择除留余数法设计散列函数,即 $Hash(key) = key\%M$,M 为散列表的长度。在处理冲突问题时,本程序使用的是链地址法,如果使用线性探测法解决冲突,读者只需对程序做简单的修改即可实现。

　　程序源代码如下:

```
#include < stdio.h >
#include < malloc.h >
#include < stdlib.h >
#define   M   13                    /*M 为散列表的长度,可根据具体问题,自己设计大小*/
typedef struct                       /*定义员工记录的类型*/
{   int    key_num;
    char   name[10];
    int    age;
    char   department[15];
    char   position[15];
    long   tele;
} employee_type;
typedef struct node                  /*定义存储员工记录的单链表*/
{   employee_type   data;
    struct node   * next;
} Lnode;
```

```
void initHash(Lnode * h[])              /* 初始化散列表,将散列表中每一个单元置为空 */
{   int i;
    for(i = 0;i < M;i++)
      h[i] = NULL;
}
int hash(int key)                       /* 散列函数,根据关键字计算散列地址 */
{   return(key % M);
}
int insert(Lnode * h[], employee_type  item)     /* 向散列表中插入一个记录 item */
{   int d;
    Lnode * p;
    d = hash(item.key_num);             /* 计算新记录的散列地址 */
    p = (Lnode * )malloc(sizeof(employee_type));  /* 为新记录分配存储空间 */
    if (p == NULL)   return 0;          /* 返回 0 表示插入失败 */
    p -> data = item;
    p -> next = h[d];                   /* 将新记录插入到对应单链表的表头 */
    h[d] = p;
    return 1;                           /* 插入成功返回 1 */
}
void load(Lnode * h[])                  /* 将事先写入文件的员工信息读入散列表 */
{   FILE * fp;
    employee_type s;
    if ((fp = fopen("emp_list.dat","rb")) == NULL)   /* 打开文件,如果失败输出信息并返回 */
    {   printf("cannot open the file\n");
        return;
    }
    fread(&s,sizeof(employee_type),1,fp);           /* 从文件中读取员工记录 */
    while(!feof(fp))                    /* 文件没结束 */
    {   if (!insert(h,s))               /* 向散列表插入员工的信息 */
        {   printf("can not insert hash,load failed");   /* 插入失败,返回 */
            return;
        }
        fread(&s,sizeof(employee_type),1,fp);       /* 继续读取下一个记录 */
    }
    fclose(fp);
}
void print(Lnode * h[])                 /* 输出散列表中的员工信息 */
{   int i;
    Lnode * p;
    printf("\n----------- 员工信息列表 ----------- \n");
    for(i = 0;i < M;i++)                /* 依次访问散列中的每一记录 */
        if (h[i])                       /* 对应的元素不为空 */
        {   p = h[i];                   /* 遍历输出单链表 */
            while(p)
            {   printf("%d, %s, %d, %s, %s, %ld\n",(p -> data).key_num,(p -> data).name,
                    (p -> data).age,(p -> data).department,(p -> data).position,(p -> data).tele);
                p = p -> next;
            }
        }
    printf(" ------------------------------ \n");
}
```

```c
employee_type * search(Lnode * h[], int k)   /* 在散列表中查询编号为 k 的员工的信息 */
{   int d;
    Lnode * p;
    d = hash(k);                            /* 计算散列地址 */
    p = h[d];                               /* 得到对应单链表的表头指针 */
    while(p)                                /* 在对应的单链表中查询员工的信息 */
    {   if(p -> data. key_num == k)         /* 若在单链表中查找成功,返回该记录的地址 */
            return &(p -> data);
        else   p = p -> next;
    }
    return NULL;                            /* 查找失败返回空指针 */
}
int dele(Lnode * h[], int k)                /* 在散列表中删除编号为 k 的员工 */
{   int d;
    Lnode * p, * q;
    d = hash(k);                            /* 计算散列地址 */
    p = h[d];                               /* 得到对应单链表的表头指针 */
    if (!p) return 0;                       /* 若单链表为空,返回 0,说明删除失败 */
    if (p -> data. key_num == k)            /* 若删除的记录是表头节点,删除它并返回 1 */
    {   h[d] = p -> next;
        free(p);
        return 1;
    }
    q = p -> next;              /* 若删除的记录是非表头节点,在单链表中查找被删除的记录 */
    while(q)
    {   if (q -> data. key_num == k)        /* 找到被删除的记录,删除它并返回 1 */
        {   p -> next = q -> next;
            free(q);
            return 1;
        }
        else
        {   p = q;   q = q -> next;   }
    }
    return 0;                               /* 返回 0,说明删除失败 */
}
void save(Lnode * h[])                      /* 将散列表中的记录写回文件 */
{   FILE * fp;
    int i;
    Lnode * p;
    employee_type s;
    if ((fp = fopen("emp_list.dat", "wb")) == NULL)   /* 打开文件 */
    { printf("cannot open file\n");   return;}
    for (i = 0; i < M; i++)                 /* 依次访问散列表中的每一个记录 */
    {   if (h[i])                           /* 如果对应的单链表非空 */
        {   p = h[i];                       /* 得到表头指针 */
            while(p)                        /* 遍历单链表,将每一个记录写入文件 */
            {   if (fwrite(&(p -> data), sizeof(employee_type), 1, fp)!= 1)
                {   printf("file write error\n");   /* 写文件失败 */
                    fclose(fp);
                    return;
                }
```

```
                p = p -> next;
            }
        }
    }
    fclose(fp);                         /* 关闭文件 */
}
void main()                             /* 主函数 */
{   Lnode   * hash[M];                  /* 定义一个散列表 */
    employee_type * s, emp;
    int p;
    int flag = 1, select;
    initHash(hash);                     /* 初始化散列表 */
    load(hash);                         /* 把文件中的记录读入散列表中 */
    while(flag)                         /* 当 flag 为真时执行循环 */
    {   printf("\n****** 欢迎使用本软件 ******\n");   /* 显示菜单 */
        printf(" 1 输出员工信息列表 \n");
        printf(" 2 编辑员工信息\n");
        printf(" 3 删除员工信息\n");
        printf(" 4 查询员工信息\n");
        printf(" 5 退出软件 \n");
        printf("************************ \n");
        printf(" 请输入你的选择(1 - 5):\n");
        scanf("%d", &select);
        switch (select)
        {   case 1:  print(hash);                   /* 输出员工信息表 */
                     break;
            case 2:  printf("输入员工编号:");        /* 修改或者增加员工信息 */
                     scanf("%d", &p);
                     emp.key_num = p;
                     if (s = search(hash, p))        /* 若该编号存在,则修改信息 */
                     {   printf("%d 号员工原来的信息是:%s, %d, %s, %s, %ld\n",
                         p, s -> name, s -> age, s -> department, s -> position, s -> tele);
                         printf(" ---- 请输入更新的信息 ---- \n
                                 姓名,年龄,部门,职位,电话号码:\n");
                         scanf("%s %d %s %s %ld", emp.name, &emp.age,
                                 emp.department, emp.position, &emp.tele);
                         * s = emp;              /* 将修改后的信息写入散列表中 */
                     }
                     else                       /* 若编号不存在,则增加一个新的员工 */
                     {   printf(" ---- 请输入新员工的信息 ---- \n
                                 姓名,年龄,部门,职位,电话号码:\n");
                         scanf("%s %d %s %s %ld", emp.name, &emp.age,
                                 emp.department, emp.position, &emp.tele);
                         insert(hash, emp);              /* 在散列表中插入一个新记录 */
                     }
                     break;
            case 3:  printf("请输入要删除员工的编号:");   /* 删除员工信息 */
                     scanf("%d", &p);
                     if (dele(hash, p)) printf("删除成功\n");
                     else printf("此员工不存在\n");
                     break;
```

```
        case 4:   printf("请输入要查询的员工编号:");  /* 查询员工信息 */
                  scanf(" % d",&p);
                  s = search(hash,p);                    /* 在散列表中查询 */
                  if (s)                         /* 查找成功,输出对应的员工信息 */
                  printf("查询结果:\n% d, % s, % d, % s, % s, % ld\n",
                     s -> key_num,s -> name,s -> age,s -> department,s -> position,s -> tele);
                  else   printf("此员工不存在\n");
                  break;
        case 5:   printf("本次操作结束. 再见!\n");    /* 选择退出软件 */
                  printf("本次操作结束. 再见!\n");
                  flag = 0;
        }
    }
    save(hash);                                  /* 把处理之后的散列表重新写回原文件 */
}
```

参 考 文 献

[1] CLIFFORD A H. Data structures and program design in C++[M]. 3rd ed. 北京：电子工业出版社，2020.

[2] MARK A W. Data structures and algorithm analysis in C[M]. 2nd ed. 北京：机械工业出版社，2019.

[3] ROBERT S,PHILIPPE F. 算法分析导论[M]. 冯舜玺，译. 北京：机械工业出版社，2006.

[4] 赵波,董靓瑜.数据结构实用教程(C 语言版)[M].2 版.北京：清华大学出版社,2012.

[5] 唐策善,李龙澍,黄刘生.数据结构——用 C 语言描述[M].北京：高等教育出版社,1995.

[6] 严蔚敏,吴伟民,米宁.数据结构题集(C 语言版)[M].北京：清华大学出版社,2017.

[7] 严蔚敏,吴伟民.数据结构(C 语言版)[M].北京：清华大学出版社,2018.

[8] 李春葆.数据结构教程[M].5 版.北京：清华大学出版社,2017.

[9] 程杰.大话数据结构[M].北京：清华大学出版社,2019.

[10] 周幸妮,任智源,马彦卓,等.数据结构与算法分析新视角[M].北京：电子工业出版社,2016.

[11] 王争.数据结构与算法之美[M].北京：人民邮电出版社,2021.

图书资源支持

感谢您一直以来对清华版图书的支持和爱护。为了配合本书的使用，本书提供配套的资源，有需求的读者请扫描下方的"书圈"微信公众号二维码，在图书专区下载，也可以拨打电话或发送电子邮件咨询。

如果您在使用本书的过程中遇到了什么问题，或者有相关图书出版计划，也请您发邮件告诉我们，以便我们更好地为您服务。

我们的联系方式：

地　　址：北京市海淀区双清路学研大厦 A 座 714

邮　　编：100084

电　　话：010-83470236　　010-83470237

客服邮箱：2301891038@qq.com

QQ：2301891038（请写明您的单位和姓名）

资源下载：关注公众号"书圈"下载配套资源。

资源下载、样书申请

书 圈

获取最新书目

观看课程直播